信息科学技术学术著作丛书

高级语言程序变换的机械化证明导论

何炎祥　江　南　著

科学出版社

北　京

内 容 简 介

随着现代社会信息化程度的提高，与计算机相关的各种系统故障足以造成巨大的经济损失。机械化的定理证明能够建立更为严格的正确性，从而奠定系统的高可信性。本书阐述机械化定理证明的逻辑基础和关键技术，分析比较各类主流证明助手的设计特点，重点讨论在编译器验证领域取得的重要研究成果，并以实例详述验证编译器的开发和实现。

本书可供计算机科学与技术、信息安全、软件工程、计算机应用技术等相关专业的高年级本科生和研究生学习，也可供从事机械化定理证明、可信软件及相关领域的研究人员参考。

图书在版编目（CIP）数据

高级语言程序变换的机械化证明导论 / 何炎祥，江南著. —北京：科学出版社，2022.9

(信息科学技术学术著作丛书)

ISBN 978-7-03-073167-8

Ⅰ. ①高…　Ⅱ. ①何…　②江…　Ⅲ. ①高级语言-程序设计　Ⅳ. ①TP312.8

中国版本图书馆 CIP 数据核字（2022）第 171466 号

责任编辑：魏英杰 / 责任校对：刘　芳

责任印制：赵　博 / 封面设计：陈　敬

科学出版社 出版

北京东黄城根北街 16 号

邮政编码：100717

http://www.sciencep.com

固安县铭成印刷有限公司印刷

科学出版社发行　各地新华书店经销

*

2022 年 9 月第　一　版　开本：720 × 1000　1/16

2025 年 1 月第三次印刷　印张：14 3/4

字数：293 000

定价：120.00 元

（如有印装质量问题，我社负责调换）

《信息科学技术学术著作丛书》序

21 世纪是信息科学技术发生深刻变革的时代，一场以网络科学、高性能计算和仿真、智能科学、计算思维为特征的信息科学革命正在兴起。信息科学技术正在逐步融入各个应用领域并与生物、纳米、认知等交织在一起，悄然改变着我们的生活方式。信息科学技术已经成为人类社会进步过程中发展最快、交叉渗透性最强、应用面最广的关键技术。

如何进一步推动我国信息科学技术的研究与发展；如何将信息技术发展的新理论、新方法与研究成果转化为社会发展的推动力；如何抓住信息技术深刻发展变革的机遇，提升我国自主创新和可持续发展的能力？这些问题的解答都离不开我国科技工作者和工程技术人员的求索和艰辛付出。为这些科技工作者和工程技术人员提供一个良好的出版环境和平台，将这些科技成就迅速转化为智力成果，将对我国信息科学技术的发展起到重要的推动作用。

《信息科学技术学术著作丛书》是科学出版社在广泛征求专家意见的基础上，经过长期考察、反复论证之后组织出版的。这套丛书旨在传播网络科学和未来网络技术，微电子、光电子和量子信息技术、超级计算机、软件和信息存储技术、数据知识化和基于知识处理的未来信息服务业、低成本信息化和用信息技术提升传统产业，智能与认知科学、生物信息学、社会信息学等前沿交叉科学，信息科学基础理论，信息安全等几个未来信息科学技术重点发展领域的优秀科研成果。丛书力争起点高、内容新、导向性强，具有一定的原创性，体现出科学出版社“高层次、高水平、高质量”的特色和“严肃、严密、严格”的优良作风。

希望这套丛书的出版，能为我国信息科学技术的发展、创新和突破带来一些启迪和帮助。同时，欢迎广大读者提出好的建议，以促进和完善丛书的出版工作。

中国工程院院士

原中国科学院计算技术研究所所长

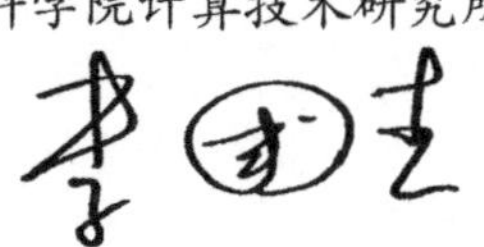

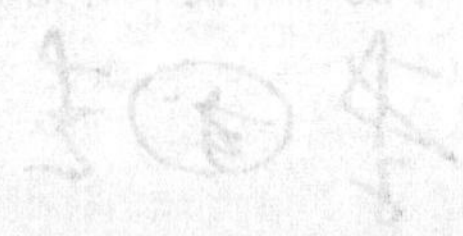

前　言

机械化的定理证明是指使用计算机，以定理证明的方式对数学定理或计算机软硬件系统进行形式验证，是人工智能(artificial intelligence，AI)的一种体现。20世纪五六十年代初，机械化的定理证明围绕计算机如何高度自动化展开，取得许多具有影响力的成果，但是随着新问题、新技术和新思想的到来，完全自动定理证明的研究进入停滞期。交互式定理证明(interactive theorem proving, ITP)在20世纪60年代开始呈现。交互式意味着用户能够引导证明过程。在这个过程中，用户使用某种语言编写证明纲要(outline)，在证明纲要的引导下，证明助手(定理证明工具)生成大量证明细节，并检查每步证明的正确性，最终完成形式证明。

机械化定理证明的前置性知识体系众多，许多新的思想、理论和方法仍在进一步发展和完善中。我们力图给出编程语言结合机械化定理证明研究领域较为全面的总结和提炼。本书是作者团队在机械化定理证明研究领域，以可信软件和可信编译为研究对象进行多年研究的总结和提炼，重点关注对机械化定理证明具有重要影响力的理论和技术，证明助手的设计、实现及其在编程语言研究领域的应用，包括编程语言的设计、实现，以及程序优化变换等。

本书由何炎祥(武汉大学)规划，并与江南(湖北工业大学)共同撰写和统稿。本书得到国家自然科学基金与相关企业公司的资助和支持，在此一并表示衷心的感谢。

限于作者的水平，不妥之处在所难免，恳请读者批评指正。

作　者

2021年2月于武汉

目　录

第 1 章　机械化定理证明的原理和逻辑基础

机械化定理证明是指使用计算机，以定理证明的方式对数学定理、计算机软硬件系统进行形式验证。这种机器智能的获得可归功于 20 世纪下半叶形式推理系统在计算机上的实现。20 世纪 50 年代，机械化的定理证明围绕计算机如何高度自动化地完成证明展开，旨在证明数学定理。完全自动定理证明的局限性，以及来自数学领域之外，特别是计算机领域程序和硬件设计验证的需求，催生了 60 年代晚期交互式定理证明技术的出现。交互式定理证明工具应该尽可能地提供强大的自动证明能力。因此，我们从一阶逻辑(first-order logic)和基于消解(resolution-based)的证明技术展开论述。

相比基于消解的证明技术，自然演绎风格的推理更加自然。大多数交互式定理证明工具可以实现自然演绎形式的推理规则。自然演绎推理与类型化λ演算之间的对应关系，以及 Curry-Howard 同构的发现，使逻辑学家和计算机科学家基于证明和程序之间的对应关系开发了一类强大的、以类型理论为基础的交互式定理证明工具。因此，本章接下来讨论自然演绎和 Curry-Howard 同构。

程序验证的巨大需求极大地推动了编程逻辑的研究，以及相应工具的实现。三种具有重要影响力的编程逻辑包括一阶编程逻辑、弗洛伊德-霍尔逻辑(Floyd-Hoare logic)和可计算函数逻辑(logic for computable functions，LCF)。对程序进行推理可以直接作用在编程语言的语义上，也可以使用特定的针对程序验证而开发的逻辑，如弗洛伊德-霍尔逻辑。因此，本章还讨论编程语言的语义和编程逻辑。

Gordon 曾开发了一种相当激进，却很成功的基于高阶逻辑(higher order logic，HOL)的硬件验证技术。由此产生的各种工具在硬件验证领域，甚至软件验证和数学领域都发挥了重要作用。因此，本章还讨论基于高阶逻辑的硬件设计验证。

相比程序验证的后验方式，程序构造是一种构造即正确的技术。早期机械化程序构造采用基于消解的技术，之后许多研究者探索了逐步求精的程序构造，在并发程序验证领域结合时序逻辑进行深入研究，以寻求更好的机械化支持。因此，本章最后讨论这些技术。

1.1 基于消解的一阶逻辑自动定理证明

自动定理证明要解决的主要问题如下。

(1) 知识如何展现，即用什么语言表述定理。

(2) 如何由已有的知识推导得到新的知识，即由已有定理(公理)推导新定理的推理规则。

(3) 如何找到证明，即控制推理规则的使用。

自动定理证明最初使用相对简单的命题逻辑语言，但是命题逻辑所能表述的定理具有很大的限制性。相比而言，一阶谓词逻辑(简称一阶逻辑)具有更强的表述力和理论上的完备性，因此自动定理证明转而采用一阶逻辑。

后两个问题的解决相对更困难一些。通常，经验、洞察力，甚至直觉对定理的证明都会起到很大的作用。开发自动定理证明工具需要找到适合机器推理的方法。20 世纪 50 年代中期，Quine[1]、Beth[2]、Hintikka[3]、Schütte[4]、Kanger[5]等独立发表了他们的研究成果。这些成果直接影响定理证明工具的设计[6]。1957 年，Prawitz 使用自己设计的语言编写了用于证明一阶公式的程序。其基本思想是反驳证明法，即为了证明公式 F，先假定 F 为假，然后推出矛盾。之后，他的父亲将该程序翻译为机器码，并在计算机上进行测试[7]。几乎同一时期，Gilmore 加入国际商业机器公司(International Business Machines Corporation, IBM)的欧氏几何定理证明项目。他使用汇编语言，在 IBM704 上实现了 Beth 的 semantic tableaux 证明过程[8]。Prawitz[9]进一步提出合一的方法，改进了常量置换的方式。此后，许多合一算法都使用类似的计算方式。Davis 等[10]考虑 Skolem 函数，使算法可以直接处理函数符号和 Herbrand 域。同时，他们提出待反驳公式的子句形式。这些子句形式成为反驳证明法的标准。Davis 等提出的反驳法和单文字子句的消除规则，称为单元消解法。这是一种比 Gilmore 程序更有效的证明技术。在这些研究成果的推动下，Robinson[11]重新发现合一和消解规则(resolution rule/principle)，并以优雅的方式将这两种功能强大的技术在 IBM704 上实现，称为基于消解的证明技术。

1.1.1 消解规则和证明

消解规则形如下式，即

$$\frac{a_1 \vee \cdots \vee a_{i-1} \vee c \vee a_{i+1} \vee \cdots \vee a_n, b_1 \vee \cdots \vee b_{j-1} \vee \neg c \vee b_{j+1} \vee \cdots \vee b_m}{a_1 \vee \cdots \vee a_{i-1} \vee a_{i+1} \vee \cdots \vee a_n \vee b_1 \vee \cdots \vee b_{j-1} \vee b_{j+1} \vee \cdots \vee b_m}$$

其中，$a_1,\cdots, a_n, b_1,\cdots, b_m$，以及 c 为文字(literal)；$a_1 \vee \cdots \vee a_{i-1} \vee c \vee a_{i+1} \vee \cdots \vee a_n$ 和 $b_1 \vee \cdots \vee b_{j-1} \vee \neg c \vee b_{j+1} \vee \cdots \vee b_m$ 为子句(clause)；c 和 $\neg c$ 为互补文字(complementary literal)。

该规则表示如果两个子句都为真，那么可以推出 $a_1\vee\cdots\vee a_{i-1}\vee a_{i+1}\vee\cdots\vee a_n\vee b_1\vee\cdots\vee b_{j-1}\vee b_{j+1}\vee\cdots\vee b_m$ 为真。Robinson 证明了仅具有这样一条消解规则的一阶逻辑系统的完备性。

基于消解技术的证明基于以下事实，即 $\Phi_1,\cdots,\Phi_n\vdash\psi$ 是合法的，当且仅当 $\Phi_1\wedge\cdots\wedge\Phi_n\wedge\neg\psi$ 是不可满足的。因此，基于消解技术的证明算法是一种反驳法，首先否定待证明结论，与所有前提条件用逻辑与联结，得到一个新公式，然后运用消解规则进行推导，最后证明该公式的不可满足性。

为了运用消解规则，需要将待证明不可满足的公式转换为合取范式(conjunctive normal form，CNF)。该范式的所有合取分量形成子句集。在该集合中，对所有可能的具有互补文字的子句运用消解规则，将得到的新子句(消解子)加入子句集中。该过程被重复进行，直到不能再运用消解规则产生新子句，或者运用消解规则产生空子句。空子句表示初始推测的否是矛盾式，因此初始推测就是定理。如果不能得到空子句，那么初始推测就不是定理。例如，采用基于消解的技术证明以下命题逻辑公式，即

$$((P\wedge Q)\vee(R\rightarrow S))\rightarrow((P\vee(R\rightarrow S))\wedge(Q\vee(R\rightarrow S)))$$

首先对该公式取否，然后将命题演算等值式转换为 CNF。转换过程如图 1.1 所示。为了方便，我们将 CNF 的 9 个合取分量从左至右编号为①～⑨。然后，运用消解规则进行证明。证明时，首先在子句①和⑦上运用消解规则，消去互补文字对 S 和$\neg S$，得到消解子 $P\vee\neg R\vee\neg Q$，然后在消解子和子句⑥上运用消解规则，消去互补文字对 R 和$\neg R$，得到消解子 $P\vee\neg Q$，继续运用消解规则，最后推出空子句。因此，该命题逻辑公式是永真式，证明结束。命题逻辑公式的消解证明如图 1.2 所示。

$$
\begin{aligned}
&\neg(((P\wedge Q)\vee(R\rightarrow S))\rightarrow((P\vee(R\rightarrow S))\wedge(Q\vee(R\rightarrow S))))\\
\Leftrightarrow\ &((P\wedge Q)\vee(R\rightarrow S))\wedge\neg((P\vee(R\rightarrow S))\wedge(Q\vee(R\rightarrow S)))\\
\Leftrightarrow\ &(P\vee(R\rightarrow S))\wedge(Q\vee(R\rightarrow S))\wedge\neg((P\vee(R\rightarrow S))\wedge(Q\vee(R\rightarrow S)))\\
\Leftrightarrow\ &(P\vee(R\rightarrow S))\wedge(Q\vee(R\rightarrow S))\wedge(\neg(P\vee(R\rightarrow S))\vee\neg(Q\vee(R\rightarrow S)))\\
\Leftrightarrow\ &(P\vee(R\rightarrow S))\wedge(Q\vee(R\rightarrow S))\wedge((\neg P\wedge\neg(R\rightarrow S))\vee\neg(Q\vee(R\rightarrow S)))\\
\Leftrightarrow\ &(P\vee(R\rightarrow S))\wedge(Q\vee(R\rightarrow S))\wedge(\neg P\vee\neg(Q\vee(R\rightarrow S)))\wedge(\neg(R\rightarrow S)\vee\neg(Q\vee(R\rightarrow S)))\\
\Leftrightarrow\ &(P\vee(R\rightarrow S))\wedge(Q\vee(R\rightarrow S))\wedge(\neg P\vee(\neg Q\wedge\neg(R\rightarrow S)))\wedge(\neg(R\rightarrow S)\vee(\neg Q\wedge\neg(R\rightarrow S)))\\
\Leftrightarrow\ &(P\vee(R\rightarrow S))\wedge(Q\vee(R\rightarrow S))\wedge(\neg P\vee\neg Q)\wedge(\neg P\vee\neg(R\rightarrow S))\wedge(\neg(R\rightarrow S)\vee\neg Q)\wedge\neg(R\rightarrow S)\\
\Leftrightarrow\ &(P\vee\neg R\vee S)\wedge(Q\vee\neg R\vee S)\wedge(\neg P\vee\neg Q)\wedge(\neg P\vee(R\wedge\neg S))\wedge((R\wedge\neg S)\vee\neg Q)\wedge R\wedge\neg S\\
\Leftrightarrow\ &(P\vee\neg R\vee S)\wedge(Q\vee\neg R\vee S)\wedge(\neg P\vee\neg Q)\wedge(\neg P\vee R)\wedge(\neg P\vee\neg S)\wedge(R\vee\neg Q)\wedge(\neg S\vee\neg Q)\wedge R\wedge\neg S
\end{aligned}
$$

图 1.1　命题逻辑公式转换为 CNF

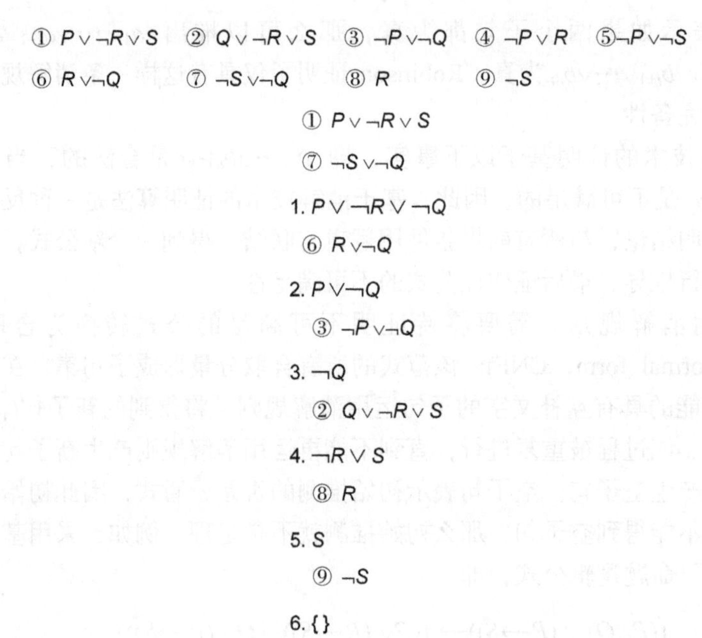

图 1.2 命题逻辑公式的消解证明

基于消解的证明技术适合机器推理，但是需要开发更多的控制技术来加速空子句的产生，提高证明效率。

由于量词和变量的出现，运用消解规则证明一阶逻辑公式比命题逻辑公式更为复杂。在运用消解规则之前，为了消除量词，一般将公式转换成前束范式(prenex normal form，PNF)。消去存在量词后的 PNF 称为 Skolem 标准形。为了消除存在量词，考虑以下两种情况。

(1) 独立存在量词的消除。如果存在量词不出现在任何全称量词之后，那么用某个 Skolem 常量替换该存在量词所量化的变量，并消除该存在量词。例如，$\exists x.\ \phi(x)$转换为$\phi(a)$，其中 a 是引入的 Skolem 常量。

(2) 依赖存在量词的消除。如果存在量词出现在 i 个全称量词之后，设这些全称量词量化的变量分别为 $x_1, x_2,\cdots, x_i$，则用 Skolem 函数 $f(x_1, x_2,\cdots, x_i)$替换该存在量词量化的变量，消除该存在量词。例如，$(\forall x_1)(\exists y_1)(\exists y_2)(\forall x_2)(\exists y_3)R(x_1,y_1,y_2,x_2,y_3)$转换为$(\forall x_1)(\forall x_2)R(x_1,f(x_1), g(x_1), x_2, h(x_1, x_2))$，其中量化变量 y_1 和 y_2 出现在一个全称量词之后。该全称量词量化的变量是 x_1，因此引入两个 Skolem 函数 $f(x_1)$和 $g(x_1)$，消除这两个存在量词。量化变量 y_3 的存在量词出现在两个全称量词之后。这两个全称量词量化的变量是 x_1 和 x_2，因此再引入 Skolem 函数 $h(x_1, x_2)$，消除量化在 y_3 上的存在量词。

1.1.2 置换和合一

消解规则运用到一阶逻辑公式上时，需要考虑变量的置换问题。例如，假设子句集是$\{P(x)\vee Q(x), \neg P(a)\vee R(y)\}$。为了运用消解规则，需要匹配$P(x)$和$\neg P(a)$，因此可将 x 置换为 a，记为 $\theta=\{a/x\}$。置换后，得到的新子句集为$\{P(a)\vee Q(a), \neg P(a)\vee R(y)\}$。运用消解规则消除互补谓词公式对 $P(a)$和$\neg P(a)$，可以得到新的子句集$\{Q(a)\vee R(y)\}$。Robinson 提出的合一算法虽然被成功地实现，但是效率很低。从计算复杂度的角度考虑，一种线性时间复杂度的合一算法由 Martelli 等[12]于1976 年提出。Paterson 等[13]于 1978 年提出更有效的算法。Martelli 等[14]针对一阶谓词演算的合一问题，于 1982 年提出找到最一般合一子(most general unifier)，即最一般置换(most general substitution)算法，并用 Pascal 语言编程实现该算法。下面对该算法简单介绍。

设有一系列表达式 $E_1, E_2,\cdots, E_n$，θ 是一个置换，记 $E_i\theta$ 是按照 θ 进行置换的结果表达式，称为 E_i 的实例。如果 $E_1\theta=E_2\theta=\cdots=E_i\theta$，则称 θ 是 $E_1, E_2,\cdots, E_n$ 的合一子。如果 $E_1, E_2,\cdots, E_n$ 存在合一子，则称 $E_1, E_2,\cdots, E_n$ 是可合一的。例如，令 $E_1=P(a, y)$, $E_2=P(x, f(b))$, $\theta=\{a/x, f(b)/y\}$, 则 $E_1\theta=P(a, f(b))$, $E_2\theta=P(a, f(b))$, $E_1\theta=E_2\theta$, 因此 E_1 和 E_2 是可合一的。

合一子不一定唯一。例如，令 $\theta_2=\{b/x, f(b)/y\}$, $E_1\theta_2=P(b, f(b))$, $E_2\theta_2=P(b, f(b))$, $E_1\theta_2=E_2\theta_2$, 因此 θ_2 也是一个合一子。事实上，E_1 和 E_2 的合一子还可以是 $\theta_3=\{c/x, f(b)/y\}$和 $\theta_4=\{d/x, f(b)/y\}$等。当有多个合一子时，需要具有唯一性的最一般合一子。

为了找到最一般合一子，首先需要定义作用在两个置换上的一个运算，即置换复合。设有两个置换 θ_1 和 θ_2，记 $\theta_1\circ\theta_2$ 为置换复合，令 $\theta_1=\{t_1/x_1,\cdots, t_n/x_n\}$，$\theta_2=\{u_1/y_1,\cdots, u_m/y_m\}$，则 $\theta_1\circ\theta_2=\{t_1\theta_2/x_1,\cdots, t_n\theta_2/x_n, u_1/y_1,\cdots, u_m/y_m\}$。如果 $y_i\in\{x_1, x_2,\cdots, x_n\}$，则删除 u_i/y_i；如果 $t_j\theta_2=x_j$，则删除 $t_j\theta_2/x_j$。如果对于 $E_1,E_2,\cdots,E_n$ 的每个合一子 θ_i，都存在一个置换 σ，使 $\theta_i=\gamma\circ\sigma$，则称合一子 γ 是 $E_1,E_2,\cdots,E_n$ 的最一般合一子。例如，$E_1=P(x, y)$和 $E_2=P(x, f(b))$的最一般合一子 γ 为$\{f(b)/y\}$，其解释 $\theta_1=\{a/x, f(b)/y\}$，$\theta_2=\{b/x, f(b)/y\}$，$\theta_3=\{c/x, f(b)/y\}$,$\theta_4=\{d/x, f(b)/y\}$,$\cdots$都是 E_1 和 E_1 合一子；对于 θ_1，存在一个置换 $\sigma=\{a/x\}$，使 $\theta_1=\gamma\circ\sigma=\{f(b)/y\}\circ\{a/x\}=\{a/x,f(b)/y\}$；对于 θ_2，存在一个置换 $\sigma'=\{b/x\}$，使 $\theta_2=\gamma\circ\sigma'=\{f(b)/y\}\circ\{b/x\}=\{b/x, f(b)/y\}$。对于 θ_3 和 θ_4 等，都可以类似推出。

下面给出利用消解规则证明一阶谓词公式的简单例子。假定待证明的公式是$(\forall x)(P(x)\vee Q(x))\to((\exists x)P(x)\vee(\forall x)Q(x))$。首先，将待证明的公式取否，得到$\neg((\forall x)(P(x)\vee Q(x))\to((\exists x)P(x)\vee(\forall x)Q(x))$。然后，使用命题演算等值式进行替换，可依次得到$(\forall x)(P(x)\vee Q(x))\wedge\neg((\exists x)P(x)\vee(\forall x)Q(x))$和$(\forall x)(P(x)\vee Q(x))\wedge\neg(\exists x)P(x)\wedge\neg(\forall x)Q(x)$。继续使用量词否定等值式，得到$(\forall x)(P(x)\vee Q(x))\wedge(\forall x)\neg P(x)\wedge(\exists x)\neg Q(x)$。

利用独立存在量词消除规则，引入常量 c，$(\exists x)\neg Q(x)$替换为$\neg Q(c)$，因此可得$(\forall x)(P(x)\vee Q(x))\wedge(\forall x)\neg P(x)\wedge\neg Q(c)$。最后，进行变量置换，得到$(P(c)\vee Q(c))\wedge\neg P(c)\wedge\neg Q(c)$。运用消解规则进行推理，产生空子句，因此得证。

1.1.3　可满足性

消解规则围绕公式的可满足性进行。Davis 等在 1960 年的论文中定义了命题逻辑公式是否可满足(satisfiable)，即布尔可满足性问题，也称 SAT。SAT 是首个被证明的 NP 完全问题，因其在理论和工业应用的重要意义受到广泛关注。之后，Davis 等[15]进一步提出著名的 DPLL 算法，成为当前许多 SAT 求解器的基础算法。

在 SAT 基础之上，可满足性模理论(satisfiability modulo theories，SMT)集成 SAT 求解器和逻辑理论的判定过程，可以处理具有相等的一阶逻辑公式。在实际应用中，程序验证可能需要组合多个逻辑理论，如算术理论、实数理论、各种数据结构等。Nelson 等[16]于 1979 年提出组合多个理论的判定方法，简称 N.O.方法。他们使用该方法开发了工具 Simplifer，用在斯坦福的 Pascal 程序验证器中。N.O.方法也是许多组合理论判定方法的基础。Bozzano 等[17]于 2006 年提出一种新的组合理论判定方法，称为延迟理论组合(delayed theory combination，DTC)。N.O.方法将多个理论的判定过程组合成一个求解器，再与 SAT 求解器进行交互。不同于这种处理方式，DTC 方法将每个理论都直接与 SAT 交互，并且只与 SAT 交互。

当前许多成熟的 SMT 求解器在组合理论的判定方法上大多基于 N.O.和 DTC 方法[18]，并做了进一步改进。微软公司开发的 SMT 求解器 Z3 是一个强大的自动定理证明工具[19]。SRI International 研发的 SMT 求解器 Yices 已经集成在 PVS 定理证明工具中。Alt-Ergo 求解器由法国国家信息与自动化研究所研发，CamlPro 公司维护。刘尧等[20]开发了 NuTL2PFG 工具，用来判定线性 μ 演算(vTL)公式的可满足性。

SMT 求解器常用于程序验证，即将程序需要满足的前后置条件、循环条件，以及断言翻译成 SMT 公式，然后用 SMT 求解器判定这些公式的可满足性，确定程序的性质是存在的。一个基于 Z3 的程序验证器是 Spec#/Boogie，也称为 Spec#静态程序验证器。Alt-Ergo 求解器用于 Why3、SPARK，以及 Atelier-B 等程序验证工具中。目前，开发 SMT 求解器的研究仍然活跃，可满足性理论及其应用大会每年都承办相关竞赛，评估众多 SMT 求解器。

1.1.4　消解证明技术的影响

基于消解的证明技术具有重要的影响力。几乎所有自动定理证明领域的基础工作都基于消解。虽然 Robinson 提出一些搜索原理来改进消解规则的运用，加速会聚，但是效率不高。大量研究开始深入探索启发式策略，通过控制消解减少证明搜索空间。许多启发式策略是领域特定的，例如适合平面几何的策略并不适合群理论。一些研究人员希望开发更通用的启发式策略，将策略实现为作用在证明机制上的限制，并研究施加限制后的一阶系统是否仍然是完备的，能否证明所有一阶定理(不考虑时间和内存空间限制)。至 60 年代晚期，大量研究提出一系列技术，得到丰硕的研究成果。研究表明，随着待证明定理复杂性的递增，自动定理证明工具花费的时间甚至远远超出人的寿命[21]。这种灾难性的结果也许与 Gödel 的不完备性定理有关，即“在一致的、定义了算术的一阶逻辑系统中，总存在既不能证明，又不能证否的定理”。从 20 世纪 70 年代开始，自动定理证明的重心开始转向有效性考虑，并在程序验证、专家系统、电路设计验证等领域发挥作用。

一阶逻辑自动定理证明本身的研究是非常具有意义的，基于消解技术的影响力也一直持续到现在。国际自动推理大会承办的自动定理证明工具竞赛每年都会举行。Vampire 被认为是当前相当成功的一阶逻辑自动定理证明工具，已连续多年获得 FOF (first-order formulas)组和 CNF (conjunctive normal form)/MIX 组的冠军。2018 年，西南交通大学提交的一阶证明工具获得 FOF 组亚军。许多 SMT 求解器，包括 Z3、Yices、Alt-Ergo 等都在这项赛事中获得很好的成绩。

值得注意的是，早在 50 年代末、60 年代初，McCarthy[22]就将语言设计作为优先研究领域。他指出需要花费两小时编写的算法，可能需要经过多次修改才能够正常运行。良好设计的语言能够极大地减轻编写证明助手的工作量。McCarthy 在 Lisp 1 的基础上，于 1962 年改良设计并实现人工智能语言 Lisp。事实证明，当前主流证明助手，如 ACL2、NuPRL 和 PVS 等的实现语言都是 Lisp 方言，即 Common Lisp。

1.2　自然演绎和 Curry-Howard 同构

自然演绎系统通常并不否定待证明定理，它力图自然地、像人类思考那样进行推理。自然演绎系统具有许多推理规则，它们和简单类型理论的类型规则存在对应关系。Curry-Howard 同构的发现以及扩展，使逻辑学家和计算机科学家能够基于证明与程序之间的对应关系开发出强大的类型理论和基于类型理论的证明工具。

1.2.1　自然演绎

1899 年，Hilbert 发表《几何基础》，提出称为 Hilbert's axioms 的形式系统。几何基础的公理化促使 Hilbert 寻求数学其他分支的公理化，并于 1920 年启动 Hilbert's program 研究计划。其目标是证明数学是一致的，所有数学都可由正确选择的一套公理系统推得。然而，Gödel 的不完备性定理被广泛认为宣告了 Hilbert

研究计划的失败。尽管如此，Hilbert 仍创立了现代证明理论。Hilbert 的推理系统称为公理系统。其中，公理定义了大多数逻辑操作符的语法，仅有一条称为肯定前件式的推理规则。这使有些公理看起来令人生畏，如$((p\to(q\to r))\to((p\to q)\to(p\to r)))$。

1926 年，Lukasiewicz 提出改进的公理系统，使逻辑推理更为自然，更类似于一般的数学证明或日常论证，即可以随时引入假定。显然，这种证明系统的推理规则中包含假定。新引入的假定作为前提，使推理可以继续进行下去；在某个适当时候，可以利用合适的推理规则解除假定。此后，Jaśkowski[23]和 Gerhard[24]分别设计了这样的系统。

Hilbert 公理系统中的命题形如$\vdash A$，在 Gentzen 设计的自然演绎系统中形如$B_1, B_2,\cdots, B_n\vdash A$，其中$B_1, B_2,\cdots, B_n$和$A$都是公式，表示“在假定$B_1, B_2,\cdots, B_n$都成立的条件下，$A$是真的”。令$\Gamma$表示一系列命题$B_1, B_2,\cdots, B_n$，则形如$\Gamma\vdash A$。一个 Gentzen 风格的自然演绎系统(命题逻辑)如图 1.3 所示，其中横线上方代表前提，下方代表结论。

$$\wedge\text{-I: }\frac{\Gamma\vdash A\quad \Delta\vdash B}{\Gamma,\Delta\vdash A\wedge B}\qquad \to\text{-I: }\frac{\Gamma, B\vdash A}{\Gamma\vdash B\to A}$$

$$\wedge\text{-E}_1\text{: }\frac{\Gamma\vdash A\wedge B}{\Gamma\vdash A}\qquad \to\text{-E: }\frac{\Gamma\vdash B\to A\quad \Delta\vdash B}{\Gamma,\Delta\vdash A}$$

$$\wedge\text{-E}_2\text{: }\frac{\Gamma\vdash A\wedge B}{\Gamma\vdash B}\qquad \text{Id: }\frac{}{A\vdash A}$$

$\wedge$-I: 与引入；　$\wedge$-E_1: 与消除1;　$\wedge$-E_2: 与消除2;
$\to$-I: 蕴含引入；　$\to$-E: 蕴含消除；　Id: 相等

图 1.3　一个 Gentzen 风格的自然演绎系统(命题逻辑)

可以看出，为了更接近真实的推理，除了相等规则，Gentzen 为每个逻辑联结词定义了一对规则，即引入规则和消除规则。每个引入规则中的逻辑联结词出现在结论中，而不是前提中。同理，每个消除规则中的逻辑联结词出现在前提中，而不是结论中。图 1.3 中的六个推理规则如下。

(1) $\wedge$- I。若由假定Γ推出A，Δ推出B，则由假定Γ和Δ能够推出$A\wedge B$。

(2) $\to$- I。若由假定Γ和B推出A，则由假定Γ能够推出$B\to A$。

(3) $\wedge$-E_1。若由假定Γ推出$A\wedge B$，则由假定Γ能够推出A成立。

(4) $\wedge$-E_2。若由假定Γ推出$A\wedge B$，则由假定Γ能够推出B成立。

(5) $\to$-E。若由假定Γ推出$B\to A$，Δ推出B，则由假定Γ和Δ能够推出A。

(6) Id。由假定A能够推出A。

其中，$\to$-E 为公理系统中的推理规则，即肯定前件式。

自然演绎对全称和存在量词也定义了一对引入和消除规则，使在推理过程中，消除量词后未量化的逻辑表达式能够按照命题逻辑推理规则进行处理。在适当的时候引入量词，可以简化谓词逻辑演算的证明。

因此，自然演绎的推理本质是一种构造方式，与直觉主义逻辑非常吻合，而经典逻辑可由额外添加一条排中律获得。当前大多数交互式定理证明工具的推理规则都使用自然演绎风格的形式。

Gentzen 的初始动机是为了证明数论的一致性。因此，他提出子公式属性的概念，即“任何形如 $\Gamma \vdash A$ 定理的证明都可以简化，使出现在简化证明中的定理只可能是 A，或者来自 Γ，或者来自 A 和 Γ”。Gentzen 通过设计 sequent calculi 作为技术手段，阐明他的思想。在演算中，定理形如 $B_1, B_2,\cdots, B_n \vdash A_1, A_2,\cdots, A_m$，称为 sequent，其中 $B_1, B_2,\cdots, B_n$ 和 $A_1, A_2,\cdots, A_m$ 都是公式，表示假定 $B_1, B_2,\cdots, B_n$ 都为真的条件下，$A_1, A_2,\cdots, A_m$ 中至少一个公式为真。Gentzen 定义的 cut 规则为

$$\frac{\Gamma \vdash A, \Delta \quad \Pi, A \vdash \Lambda}{\Gamma, \Pi \vdash \Delta, \Lambda}$$

其中，Γ 、Δ和Λ都代表一系列公式。

cut 规则表示：如果由假定Γ推出的 A 和Δ中至少一个为真，并且由假定Π和 A 可以推出Λ，那么由假定Γ和Π，能够推出Δ和Λ中至少一个为真。然后，他证明了 cut elimination 定理，即任何使用 cut 规则得到证明的 sequent，都可以不使用该规则而得到证明。从这种意义上讲，不使用 cut 规则的定理证明具有子公式属性。

这种简化的证明更易于机器推理。sequent 推理演算系统事实上提供了一个方便的工具，用于设计证明搜索算法，后向找到待证明目标的证明。Gentzen 证明了一阶经典逻辑和直觉主义逻辑的 sequent 演算满足子公式属性，同时证明了具有一个无限归纳规则的算术公理系统的一致性。

但是，Gentzen 没有证明自然演绎系统的证明具有子公式属性。自然演绎系统具有大量推理规则。控制这些规则的使用是实现机械化推理的重要问题。例如，对于 $A, B \vdash A \wedge B$，即从假定 A 和 B 推出 $A \wedge B$ 这样一个简单的定理，机器可能以一种相当烦琐的方式进行。如图 1.4 所示，首先运用相等规则，由假定 $B \wedge A$ 推出 $B \wedge A$，然后运用与消除规则 2 推出 A。因此，由假定 $B \wedge A$ 可以推出 A。同理，运用相等规则和与消除规则 1，由假定 $B \wedge A$ 可以推出 B，因此运用与引入规则，由假定 $B \wedge A$

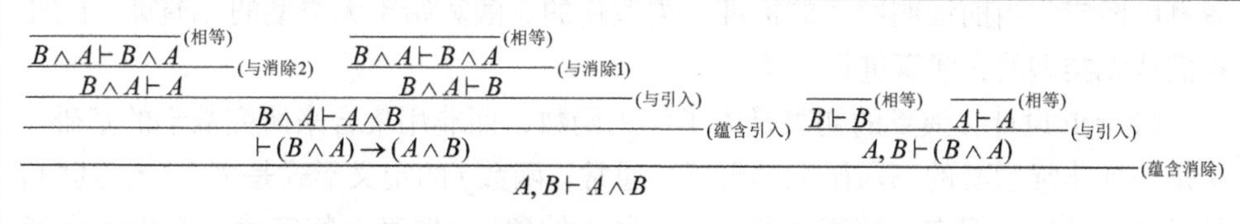

图 1.4　机器证明 $A,B \vdash A \wedge B$ 可能的一个烦琐过程

可以推出 $A \wedge B$。然后，运用蕴含引入规则，可以推出 $B \wedge A$ 蕴含 $A \wedge B$。既然由假定 B 可以推出 B，由假定 A 可以推出 A，那么运用规则和引入规则，由假定 A 和 B 可以推出 $B \wedge A$。最后，利用蕴含消除规则，可以推出“由假定 A 和 B，能够推出 $A \wedge B$”。

由图 1.4 可以看出，它通过推得($B \wedge A \rightarrow A \wedge B$)和 $B \wedge A$，再利用肯定前件式推理规则完成证明。在这个证明中，除了待证明定理 $A, B \vdash A \wedge B$ 中出现的公式 A、B 和 $A \wedge B$ 外，还出现 $B \wedge A$。但是，一个直接简单的证明只需应用两次相等规则和一次与引入规则就可以完成证明，如图 1.5 所示。与图 1.4 的烦琐证明过程相比，图 1.5 中没有出现 $B \wedge A$。事实上，简化自然演绎的关键技术已经发表，即 Church 的 λ 演算。

$$\dfrac{\dfrac{}{A \vdash A}(\text{相等}) \quad \dfrac{}{B \vdash B}(\text{相等})}{A, B \vdash A \wedge B}(\text{与引入})$$

图 1.5　$A, B \vdash A \wedge B$ 简单证明过程

1.2.2　类型化的 λ 演算

Church[25]于 1940 年提出类型化的 λ 演算，称为简单类型理论。简单一词可追溯到类型论的早期历史。Russell 和 Whitehead 为解决朴素集合论中的悖论问题，系统论述了分枝类型论。分枝类型一层源于分枝中的分层概念，即对类型进一步分阶(orders)。在类型分层中，个体具有的类型处于最低层，高层类型的数学对象基于低层构建。构建的对象具有固定的类型。当形成集合时，集合中的元素必须具有相同的类型，设为 τ，则该集合的类型是 τ set，因此不可能构造出 $R \in R$ 这样的命题，即如果 R 的类型是 τ，它的类型不可能同时又是 τ set。类型分层的引入可以避免罗素悖论。阶分层是为了避免说谎者(liar)悖论。然而，阶分层又出现了新的问题，为此 Russell 引入可归约公理。最终，Russell 的学生宣布：阶分层和可归约公理在“逻辑”悖论中是多余的，该观点得到 Russell 的认可。之后，Chwistek 和 Ramsey 提出去除可归约公理，保留类型分层，从而得到简化的类型理论，即简单类型理论。

最具有影响力的简单类型理论是 Church 于 1940 年设计的类型化 λ 演算。在这个演算中，Church 解决了他于 1932 年提出的 λ 演算中的不一致。类型化的 λ 演算已经成为当前证明助手的标准。类型化的 λ 演算始于无类型的 λ 演算，因此我们从无类型的 λ 演算进行介绍。

Church 设计 λ 演算的初衷是为了使用函数，而非用集合来研究数学的基础。这是一种非常紧凑的书写函数的形式。通常，函数 f 的定义形式是 $f(x) = t$，其中 t 是包含 x 的项，但在 λ 演算中是 $\lambda x.\, t$，称为抽象。x 取某个特定值 u 产生一个函

数返回值 $f(u)$，对应的 λ 项为 $(\lambda x.\, t)\,(u)$，称为应用。$t[u/x]$ 也是一个 λ 项，表达置换，即 t 中 x 的每个出现都置换为 u。因此，计算是项的归约。λ 应用的归约规则是 $(\lambda x.\, t)\,(u)\Rightarrow t[u/x]$，称为 β 归约，其中符号⇒的意思是归约为。

无类型的 λ 演算作为一种新逻辑的形式化，虽然存在问题，但是 λ 演算本身在可计算理论研究领域具有重要意义，即一个函数是 λ 可计算的，当且仅当它是图灵可计算的，当且仅当它是通用可递归的。Church 和 Turing 证明了 λ 可计算性、图灵可计算性，以及通用递归性这三个可计算性的定义是等同的。至此，可计算性的准确定义终于得到数学家和计算机科学家的一致认同。为了定义 λ 函数的可计算性，Church 将自然数编码为一个高阶函数，称为邱奇数。例如，$0{:=}\,\lambda f.\,\lambda x.\,x$，$1{:=}\,\lambda f.\,\lambda x.\,f\,x$，$2{:=}\,\lambda f.\,\lambda x.\,f\,(f\,x)$，$3{:=}\,\lambda f.\,\lambda x.\,f\,(f\,(f\,x))$，…，$n{:=}\,\lambda f.\,\lambda x.\,f\,(\cdots f\,(f\,x)))$，其中“:=”表示编码为。可以看出，自然数 n 可以定义为一个 λ 函数。该函数以函数 f 作为参数，返回另一个单参数的函数，f 与其自身组合 n 次。自然数 n 的后继函数 Succ 可以定义为 $\lambda n.\,\lambda f.\,\lambda x.\,f\,(n\,f\,x)$。例如，自然数 2 的后继是 3，可以表示为 Succ $(\lambda f.\,\lambda x.\,f\,(f\,x)) = \lambda f.\,\lambda x.\,f\,((\lambda f.\,\lambda x.\,f\,(f\,x))\,f\,x) = \lambda f.\,\lambda x.\,f\,(f\,(f\,x))$。因此，每个定义在自然数上的数学函数 $F\colon N\to N$ 是 λ 可计算的，当且仅当存在一个 λ 项 f，使 N 中的每对自然数 X 和 Y，有 $F(X)=Y$，当且仅当 $f\,x=y$，其中 x 和 y 分别是自然数 X 和 Y 对应的邱奇数。

除了编码自然数，λ 演算还可以用来编码布尔值(True 和 False)。这称为邱奇布尔值，分别是 $\lambda x.\,\lambda y.\,x$ 和 $\lambda x.\,\lambda y.\,y$。可以理解为，对于具有两个参数的 λ 表达式，前者取第 1 个参数，后者取第 2 个参数。按照 True 和 False 的编码，可以定义逻辑操作符与(∧)、或(∨)、非(¬)分别为 $\lambda x.\,\lambda y.\,x\,y\,x$、$\lambda x.\,\lambda y.\,x\,x\,y$、$\lambda x.\,x$ False True。因此，可以使用这些编码进行布尔运算。例如

$$
\begin{aligned}
&\text{False} \wedge \text{True}\\
&= (\lambda x.\,\lambda y.\,x\,y\,x)\,(\lambda x.\,\lambda y.\,y)\,(\lambda x.\,\lambda y.\,x)\\
&= (\lambda x.\,\lambda y.\,y)\,(\lambda x.\,\lambda y.\,x)\,(\lambda x.\,\lambda y.\,y)\\
&= (\lambda x.\,\lambda y.\,y)\\
&= \text{False}
\end{aligned}
$$

$$
\begin{aligned}
&\neg\,\text{False}\\
&= (\lambda x.\,x\ \text{False True})\ \text{False}\\
&= \text{False False True}\\
&= (\lambda x.\,\lambda y.\,y)\,(\lambda x.\,\lambda y.\,y)\,(\lambda x.\,\lambda y.\,x)\\
&= (\lambda x.\,\lambda y.\,x)\\
&= \text{True}
\end{aligned}
$$

利用邱奇布尔值，也可以编码元组(pair)为 $\lambda x.\,\lambda y.\,\lambda z.\,z\,x\,y$，称为邱奇元组。因

此，某个任意元组<*t*, *u*>可以表示为以 *t* 和 *u* 为参数的 λ 应用，即$(\lambda x.\ \lambda y.\ \lambda z.\ z\ x\ y)\ t\ u$，进一步可归约为 $\lambda z.\ z\ t\ u$。取元组第 1 个分量和第 2 个分量的函数，即 first 和 second 分别定义为 $\lambda p.\ p$ True 和 $\lambda p.\ p$ False。因此，可以进行元组的计算。例如

$$
\begin{aligned}
& \text{first}<t, u> \\
&= (\lambda p.\ p\ \text{True})\ (\lambda z.\ z\ t\ u) \\
&= (\lambda z.\ z\ t\ u)\ \text{True} \\
&= (\lambda z.\ z\ t\ u)\ (\lambda x.\ \lambda y.\ x) \\
&= (\lambda x.\ \lambda y.\ x)\ t\ u \\
&= t
\end{aligned}
$$

$$
\begin{aligned}
& \text{second}<t, u> \\
&= (\lambda p.\ p\ \text{False})\ (\lambda z.\ z\ t\ u) \\
&= (\lambda z.\ z\ t\ u)\ \text{False} \\
&= (\lambda z.\ z\ t\ u)\ (\lambda x.\ \lambda y.\ y) \\
&= (\lambda x.\ \lambda y.\ y)\ t\ u \\
&= u
\end{aligned}
$$

记 first <*t*, *u*>和 second <*t*, *u*>分别为<*t*, *u*>.fst, <*t*, *u*>.snd，于是元组计算相应的归约规则是<*t*, *u*>.fst ⇒ *t* 和<*t*, *u*>.snd ⇒*u*。

因此，λ 演算具有准确的语法形式，Church 准确地形式化了包括量词的语法。但是，无类型的 λ 演算作为一个逻辑推理系统可能产生悖论。为了解决这个问题，Church 提出类型化的 λ 演算。类型化的 λ 演算是给每个 λ 项指定一个用冒号引出的类型。记 $A \rightarrow B$ 为函数类型，表示函数的形参类型是 *A*，返回值类型是 *B*。记 $A \wedge B$ 为元组的类型，表示元组中第一个分量的类型是 *A*，第二个分量的类型是 *B*。因此，Church 的类型化 λ 演算片段如图 1.6 所示。

$$
\wedge\text{-I: } \frac{\Gamma \vdash t : A \quad \Delta \vdash u : B}{\Gamma, \Delta \vdash <t, u> : A \wedge B} \qquad \rightarrow\text{-I: } \frac{\Gamma, x : B \vdash t : A}{\Gamma \vdash \lambda x.t : B \rightarrow A}
$$

$$
\wedge\text{-E}_1\text{: } \frac{\Gamma \vdash t : A \wedge B}{\Gamma \vdash t.\text{fst} : A} \qquad \rightarrow\text{-E: } \frac{\Gamma \vdash t : B \rightarrow A \quad \Delta \vdash u : B}{\Gamma, \Delta \vdash t(u) : A}
$$

$$
\wedge\text{-E}_2\text{: } \frac{\Gamma \vdash t : A \wedge B}{\Gamma \vdash t.\text{snd} : B} \qquad \text{Id: } \frac{}{x : A \vdash x : A}
$$

∧-I: 与引入；　∧-E_1: 与消除1；　∧-E_2: 与消除2；
→-I: 蕴含引入；　→-E: 蕴含消除；　Id: 相等

图 1.6　Church 的类型化λ演算片段

类型论并未受到数学家的欢迎，但是 Church 的简单类型理论却受到计算机科

学家的推崇，因为类型化的 λ 演算特别适合软硬件系统的规范和验证。许多后来的类型系统都是在这个简单类型理论的基础上扩展的，增加了更为丰富的类型，如多态和依赖类型。因此，从这个意义上可以说，Church 的类型化 λ 演算是简单类型的。函数可以作为参数，也可以返回函数。量化可以不受限制地应用在所有阶的命题上，因此简单类型理论也称高阶逻辑。

相比集合论，类型论在机械化解决问题方面更具有优势[26]。例如，数学家会从直觉上拒绝某些在集合论中合法却在类型论中不合法的表达式，但是操纵这些数学表达式的计算机并不具备这样的直觉，如果不以某种策略方式告诉计算机区分不同类型的数学对象，计算机的处理是相当低效的。此外，自动推理系统中的一个基本操作是找到变量的合适置换，区分不同实体的类型，避免大量无用的搜索。

近年来，普林斯顿高等研究院着手探究了一种基于依赖类型的更复杂的类型论，即同伦类型理论(homotopy type theory)[27]。该理论使用同伦这个代数拓扑学的分支来解释类型理论，将类型视为空间。该逻辑允许用相对简单的方式定义和计算代数拓扑的基本群概念，对于形式化数学有很大的帮助。

1.2.3　Curry-Howard 同构

由图 1.3 和图 1.6 可以看出，如果忽略图 1.6 类型化 λ 演算中的加粗部分，它和自然演绎规则就是完全一样的。这种对应关系最早由 Curry 等[28,29]发现，即组合子(无变量的 λ 表达式)的类型对应 Hilbert 公理系统中的直觉主义命题逻辑公理。

直觉主义指以 Brouwer 为代表的数学哲学思想[30]。为解决朴素集合论中的悖论问题，Brouwer 提出了与主流数学界完全不同的观点，即悖论的存在说明经典数学本身存在问题，而不是证明数学系统无矛盾的方法上出了问题，数学必须重新构建，因此产生直觉主义的算术、代数、集合论等。Brouwer 认为，数学是人的思维活动。数学由这样的思维活动一个接一个地归纳构造出来，任何不能构造出来的东西都不属于数学。因此，直觉主义的数学也称构造主义的数学。

直觉主义逻辑被认为是一种非经典逻辑。经典逻辑称一个公式为真(true)，但是在直觉主义逻辑中，通常会称一个公式具有一个证明(proof)。在直觉主义逻辑中，无法证明排中律 $\vdash A \vee \neg A$，因为没有办法总能找到 A 或者 $\neg A$ 的构造性证明。拒绝排中律曾经是一个相当尖锐的观点，也因此没有得到主流数学家的青睐。但是，其构造的思想建立了直觉主义逻辑与计算之间的联系。

Gentzen 的自然演绎在 1934 年发表，但他没有简化自然演绎的证明。Church 类型化的 λ 演算在 1940 年发表，而类型化 λ 项的归约对应证明的简化。直至 1965 年，Prawitz[31]才给出自然演绎的全面总结，他将 sequent 推理演算的大部分工作都转换到自然演绎框架中，证明自然演绎具有子公式属性。1969 年，Howard[32]描述了自

然演绎与类型化 λ 演算之间的对应关系，称为 Curry-Howard 同构。经历了大约 30 年，逻辑和计算之间的联系被准确地刻画，逻辑经由类型系统解释成计算[33-36]。

直觉主义逻辑的公式对应简单类型理论的类型，称为命题即类型，或者公式即类型。因此，证明一个永真式(定理)等同于找到该类型的一个 λ 项(该类型的一个成员，如元组、函数等)，也称证明即项，或者证明即程序。例如，对于图 1.7 中每步证明中的逻辑公式，都可以构建相应的 λ 项，如图中的加粗字体所示。可以看出，它所构建的 λ 项是一个元组 $<x, y>$，两个分量的类型分别是 A 和 B。

$$\dfrac{\dfrac{}{\mathbf{x}:A\vdash \mathbf{x}:A}\text{(相等)} \qquad \dfrac{}{\mathbf{y}:B\vdash \mathbf{y}:B}\text{(相等)}}{\mathbf{x}:A,\mathbf{y}:B\vdash <\mathbf{x},\mathbf{y}>:A\wedge B}\text{(与引入)}$$

图 1.7　证明 $A, B\vdash A\wedge B$ 的类型推导

进一步考虑，按照图 1.4 中的证明过程，构建的 λ 项是($\lambda z.$ <z.snd, z.fst>) (<y, x>)，其中 x 是 A 类型，y 是 B 类型。可以看出，这个复杂的 λ 项按照元组计算的归约规则可以归约为较为简单的 λ 项，即($\lambda z.$ <z.snd, z.fst>) (<y, x>) ⇒<y, x>.snd, <y, x>.fst>⇒<x, y>。因此，项的归约对应证明的简化，并且项的归约不会改变类型。

对于命题即类型，定理的证明过程是高度构造的。证明一个定理就是构造给定类型的项，证明规范化成了计算，证明检查对应类型检查。

1.2.4　Curry-Howard 同构的扩展

Gentzen 在 20 世纪 30 年代为了研究算术的一致性设计了自然演绎。同一时期，Church 为了从函数的角度研究数学基础，设计了类型化的 λ 演算。这两个动机完全不同，看似不相关的研究在 30 年后被发现是等同的。Curry-Howard 同构的发现促使逻辑学家和计算机科学家在证明和程序之间对应关系的基础上进一步展开研究，收获了丰硕的成果。

对简单类型理论进行扩展，可以支持更多的类型。例如，多态类型和依赖类型导致更丰富的类型系统，使 Curry-Howard 同构扩展到更丰富的逻辑。Girard-Reynold 类型系统首先由逻辑学家 Girard 等[37,38]于 1972 年发现，在 1974 年由计算机科学家 Reynold[39,40]再次发现。该类型系统在简单类型 λ 演算的基础上，增加多态类型，建立了二阶命题逻辑与多态的简单类型 λ 演算之间的对应关系。该系统称为 System F。在二阶命题逻辑中，量词量化在命题逻辑变量上。Hindley-Milner 类型系统也是一个多态的类型系统，由 Hindley[41]于 1969 年首次发现，Milner[42]于 1978 年再次发现，进而实现为 ML 函数式编程语言的类型系统。许多函数式编程语言都采用 Hindley-Milner 类型系统。例如，在 Haskell 中实现为类型类(type class)的方式。

在 Howard 总结的 Curry-Howard 同构中，他也提到全称量词和存在量词能够对应到依赖类型。受此启发，一个具有影响力的现代类型理论是 Martin-Lof[43]的直觉主义类型理论。它通过引入依赖类型将这种对应关系延伸到谓词逻辑。全称量词使用Π类型构造器进行构造，即如果要证明$\forall x \in A.\ B(x)$，那么等同于找到一个函数，它的类型是$\Pi_{x \in A} B(x)$。该函数将类型为 A 的元素 x 映射为 $B(x)$的证明，因此给定一个值 $x \in A$，该函数将输出 $B(x)$的证明。可以看出，该函数的类型依赖函数的输入值，我们称这种函数为依赖函数。类似地，存在量词使用Σ类型构造器进行构造，如果要证明$\exists x \in A.\ B(x)$，那么等同于找到一个依赖元组，其类型是$\Sigma_{x \in A} B(x)$。它的第一个分量是类型为 A 的值 x，第二个分量依赖第一个分量的值 x，是 $B(x)$的证明。

Coquand 等[44]于 1988 年完成构造演算(calculus of constructions，CoC)，通过支持多态类型将 Martin-Lof 构造类型论扩展到二阶逻辑。进一步，归纳构造演算(calculus of inductive construction，CIC)支持归纳类型[45]，是证明助手 Coq 的底层逻辑。

Curry-Howard 同构及其扩展研究仍然在继续。1990 年，Griffin[46]将公式即类型的同构关系扩展到经典命题逻辑。他研究了 Scheme 编程语言的控制结构 call/cc，并指出，如果对计算的概念进行扩展，使之包括对当前控制流状况的显式访问，那么经典证明也具有计算成分。一些研究人员致力于编程语言的类型系统分析和分类。为了刻画由简单类型 λ 演算到 CoC 的扩展关系，Barendregt[47]建构了一个 λ 立方体。在这个立方体中，简单类型化的 λ 演算位于立方体的左下角，表示为 $\lambda\!\rightarrow$。首先，以 $\lambda\!\rightarrow$ 为起点，按照立方体的三个轴，$\lambda\!\rightarrow$ 衍生为三个演算系统，其中两个分别是 Girard-Reynold 类型系统和 Harper 的 LF 系统。然后，基于这三个抽象形式，进一步衍生出具有类型算子和多态的高阶命题演算系统、具有类型算子和依赖类型的 λ 演算系统，以及具有多态和依赖类型的 λ 演算系统。最后，具有类型算子、多态，以及依赖类型的 λ 演算系统成为 $\lambda P\omega$，即 CoC。它位于立方体的右上角。

Curry-Howard 同构和扩展为许多主流证明助手的开发奠定了理论基础。这些证明助手以非简单的类型理论为基础，如 Coq 和 NuPRL 等。

1.3　编 程 逻 辑

对编程逻辑的验证可以通过编程语言的语义直接进行，也可以使用特定程序验证开发的逻辑，如弗洛伊德-霍尔逻辑。本节首先分析编程语言的语义，然后分析三种具有较大影响力的编程逻辑。

1.3.1 编程语言的语义

编程语言的语义指定一条合法语句的含义(meaning)，描述计算机执行一个程序时表现的行为。语义可以使用自然语言描述。通常大多数编程语言的语义都是以这种方式进行非形式化解释的。然而，使用自然语言解释程序的行为存在歧义，影响语言的实现和使用。对语义进行精确解释的需求产生了形式语义学。操作语义、指称语义、公理语义，以及代数语义构成编程语言语义的四大主线[48,49]。这些不同类型的语义具有各自的特性，但是并非彼此完全对立。它们之间的界限有时相当模糊，目前还没有定义编程语言语义的最好方法[50,51]。下面从语义研究的发展来分析和理解这些不同的定义方法及其异同。

1. 基于抽象机的操作语义

基于抽象机的操作语义是定义一个抽象机器。它的结构应尽可能简单，以便程序性质的推理验证，同时应具备较好的表达能力，适合定义编程语言的语义。基于抽象机的操作语义也称传统的操作语义。

这种相当直接的语义定义方式始于 20 世纪 60 年代初。McCarthy[52-54]提出将程序的语义视为程序执行时在其状态向量上产生的效果。状态向量描述程序所有变量及其当前值。对于机器语言程序而言，状态向量描述机器内存中存储的值。这样定义状态向量之后，程序可以转换为使用条件表达式定义的递归函数。该递归函数将程序和初始状态作为输入，逐步计算，最后得到一个终态。这种以解释器方式定义 Lisp 的语义方法可以体现基于抽象机的操作语义思想。McCarthy[55]采用这种抽象解释器(abstract interpreter)的方式，给出 Algol60 语言子集的操作语义。类似地，Landin[56]于 1964 年定义 SECD(stack，environment，control，dump)机器，作为执行 λ 表达式的抽象目标机器。

建立在 McCarthy 工作的基础上，一个典型的基于抽象机来定义编程语言操作语义的大型项目是维也纳定义语言(Vienna definition language，VDL)[57-60]。该项目于 1965 年启动。抽象机即 VDL 解释器，由变迁函数定义；抽象机状态或者称配置，是由多棵子树组成的具有复杂结构的树。抽象机的运行始于它的初始状态，变迁函数执行每个计算步。每个计算步执行完后产生新的状态，例如从初始状态 $state_0$ 变迁到 $state_1$，继而变迁到 $state_2$、$state_3$ 等，即 $state_0 \to state_1 \to state_2 \to state_3 \to \cdots$。

这种使用抽象机方式定义的语义可以很好地诠释“操作”的意思。操作语义在描述程序的含义时，强调计算是如何进行的，可以理解为抽象机的状态是如何逐步发生变迁的，即状态从 $state_0$ 迁移到 $state_1$，再迁移到 $state_2$、$state_3$、…。VDL 项目于 1969 年完整定义了 PL/I 的操作语义。然而，复杂的抽象机定义和庞大的机器状态限制了这个语义的实用性。该项目在 70 年代转而采用指称语义，并更名为维也纳开发方法(Vienna development method，VDM)。

首次使用“operational”表示这种基于抽象机的语义定义方式的是语义的奠基者 Scott[61,62]。他提出，对比传统语言学定义语义的方式，编程语言的语义应该是数学的，可以称为“操作的”。

基于抽象机的操作语义容易理解，但是为了提高抽象机表达编程语言的能力，它的构造可能会非常复杂，机器状态会变得琐碎而庞大，使程序性质的推理验证非常困难。此外，它也并未能足够“抽象”地定义语义，缺少形式语义要求的严格性。基于抽象机的操作语义在 20 世纪 70 年代随着指称语义的兴起走向衰落。

除了操作语义，我们前面已经提到的 McCarthy 在 20 世纪 60 年代初一系列论著中还有另一个重要贡献，即抽象语法。编程语言语法的具体形式与抽象语法无关，抽象语法仅关注每条合法语句如何构成，以及如何解析。McCarthy 使用抽象语法定义语义的方式成为定义编程语言语义的典范。

2. 指称语义

指称语义由 Strachey 于 20 世纪 60 年代中期提出，Scott 创建的域理论为之奠定了数学基础。指称语义使用递归函数表示语义。每个抽象生成规则表示的抽象语法成分都由一个对应的函数表示。该函数精确定义了语法成分的含义。这些函数和数学函数一样，有定义域和值域。定义域是指称语义的语法域(syntactic domain)，值域是指称语义的语义域(semantic domain)。语义函数将一个语法成分和一个数学对象关联，这种关联称为指称(denote)。这个数学对象称为语法成分的指称(denotation)，即该语法成分的语义。因此，指称语义具有严格的数学特性。

指称语义有一个重要的特点，即组合性。如果某个语言成分是由其他语言成分组合构成的，则该语言成分的指称是各子语言成分指称的组合。这是一种函数的组合。例如，顺序组合语句的指称定义是其组成部分 C_1 和 C_2 指称的组合，即

$$\text{execute}[\![C_1;\, C_2]\!] = \text{execute}[\![C_1]\!] \circ \text{execute}[\![C_2]\!]$$

函数的组合性使指称语义直接支持两个语义等同的语言成分的置换。这种组合性建立在抽象生成规则产生的语法成分的结构上，所以也称语法制导的(syntax-directed)。因此，程序的性质可以使用结构化归纳[63, 64]进行推理。

与操作语义相比，传统操作语义将编程语言的语法成分转换成抽象机语言，指称语义将编程的语法成分转换成数学对象，因此指称语义更具严格性。指称语义并不建模如 $\text{state}_0 \rightarrow \text{state}_1 \rightarrow \text{state}_2 \rightarrow \text{state}_3 \rightarrow \cdots$ 逐步的计算状态。它仅始于一个初始状态，如 state_0，经语义函数的计算得到一个终态，如 $\text{state}_{\text{final}}$。因此，指称语义的关注点是语言成分执行的最终结果，而不是其执行过程。虽然指称语义仍然

是基于状态的改变来定义的，但是传统操作语义的状态指抽象机的机器状态，状态变迁函数是用某种编码实现的算法；指称语义的状态指程序的状态，即程序中各变量的取值。它纯粹使用数学函数来定义状态的变化。

但是，严格的数学特性也使指称困难，可能导致非常复杂的函数组合形式。指称语义在指称并发时相当复杂，因此需要引入新的模型，如演员模型[65]、事件结构[66,67]、Petri 网、跟踪语义[68]。

指称语义在20世纪70年代占据主导地位。Tennent[69]使用指称语义定义Pascal语言。Mosses[70]给出 Algol 60 的指称语义。VDL 的后继 VDM 采用的就是指称语义。Jones 在长达 30 年之后宣告该项目的困难性主要在于 PL/I 的指称语义过于复杂。从某种程度上看，指称语义可能过于数学化，而不便编程语言的设计。例如，Scott 在提出指称语义时，指出一个抽象的、干净的数学语义应该更好，但是不能忽略操作。

3. 基于规则的操作语义

基于抽象机的操作语义缺少数学的严谨，且机器状态过于复杂，甚至会湮没编程语言语义的本质。指称语义纯数学函数的处理方式使实际编程语言的定义非常烦琐，可能导致过于复杂的语义状态。因此，语义的研究者开始寻找新的语义定义方式。基于规则的操作语义指结构化的操作语义(structural operational semantics，SOS)和自然语义。

Plotkin[71,72]于 1981 年提出 SOS。在 SOS 中，定义语义的方式仍然是操作的，描述操作(程序的执行)如何逐步改变状态，而不是指称语义那样，将语义独立于任何执行过程之外，定义为一种纯粹的数学函数。但是，SOS 与传统的操作语义不同，它不使用抽象机，而是使用推理规则表示状态的变化。规则由一系列前提和一个结论组成，语义计算成为一个演绎推理系统。由于语义基于推理逻辑而定义，程序性质可以直接基于语言成分的语义定义进行推理而得到证明。因此，SOS 可以弥补传统操作语义严格性的缺乏，避免传统操作语义中机器状态庞大的问题。同时，相对指称语义而言，SOS 操作的方式没有指称语义那么抽象，更为直接，可以避免指称定义中的函数组合和指称并发时的复杂问题。

SOS 与指称语义一样，都是基于语言的语法成分来定义的，即语法制导的，复合短语的语义基于子短语的语义规则来定义。在这个意义上，鉴于语法的结构性，SOS 区别于传统的操作语义而言，被称为是结构的。但是，这种特点不像指称语义那样，导致语义的定义是组合的，即 SOS 不是使用函数来定义语义，而是使用规则，因此复合短语的语义不是由子短语语义组合而成的。在 SOS 中，程序的语义仍然是一系列状态变迁，它是操作的。

基于规则的操作语义还有另外一种形式，即自然语义(natural semantics)[73]。

它以一种更为直观的方式展示基于规则的操作语义的核心思想。虽然它是操作的，但是不直接建模中间状态，仅关心终态。因此，SOS 又称为小步操作语义，而自然语义又称为大步操作语义。从某种意义上看，大步操作语义非常接近指称语义，可以看成是指称语义的一个变种。

4. 抽象状态机方式的操作语义

抽象状态机是 Gurevich[74]提出的演化代数。抽象状态机可以看作一种抽象机，但它是形式化的状态变迁系统[75]。Börger 等[76,77]使用抽象状态机验证支持并发的 Occam 语言到目标机器 Transputer 的编译，并对 Java 语义进行了定义。Börger 没有采用语法制导机制，而是使用一种运行时(run-time)的建模方式。他认为，Java 程序运行时，环境会对程序的控制产生影响。此外，并发是非语法驱动的，因此语法制导的语义定义方式并不适合 Java 语言(Java 在语言级直接支持线程)。不过，这种观点可能是有争议的，小步操作语义可以建模并发。Lochbihler[78]采取小步操作语义，完成了包括 Java 线程机制的编译验证。

使用抽象状态机完成的一个大型项目是对 Java 编译器，以及字节码验证器的验证[79]。该项目缘于 Börger 倡导的在软件工程中使用抽象状态机，而 Schutle 认为当前函数式编程技术、公理规范，以及求精(refinement)技术应该能够提供一个具有理论基础，并且工业可行的方法进行复杂系统的分析和设计，因此他质疑抽象状态机的方式是否能达到同样的效果。由此，Schutle 以一种纯粹函数式的方式，Börger 以抽象状态机的方式，分别完成了一个实际语言的设计。Java 和 Java 虚拟机(Java virtual machine，JVM)是他们研究的主题。项目完成时，Robert、Joachim 和 Börger 给出了令人信服的结果。

Börger 实现了从 Occam 到 Tranputer 的编译验证，但因为源语言和目标机器小众，结果具有一定的局限性。EVADE 是用来实现演化代数自动化的工具，但是 Börger 的 Java 编译器验证没有使用该工具，而是全部由手工完成。Verifix 项目致力于编译器的正确性研究[80]，也使用抽象状态机的语义定义方式。

5. 公理语义

操作语义和指称语义都使用了状态的概念。公理语义[81]没有这种直接的状态概念。在公理语义中，程序变量的取值反映在断言中，语义建立在这种断言上。断言即关于程序中变量取值的逻辑公式。这些值随着程序的执行发生改变，但是可能存在某种保持不变的关系。程序执行前的初始断言和执行后的终止断言可以反映这些不变式关系，表示这段程序代码的语义。

Hoare[82]于 1972 年定义了 Pascal 的公理语义。Guttag 等[83]于 1977 年使用公理化思想设计了 Euclid 语言。为了方便验证，Euclid 语言无 goto 语句，指针仅限于集合类型，类型有严格的限制。编译器在编译的同时，生成验证条件。Euclid后来发展成一种数据流语言。Scheartz[84]试图定义 Algol68 的公理语义，但是这种定义相当不自然。

证明公理语义下两个程序有相同的语义，就是证明这两个程序满足相同的后置条件。在这种意义上，它可以用于确定编译器优化变换的正确性。但是，公理系统本身的限制使其表述能力较弱，不能直接形式化静态语义，很少单独作为定义编程语言语义的一种方式。

6. 代数语义

代数语义的理论基础是抽象代数。使用代数的方法对编程语言的语义进行定义，其基本思想是识别数据对象的不同类别(sort)，以及在数据对象上的操作，使用等式，或者称为公理，描述它们的特征属性。代数定义包括基调和等式。等式在习惯上称为重写规则。满足这组等式的代数可以作为这个代数数据类型的模型。在所有模型中，初始代数是所有其他模型的同态映象。

Goguen 等[85]将编程语言的抽象语法视为一类代数 $\mathcal{C}$ 中的一个初始代数，然后定义 $\mathcal{C}$ 中的其他代数是该语言的可能语义。抽象语法和语义之间的关系是初始代数和其他代数之间的唯一同质。指称语义就是规范这个代数 $\mathcal{C}$ 的一种方式。

代数语义常用来规范抽象数据类型。抽象数据类型将类型视为值的集合，将同一类型的数据和在这类数据上可以执行的操作视为一个整体。操作的定义和实现分开。Broy 等[86, 87]设计了很小的语言，使用代数的方法定义其语义。

虽然以上讨论的形式语义能够准确地定义编程语言，但是形式语义难以理解，这制约了它的应用。编程人员仍然愿意阅读以自然语言描述的文档，也更愿意直接从控制流、绑定、程序运行对内存的修改，以及参数的传递方式等方面来理解编程语言。总的来看，代数语义将操作语义、公理化语义，以及指称语义统一起来。但是，这个定义非常抽象，并且合适的语义代数很难构造。同时，指称语义也相当抽象，找到合适的指称相当困难。行为语义是指称语义的改进，试图以直接的方式表达编程语言的基本计算，使之易于阅读和理解。Mosses[88, 89]形式化了 Ada 子集。操作语义是相当直接的一种定义语义方式，经历了最多的发展变化[90]。基于规则的操作语义成为当前大多数机械化证明研究者采纳的语义定义方式。Hayo[91]详细分析了操作语义。

实际编程语言的语义通常庞大而复杂，难以手工定义，使用定理证明器或者定理证明助手定义编程语言可以缓解这个问题[92]，避免手工定义的不可靠性，因此产生了机械化语义[93, 94]这个概念。许多研究成果即使未强调机械化语义，也是在某个定理证明系统下展开研究的。从嵌入编程语言的证明到定理证明器[95]也采用了同样的方法。

广义上讲，语义可分为静态语义和动态语义。静态语义指编译时可以确定语法成分，包括程序的良构性条件、类型规则等。动态语义需要在运行时刻才能确定语法成分。本节讨论的形式语义都是动态语义。

1.3.2　一阶编程逻辑及变体

一阶编程逻辑也称函数式语义，是指将程序视为由输入状态映射到输出状态的递归函数，因此程序的性质可以使用递归归纳进行验证。这种方法由 McCarthy 提出，建立了一种新的递归函数理论，即条件表达式理论来支持该方法。条件表达式形如下式，即

$$(p_1 \to e_1,\ \cdots,\ p_n \to e_n)$$

其中，p_i 为具有真值(True 或 False)的命题表达式，它表示从左至右计算的 p_i 值。

如果 p_1 为真，那么条件表达式的值对应 e_1；否则，如果 p_2 为真，那么条件表达式的值对应 e_2；……。假定我们已经定义了非负整数上的大于和小于运算，那么$(1<2\to 4,\ 1>2\to 3) = 4$，$(2<1\to 4,\ T\to 3) = 3$，$(2<1\to 3,\ 4<1\to 4)$是未定义的。

利用条件表达式可以定义递归函数。例如，定义非负整数 n 的阶乘 $n!$(假定已经定义了非负整数上的相等、乘法和减法运算)，即

$$n! = (n = 0 \to 1,\ T \to n\times (n-1)!) \tag{1.1}$$

利用该定义，我们可以进行自然数阶乘的计算。例如

$$\begin{aligned}
3! &= (3 = 0 \to 1,\ T \to 3\times 2!)\\
&= 3\times 2!\\
&= 3\times(2 = 0\to 1,\ T \to 2\times 1!)\\
&= 3\times 2\times 1!\\
&= 3\times 2\times(1 = 0\to 1,\ T \to 1\times 0!)\\
&= 3\times 2\times 1\times 0!\\
&= 3\times 2\times 1\times(0 = 0\to 1,\ T \to 0\times(0-1)!)\\
&= 3\times 2\times 1\times 1\\
&= 6
\end{aligned}$$

基于条件表达式，McCarthy 定义了一系列恒等式作为公理，同时定义了一系列推理规则，如交换律、分配律规则等，通过条件表达式理论形成一套一阶逻辑形式系统。在这个系统中，McCarthy 提出递归归纳技术，用来证明两个递归函数相等。设f的递归定义如式(1.2)所示，其中ε为条件表达式。设A是n元组$(x_1, x_2,\cdots,x_n)$的集合，函数 g 和 h 是具有和 f 相同定义域的另外两个函数，即

$$f(x_1, x_2,\ \cdots, x_n) = \varepsilon\{\ x_1, x_2,\ \cdots, x_n, f\} \tag{1.2}$$

如果$f(x_1, x_2,\cdots, x_n)$的计算总会聚，并且可以用函数 g 和 h 分别替换式(1.2)中的 f, 即函数 g 和 h 都满足该公式，那么对于集合 A 中的所有 n 元组$(x_1, x_2,\cdots, x_n)$, $g(x_1, x_2,\cdots, x_n) = h(x_1, x_2,\cdots, x_n)$。

假定我们定义了非负整数上的函数 $t(n, s)$，即

$$t(n,s)= (n=0\rightarrow s, T\rightarrow t(n-1, n\times s)) \tag{1.3}$$

我们希望证明以下定理。

定理 1.1 $t(n, s) = n!\times s$。

证明：

(1) 令 $h(n, s) = n!\times s$。

(2) 令 $f(n, s) = (n = 0 \rightarrow s, T \rightarrow f(n-1, n\times s))$，容易得到 $f(n, s)$在非负整数上的计算是会聚的。

(3) 式(1.3)与 $f(n, s)$是完全相同的，因此 $t(n, s)$满足 $f(n, s)$。

(4) 由 $h(n, s) = n!\times s$，可得 $h(n-1, n\times s) = (n-1)! \times (n\times s)$。

(5) $h(n, s) = n!\times s$

$$\begin{aligned}&= (n = 0 \rightarrow 1, T \rightarrow n \times (n-1)!)\times s\\&= (n = 0 \rightarrow s, T \rightarrow n \times (n-1)!\times s)\\&= (n = 0 \rightarrow s, T \rightarrow (n-1)!\times(n\times s))\\&= (n = 0 \rightarrow s, T \rightarrow h(n-1, n\times s))\end{aligned}$$

因此，$h(n, s)$满足 $f(n, s)$。

(6) 运用递归归纳证明技术，可得 $t(n, s) = h(n, s)$。

因此，$t(n, s) = h(n, s) = n!\times s$。

如果令 $t(n, s)$中的 s 等于 1，利用 $t(n, s) = n!\times s$，可以得到 $n!$的另一定义，即

$$n!=t(n,1) \tag{1.4}$$

为了将程序视为递归函数，McCarthy 定义了状态向量。状态向量描述程序中的所有变量及其对应的当前值。因此，程序可以转换为使用条件表达式定义的递归函数。McCarthy 用这种方式推理了 Algolic(类似 Algol 语言)程序的性质。在他的例子中，通过对递归归纳进行的扩展，对 Algolic 程序的推导不再需要首先转换为递归函数。

McCarthy 提出的这种方法将程序的推理建立在递归函数上，使用条件表达式定义的递归函数可以表达程序的语义。对程序性质进行推理时，程序首先转化为递归函数。递归函数的定义被翻译为逻辑等式。1979 年，Cartwright 等[96]展示了这个一阶编程逻辑能用来推理递归函数的性质，可适用于 Pascal 程序性质的推理。

受 McCarthy 和 Bledsoe 的影响，Boyer 等[97]于 1975 年基于一阶编程逻辑的限制性变体，即无量词的一阶逻辑，实现了 Lisp 程序的定理证明工具，称为纯粹

的 Lisp 定理证明助手。这个成果具有突破性意义，当时流行的基于消解的技术不能证明诸如串联结的结合律这类更有意义的定理。Moore 等[98]研究了归纳证明技术。这种程序验证技术依赖被操纵数据对象的结构，因此被称为结构化归纳。

归纳证明的机械化存在两个主要挑战，即机器如何选择归纳变量，以及如何找到有用的归纳公理或者规则。假定我们已有两个算术定理，即

$$0+y=y \tag{1.5}$$

$$x'+y=(x+y)' \tag{1.6}$$

其中，x 和 y 为自然数。

自然数 **N** 递归定义为，0 是自然数，如果 n 是自然数，则 n 的后继 n' 也是自然数。

我们希望证明以下两个定理。

定理 1.2　$\forall m, n, k\in \mathbf{N}$，则 $m+(n+k)=(m+n)+k$。

定理 1.3　$\forall n\in \mathbf{N}$，则 $\lfloor n/2\rfloor\times 2\leqslant n$。

对于定理 1.2，使用 Peano 归纳规则，即

$$\varphi(0)\wedge[\forall m\in \mathbf{N}.\ \varphi(m)\Rightarrow\varphi(m')]\Rightarrow \forall m\in \mathbf{N}.\varphi(m) \tag{1.7}$$

在变量 m 上进行归纳，可以得到待证明的基本步和归纳步，即

$$\forall n, k\in \mathbf{N}.\ 0+(n+k)=(0+n)+k \tag{1.8}$$

$$\forall m\in \mathbf{N}.(\forall n\ k\in \mathbf{N}.m+(n+k)=(m+n)+k)\Rightarrow(\forall n,k\in \mathbf{N}.m'+(n+k)=(m'+n)+k) \tag{1.9}$$

由式(1.5)可得，$0+(n+k)=n+k$，$(0+n)+k=n+k$，因此式(1.8)成立。

由式(1.6)可得，$m'+(n+k)=(m+(n+k))'$。由式(1.9)中的归纳假定可继续推得，$m'+(n+k)=(m+(n+k))'=((m+n)+k)'$。

由式(1.6)可得，$(m'+n)+k=(m+n)'+k=((m+n)+k)'$。

因此，$m'+(n+k)=(m'+n)+k$，式(1.9)得证。

综上所述，基本步和归纳步都得到证明，因此定理 1.2 得证。

在上述证明过程中，我们选择 m 作为归纳变量。假设归纳在变量 n 上，运用式(1.7)，待证明的基本步和归纳步分别为 $\forall m, k\in \mathbf{N}.\ m+(0+k)=(m+0)+k$ 和 $\forall n\in \mathbf{N}.(\forall m, k\in \mathbf{N}.m+(n+k)=(m+n)+k)\Rightarrow(\forall m, k\in \mathbf{N}.m+(n'+k)=(m+n')+k)$。当仅知道式(1.5)时，无法计算 $(m+0)+k$，因此基本步都不能得到证明。

重新证明定理 1.2，假设已知的两个算术定理分别为

$$x+0=x \tag{1.10}$$

$$x+y'=(x+y)' \tag{1.11}$$

在变量 k 上进行归纳，可得待证明的基本步和归纳步，即

$$\forall m,n\in \mathbf{N}.m+(n+0)=(m+n)+0 \tag{1.12}$$

$$\forall k\in \mathbf{N}.(\forall m,n\in \mathbf{N}.m+(n+k)=(m+n)+k)\Rightarrow(\forall m,n\in \mathbf{N}.m+(n+k')=(m+n)+k') \tag{1.13}$$

由式(1.10)可以推得，$m+(n+0)=m+n$，$(m+n)+0=m+n$，因此式(1.12)得证。

由式(1.11)可以推得，$m+(n+k')=m+(n+k)'=(m+(n+k))'$。由式(1.13)中的归纳假定可继续推得，$m+(n+k')=m+(n+k)'=(m+(n+k))'=((m+n)+k)'$。

由式(1.11)可以推得，$(m+n)+k'=((m+n)+k)'$。

因此，$m+(n+k')=(m+n)+k'$，式(1.13)得证。

综上所述，基本步和归纳步都得到证明，因此定理 1.2 得证。

以上阐述了在不同变量上进行归纳，证明定理 1.2 的方法。下面证明定理 1.3。由于仅具有一个变量 n，因此归纳在变量 n 上进行证明。

假定已知 6 个算术定理，即

$$\lfloor 0/2\rfloor=\lfloor 0'/2\rfloor=0,\quad 0\times 2=0,\quad 0\leqslant y \tag{1.14}$$

$$\lfloor x''/2\rfloor=\lfloor x/2\rfloor',\quad x'\times 2=(x\times 2)'' \tag{1.15}$$

$$x'\leqslant y' \text{当且仅当 } x\leqslant y \tag{1.16}$$

现在运用式(1.7)的归纳规则证明定理 1.3，得到的待证明基本步和归纳步分别为$\lfloor 0/2\rfloor\times 2\leqslant 0$ 和$\forall n\in\mathbf{N}.\lfloor n/2\rfloor\times 2\leqslant n\Rightarrow\lfloor n'/2\rfloor\times 2\leqslant n'$。

由式(1.14)中的算术定理可得$\lfloor 0/2\rfloor\times 2\leqslant 0$ 成立。但是，利用上述算术定理，无法证明归纳步。这说明，式(1.7)的归纳规则对于定理 1.3 的证明是不合适的，因此需要新的归纳规则。现在利用式(1.17)所示的归纳规则来证明定理 1.3，即

$$\varphi(0)\wedge\varphi(0')\wedge[\forall m\in\mathbf{N}.\varphi(m)\Rightarrow\varphi(m'')]\Rightarrow\forall m\in N.\varphi(m) \tag{1.17}$$

证明过程是，归纳在变量 n 上，得到待证明的基本步和归纳步，即

$$\lfloor 0/2\rfloor\times 2\leqslant 0 \tag{1.18}$$

$$\lfloor 0'/2\rfloor\times 2\leqslant 0' \tag{1.19}$$

$$\forall n\in \mathbf{N}.\lfloor n/2\rfloor\times 2\leqslant n\Rightarrow\lfloor n''/2\rfloor\times 2\leqslant n'' \tag{1.20}$$

两个基本步，即式(1.18)和式(1.19)可以由式(1.14)中的算术定理得到证明。

由式(1.15)可得，$\lfloor n''/2\rfloor\times 2=\lfloor n/2\rfloor'\times 2=(\lfloor n/2\rfloor\times 2)''$。

由式(1.20)中的归纳假定和式(1.16)可得$(\lfloor n/2\rfloor\times 2)''\leqslant n''$，因此式(1.20)得证。

综上所述，由于基本步和归纳步都得到证明，因此定理 1.3 得证。

从以上例子可以看出，归纳的机械化证明必须解决如何选择归纳变量，以及找到有用的归纳规则。Boyer 和 Moore 设计了显式归纳技术，生成显式归纳假定，并且能泛化待证明的定理，更好地利用归纳技术。许多当前定理证明系统都支持

显式归纳，如 Isabelle/HOL、Coq、PVS 等。归纳和泛化技术是 Boyer 和 Moore 开发的自动定理证明工具的核心技术。该自动定理证明工具也包括重写等技术。在证明定理时，推荐优先采用诸如重写这类相对简单且更可控的技术。当这类技术不能完成证明的时候，才考虑归纳和泛化。

一阶编程逻辑并未得到广泛使用，这是因为一方面，一阶编程逻辑的表达能力不及高阶逻辑；另一方面，应用这种逻辑系统需要首先将程序转换为递归函数。从理论上讲，一阶编程逻辑更适合 Lisp 这类函数式编程语言，因为这类编程语言可以省去将程序转换为递归函数的步骤。

1.3.3　弗洛伊德-霍尔逻辑

弗洛伊德-霍尔逻辑也称归纳断言的方法。1967 年，Floyd[99]提出证明程序正确性的基本思想，即将程序表示为流程图，断言表示在流程图的边上。1969 年，Hoare 将流程图方式的断言表示为三元式，由前置断言、程序、后置断言组成。Hoare 给出了简单命令式语言成分的公理和推理规则，称为 Hoare 公理系统。在这个公理系统中，公理和命题都是形如$\{P\}S\{Q\}$的三元式，其中 P 和 Q 都是一阶逻辑公式。三元式表示的意思是，如果程序 S 执行前 P 为真，且执行后 Q 成立，那么这个三元式成立。因此，若一个命题$\{P\}S\{Q\}$为真，其表达的意思是，如果 P 在执行 S 前为真，并且 S 能够终止，那么 Q 在 S 终止时为真。

Hoare 公理系统吸引了众多学者对其展开后续研究。这些研究包括循环不变式的构造、支持并发、指针等语言特性、终止性问题，以及该公理系统的可靠性和完备性问题等。1975 年，Dijkstra[100]提出的最弱前置条件和谓词转换器，成为开发循环不变式的指导思想。

归纳断言系统除了需要自动定理证明工具之外，验证条件生成器(verification condition generator，VCG)是另一个重要组成部分，断言通过 VCG 转换为验证条件，即一阶公式，然后再由自动定理证明工具进行证明。早期基于 Floyd-Hoare 逻辑的大型验证工具是 Stanford Verifier 和 Gypsy Verification Environment (GVE)。当前许多工业应用的程序验证工具都采用这种基于验证条件的程序验证方式，如 Why verification platform、the Spec# static program verifier、ESC/Java2，以及 SPARK GNATprove 等。其中，Spec#语言是 C#的扩展，其源程序可以包括方法契约(contracts)、不变式、类、成员，以及类型的注解。Spec#的设计代表编译器验证的一种方法，即编译器编译源程序的同时也处理注解。VCG 将它们转换成一阶公式，之后通常由自动定理证明工具 Z3 进行证明。

在归纳断言式这种方法中，程序及其注解被转换成大量逻辑公式。当这些公式未通过证明时，难以确定究竟是程序出了问题，还是注解出了问题，而支持封装、继承、多态等面向对象(object oriented,OO)特性编程语言的语义复杂性更加剧了这一问题的严重性。另外，由代码得到循环不变式的机械化处理比较困难。为了避免采取这种后验的形式，Back[101]提出基于不变式编程的方法，先写规范，再写代码，每写完代码，它的正确性即被检查。这种先验式方式与逐步求精结合，组成一种构造即正确的程序开发方法。

1.3.4　可计算函数逻辑

Milner 于 1968 年实现了一个自动定理证明工具，但是这个工具能证明有意义定理的困难性极大。这使 Milner 对机器辅助，而不是完全自动的程序证明更感兴趣。1969 年，Milner 意识到可以运用域理论定义程序的语法和语义。Milner[102-104]将这个逻辑称为 LCF。他于 1972 年开发了一个证明检查器，称为 Stanford LCF。为方便实现，Milner 将类型化的组合子转换为 λ 表达式，将类型解释为 Scott 域，将谓词演算公式作为逻辑公式。归纳规则是 Scott 逻辑的核心，在 Milner 的实现中证明 McCarthy 的递归归纳，成为这个逻辑的一个定理。更重要的是，这个证明检查将结构化归纳实现为一个推理得到的规则，使在这个逻辑的支持下，可以方便地进行结构化归纳的证明。事实上，结构化归纳可以视为递归归纳的一个特例。

在证明机制上，用户使用证明命令与 Stanford LCF 进行交互，将待证明的定理(称为目标)分解为子目标。子目标通过简化器得到证明，或者进一步分解为更简单的子目标，直到这些子目标全部得到证明。在分解子目标时，代表形式证明的数据结构被创建，因此会消耗大量存储空间。

为了灵活地添加证明命令而不损害可靠性，同时节约存储空间，Gordon 等[105]设计了 Edinburgh LCF。Edinburgh LCF 不存储整个证明的数据结构，只存储证明的结果，即定理。为了确保定理只能由证明产生，一个抽象数据类型(称为 thm)，用来表示定理的类型。它的预定义值是公理，在这个类型上的操作只能是推理规则。推理规则实现为函数，因此严格的类型检查将保证所有 thm 类型的值只能通过公理，并使用推理规则得到。这种由推理得到的定理可以保证它的可靠性。此外，这种将定理表示成抽象数据类型的方式使这个机器证明工具支持前向证明。

为了方便证明命令的扩展和使用，Edinburgh LCF 设计了函数式编程语言 ML(meta language)。ML 是严格类型化的，用来支持抽象类型机制。分解待证明目标的证明命令如推理规则一样，也可以实现为函数，称为策略。策略是由目标到子目标的函数。策略能够以不同的方式组合成新策略，组合方式也是一个 ML 函数，称为 tacticals。策略可以视为推理规则的逆，支持后向证明。可编程的 Edinburgh LCF 可以为用户提供更多与机器的交互，同时不损失可靠性。

Edinburgh LCF 为证明助手的开发建立了一个标准框架。许多后来的证明助手或多或少都采用了其核心技术。这些证明助手包括对 Edinburgh LCF 进行了大量改进和完善的 Cambridge LCF，始于硬件验证的 HOL 系列，基于 Martin-Lof

类型理论的 NuPRL、Isabelle 和 Coq 等。

Milner 成功地将 Scott 的域理论应用于实践，而域理论为指称语义奠定了数学基础。由于指称语义的状态是程序状态，即程序中各变量的取值。它纯粹使用数学函数定义状态的变化，使 LCF 方法在推理程序的方式上不同于一阶编程逻辑和 Floyd-Hoare 逻辑。一阶编程逻辑和 Floyd-Hoare 逻辑都将程序的语义嵌在某种算法中，即一阶编程逻辑将程序的语义转换为带有条件表达式的递归函数；Floyd-Hoare 逻辑将程序的语义通过 VCG 转换为验证条件。在 LCF 逻辑中，程序是这个逻辑系统操纵的对象，因此程序的语义可以显式定义。这也称为嵌入编程语言到证明助手中。事实上，在 Isabelle/HOL 和 Coq 等证明助手中，可以方便地定义大步操作语义和小步操作语义。程序的许多性质，如程序的相等性、程序变换，以及一致性和终止性等，都能方便地在证明助手的逻辑系统中得到表达。

从另一方面来看，由于 Floyd-Hoare 逻辑是一种特定用于程序验证的逻辑，证明程序的性质会更直接。为了充分利用 LCF 方法和 Hoare 逻辑的优势，Gordon[106]和 Nipkow 等[107, 108]分别使用证明助手 HOL 和 Isabelle/HOL，将 Hoare 逻辑实现为推理出来的规则，以保证 Hoare 逻辑的可靠性。以这种方式，Hoare 逻辑嵌入在高阶定理证明助手中，因此可以在这些证明助手内使用 Hoare 逻辑进行程序验证。

1.4　基于高阶逻辑的硬件设计验证

20 世纪 70 年代，定理证明工具的设计与实现围绕一阶逻辑展开。这在很大程度上是因为一阶逻辑具有很强的理论属性，如完备性。然而，Gordon 指出这类属性对于验证是不相关的，而简单类型理论，即高阶逻辑所具有的更强表述力对于硬件设计验证而言却是必要的[109-112]。这种采用高阶逻辑进行硬件设计验证的思想受到 Halpern 等和 Hanna 等研究的影响。Halpern 等[113]研究了基于时态区间的硬件语义。Hanna 等[114]开发了一个高阶逻辑的 VERITAS 定理证明工具，对触发器进行了验证。

出于历史原因，也可能是当时的硬件设计并不那么复杂，除了 Wagner[115]于 1977 年使用 Weyhrauch 开发的一阶逻辑证明工具进行硬件设计验证的初步尝试以外，几乎所有早期的验证研究在本质上都是以软件为主。1981 年，Gordon 与爱丁堡大学展开了一项 LCF 项目的联合研究[116]。这为 Gordon 研究高阶逻辑的硬件设计验证奠定了良好基础。

Gordon 考虑在寄存器传递级(register transfer level，RTL)进行硬件设计验证。他对 Milner 的通信演算系统(communication calculus system，CCS)留有深刻印象，

认识到通过并行组合硬件系统中个体结构的描述，可以计算推理得到整个硬件系统的行为。于是，Gordon 设计了称为 LSM(logic of sequential machine)的符号系统，用来表示机器的顺序行为，并构造了一条类似 CCS 的 Expansion Theorem 规则。接下来，Gordon 等对 Cambridge LCF 进行了改进，使之适合 LSM。这个改进的证明助手能够对 Viper 处理器进行规范性和正确性验证[117]。同时，Moskowski 向 Gordon 提出 LSM 中的项可用谓词逻辑进行编码，使 LSM 的 Expansion Law 能够推理得到，而不是构造为公理。这种方法既优雅，又具有更牢固的逻辑基础，因此 HOL 诞生。

概括来讲，Gordon 基于高阶逻辑的硬件设计验证思想在于，虽然布尔代数可以推理简单组合电路的行为，但是它不能表示顺序行为，以及更高层的抽象数据类型，如整数。在高阶逻辑的硬件设计验证中，用来对硬件设计进行规范的是谓词。谓词的参数是函数。硬件的结构和行为都以高阶逻辑表示。利用经典的数学知识，HOL 可以提供有效的推理规则对硬件行为进行推理证明。

假定数字设备 D 的电路图如图 1.8 所示。该设备由三个子设备 D_1、D_2 和 D_3 组成，其中 a、b、c、d 是外部信号，p、q 是内部信号。假定 $P_1(a, b, p)$、$P_2(p, d, c, q)$和 $P_3(q, b, d)$分别是描述子设备 D_1、D_2 和 D_3 的三个谓词，描述设备对应输入信号和输出信号之间的关系。假定设备 D 的谓词是 P，P 可以表示为 $P_1(a, b, p) \wedge P_2(p, d, c, q) \wedge P_3(q, b, d)$，对于电路 D，我们关心的是它的外部信号，即信号 a、b、c、d 可能的取值。当且仅当存在内部信号 p 和 q 分别取某个值时，信号 a、b、c、d 的取值满足谓词 $P_1 \wedge P_2 \wedge P_3$。因此，利用存在量词可将设备 D 的行为表示为外部信号的谓词，即

$$P(a, b, c, d) \equiv \exists p,q.\ P_1(a, b, p) \wedge P_2(p, d, c, q) \wedge P_3(q, b, d)$$

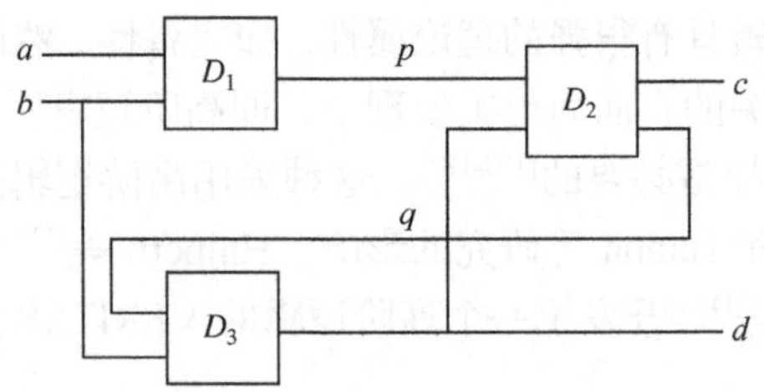

图 1.8　数字设备 D 的电路图

高阶逻辑的硬件设计始于对输入输出信号的描述。信号建模为时间到数据值的函数，谓词 P 的参数是函数，因此 P 是高阶的。

高阶逻辑的选择在当时相当激进，例如高阶合一在理论上是不可判定的。实际采取 Huet[118]开发的半可判定的高阶合一算法在证明助手中表现得相当可靠[119]。Gordon[120]继续扩展了这项技术，使 HOL 进化成 HOL4。HOL 引起了许多研究者的兴趣，他们开发出不同的版本，形成 HOL 系列，如图 1.9 所示。HOL Light、

HOL4、HOL Zero，以及 ProofPower 目前仍然在开发和维护，底层逻辑都是经典的高阶逻辑。虽然始于硬件设计验证的动机，HOL 系列也可以进行算法和程序验证，并且支持进程代数，以及极限理论、微分、积分等的经典数学验证。

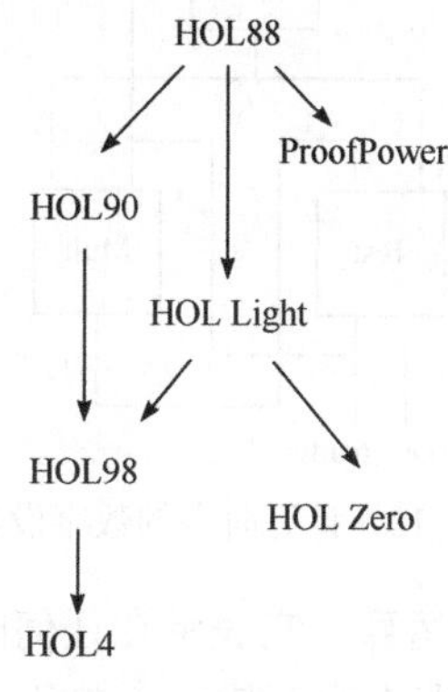

图 1.9　HOL 系列

关于硬件设计验证还需要指出以下几点。首先，许多文献都使用硬件验证(hardware verification)一词。这是对硬件设计规范进行验证，任何一个形式验证系统都无法对硬件实体进行验证。一个数字设备通常由多个子设备组成，高阶逻辑的硬件设计规范以高阶逻辑描述或定义这个数字设备。其次，验证指形式化地奠定"数学设备的硬件设计规范满足其抽象规范"。抽象规范描述或定义该数字设备应具有的行为，也可以理解为某种正确性属性。硬件设计规范可以理解为抽象规范的一种实现。

1.4.1　高阶逻辑的硬件设计

本节以文献[110]描述的阶乘设备为例，阐述高阶逻辑硬件设计验证过程中的基本原理。

计算阶乘的数字设备如图 1.10 所示。它的外部信号包括一个输入信号 in 和两个输出信号，即 out 和 ready。

该设备由三个子设备组成。

(1) 子设备 Down 完成递减运算。它表示在任何时间点 t，如果 ready 在 t 时刻准备好接受一个输入，那么内部信号 l_1 在$(t+1)$ 时刻的值就是该输入值；否则，表示阶乘运算正在进行中。在这段时间内，l_1 在下一个时刻$(t+1)$的值就是它在 t 时刻的值减 1。因此，子设备 Down 的定义为

$$\mathrm{Down}(\mathrm{in}, \mathrm{ready}, l_1) \equiv \forall t.\ l_1(t+1) = (\mathrm{ready}(t) \to \mathrm{in}(t) \mid l_1(t) - 1) \tag{1.21}$$

其中，$(\mathrm{ready}(t) \to \mathrm{in}(t) \mid l_1(t) - 1)$是条件表达式。

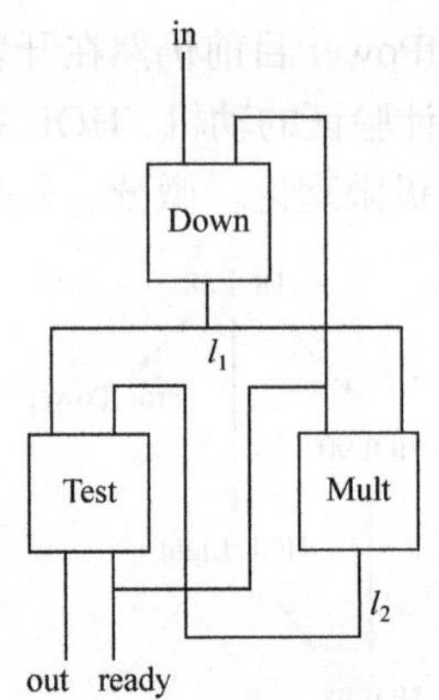

图 1.10　计算阶乘的数字设备

(2) 子设备 Mult 执行乘法运算。它表示在任何时间点 t，如果 ready 信号在 t 时刻准备好接受一个输入时，那么内部信号 l_2 在下一个时刻将赋值 1，作为计算阶乘的初始值；否则，如果 ready 信号指示没有准备好读入一个整数，表示阶乘运算正在进行中。在这段时间内，l_2 在下一个时刻(t+1)的值就是 t 时刻 l_2 的值和 t 时刻 l_1 的值的乘积，即

$$\text{Mult}(\text{ready}, l_1, l_2) \equiv \forall t.\ l_2(t+1) = (\text{ready}(t) \rightarrow 1 \mid l_2(t) \times l_1(t)) \tag{1.22}$$

(3) 子设备 Test 是一个控制设备。在任一时刻 t，如果 $l_1(t)$的值不为 0，表示阶乘计算还在进行中，out 值保持为 0；如果 ready 正准备接受一个输入，表示阶乘计算还未开始，out 值也是 0；否则阶乘计算结束，并且 ready 还未准备接受下一个输入，out 的值是该时刻 l_2 信号的值，即阶乘计算的结果值。在任一时刻 t，ready 在下一时刻的值为真，必须满足它在 t 时刻的值为假，并且 l_1 在 t 时刻的值是 0，即

$$\begin{aligned}\text{Test}(l_1, l_2, \text{out}, \text{ready}) \equiv \forall t.\ \text{out}(t) = (l_1(t) = 0 \wedge \neg\text{ready}(t) \rightarrow l_2(t) \mid 0) \wedge \\ \forall t.\ \text{ready}(t+1) = (l_1(t) = 0 \wedge \neg\, \text{ready}(t))\end{aligned} \tag{1.23}$$

因此，该阶乘设备的行为可以形式描述为高阶谓词 Factorial，是图 1.10 阶乘设备硬件设计的形式描述，即

$$\text{Factorial}(\text{ready}, \text{in}, \text{out}) = \exists l_1, l_2.\ \text{Down}(\text{in}, \text{ready}, l_1) \wedge \text{Mult}(\text{ready}, l_1, l_2) \wedge \text{Test}(l_1, l_2, \text{out}, \text{ready}) \tag{1.24}$$

阶乘设备的工作过程如下。

(1) 输入信号 in 是一个整数，代表待计算阶乘的数。

(2) 输出信号 ready 是随时间变化的函数，指示该设备是否准备好可以读入一个整数。例如，在某个时间点 t，ready 信号为高，表示可以读入输入信号；在 $t+1$

时刻，将待计算阶乘的整数 n 读入，之后 ready 信号保持低，并经过 n 个单位时间。在这段时间内，设备计算 n 的阶乘，输入信号 in 上的任何值都会被忽略。

(3) 输出信号 out 在阶乘计算过程中一直保持值 0，计算结束后，在 $t+n+1$ 时刻具有值 $n!$。之后，ready 信号恢复到高，即在 $t+n+2$ 时刻等待再次计算。

1.4.2　高阶逻辑的硬件设计验证机制

为了验证 1.4.1 节的设计是正确的，即它可以实现计算阶乘的功能，本节将进行证明。在证明之前，按照 1.4.1 节阶乘设备的工作过程，先定义它应该满足的抽象规范 FacSpec(ready, in, out)，即

$$\text{FacSpec}(\text{ready}, \text{in}, \text{out}) = \forall n\ t.\ \text{ready}(t) \wedge n = \text{in}(t) \supset \text{next}(t, t+n+2, \text{ready}) \wedge$$
$$\forall t'.\ (t \leqslant t' \wedge t' < t+n+1) \supset (\text{out}(t') = 0) \wedge \text{out}(t+n+1) = \text{Fac}(n) \qquad (1.25)$$

其中，$\supset$表示蕴含。

FacSpec 表示对于任何给定的整数 n，在任一时刻 t，如果 ready 准备好读入待计算的值 n，并且从输入信号读入 in(t)，n = in(t)，那么有以下情况。

(1) 下一个 ready 准备好读入的时刻将是 $t+n+2$，使用谓词 next 进行规范，即 $\text{next}(t_1, t_2, f) \equiv t_1 < t_2 \wedge f(t_2) \wedge \forall t.\ (t_1<t \wedge t<t_2) \supset \neg f(t)$。因此，next 谓词为真，当且仅当 t_1 在时间 t_2 之前，并且 $f(t_2)$为真，对于所有处于时间 t_1 和 t_2 之间的时间 t，$f(t)$都不为真，即 ready 未准备好再次读入。

(2) 输出信号 out 在时刻 t 到 $t+n+1$ 之间都是 0，表示设备正在计算阶乘的过程中。

(3) 在时刻 $t+n+1$，输出信号 out 的值应该是 n 的阶乘值。

(4) 函数 Fac(n)是一种简单的递归函数，即

$$\text{Fac}(0) = 1 \wedge \text{Fac}(n+1) = (n+1) \times \text{Fac}(n)$$

因此，现在待证明的是，阶乘的硬件设计 Factorial(ready, in, out)可以实现 FacSpec(ready, in, out)抽象规范定义的行为。这可以陈述为定理 1.4。

定理 1.4　Factorial(ready, in, out)$\supset$FacSpec(ready, in, out)。

证明：首先将式(1.24)代入定理 1.4，可得

$$\exists l_1, l_2.\text{Down}(\text{in}, \text{ready}, l_1) \wedge \text{Mult}(\text{ready}, l_1, l_2) \wedge \text{Test}(l_1, l_2, \text{out}, \text{ready}) \supset \text{FacSpec}(\text{ready}, \text{in}, \text{out})$$

由于 l_1 和 l_2 在并不出现在蕴含关系的结果 FacSpec(read, in, out)中，定理 1.4 可以继续转变为

$$\text{Down}(\text{in}, \text{ready}, l_1) \wedge \text{Mult}(\text{ready}, l_1, l_2) \wedge \text{Test}(l_1, l_2, \text{out}, \text{ready}) \supset \text{FacSpec}(\text{ready}, \text{in}, \text{out})$$

将式(1.25)代入，定理 1.4 转变为

$$\text{Down}(\text{in}, \text{ready}, l_1) \wedge \text{Mult}(\text{ready}, l_1, l_2) \wedge \text{Test}(l_1, l_2, \text{out}, \text{ready}) \supset \forall n\ t.\ \text{ready}(t) \wedge n = \text{in}(t) \supset$$

$\text{next}(t, t+n+2, \text{ready}) \wedge \forall t'. (t \leqslant t' \wedge t' < t+n+1) \supset (\text{out}(t')=0) \wedge \text{out}(t+n+1) = \text{Fac}(n)$

显然，为了证明定理 1.4，需要证明以下三个子定理。

(1) $\text{Down}(\text{in}, \text{ready}, l_1) \wedge \text{Mult}(\text{ready}, l_1, l_2) \wedge \text{Test}(l_1, l_2, \text{out}, \text{ready}) \supset$
$\forall n\ t. \text{ready}(t) \wedge n = \text{in}(t) \supset \text{next}(t, t+n+2, \text{ready})$。

(2) $\text{Down}(\text{in}, \text{ready}, l_1) \wedge \text{Mult}(\text{ready}, l_1, l_2) \wedge \text{Test}(l_1, l_2, \text{out}, \text{ready}) \supset$
$\forall n\ t. \text{ready}(t) \wedge n = \text{in}(t) \supset \forall t'. (t \leqslant t' \wedge t' < t+n+1) \supset (\text{out}(t') = 0)$。

(3) $\text{Down}(\text{in}, \text{ready}, l_1) \wedge \text{Mult}(\text{ready}, l_1, l_2) \wedge \text{Test}(l_1, l_2, \text{out}, \text{ready}) \supset$
$\forall n\ t. \text{ready}(t) \wedge n = \text{in}(t) \supset \text{out}(t+n+1) = \text{Fac}(n)$。

由式(1.21)和式(1.23)可得式(1.26)，即

$$\begin{aligned}&\text{Down}(\text{in}, \text{ready}, l_1) \wedge \text{Mult}(\text{ready}, l_1, l_2) \wedge \text{Test}(l_1, l_2, \text{out}, \text{ready}) \supset \\ &\quad \text{ready}(t) \wedge n = \text{in}(t) \supset (\neg\text{ready}(t+1) \rightarrow l_1(t+1) = n)\end{aligned} \tag{1.26}$$

因此，需要构造一个辅助定理，即如果 ready 在某个时刻 t 的值为低，并且 l_1 在该时刻具有值 num，那么 ready 的值将继续保持低，直到 t 的值变为 0，即 ready 下一次为高的时刻将是 t+num+1。

定理 1.5 $\text{Down}(\text{in}, \text{ready}, l_1) \wedge \text{Mult}(\text{ready}, l_1, l_2) \wedge \text{Test}(l_1, l_2, \text{out}, \text{ready}) \supset$
$\forall \text{num}\ t. \neg\text{ready}(t) \wedge l_1(t) = \text{num} \supset \text{next}(t, t+\text{num}+1, \text{ready})$

定理 1.5 归纳在变量 num 上，并使用 ready 和 l_1 的定义能够得到证明。因此，利用定理 1.5，将 num 和 t 分别替换为 n 和 t+1，可得

$\text{Down}(\text{in}, \text{ready}, l_1) \wedge \text{Mult}(\text{ready}, l_1, l_2) \wedge \text{Test}(l_1, l_2, \text{out}, \text{ready}) \supset$
$\neg\text{ready}(t+1) \wedge l_1(t+1) = n \supset \text{next}(t+1, t+n+2, \text{ready})$

最后，联合式(1.26)，子定理(1)得证。

子定理(2)和(3)的证明不再赘述。可以看出，使用高阶逻辑对硬件进行规范时，它的表述非常直接，能够表达非常复杂的定理。证明主要采用的是归纳这一通用的数学证明技术，使基于高阶逻辑的硬件验证技术具有很好的模块化和易于组合的特性，可以验证单传感器设备，也可以验证整个计算机。它支持大量数字系统，包括浮点小数硬件、概率算法，以及其他许多应用。

1.5 程序构造和求精

1.5.1 算法和数据求精及基于不变式的程序构造

程序构造也称程序综合，指由规范构造具体程序，最早由 Dijkstra[121]提出。这是一种构造即正确的程序开发方法。早期机械化程序综合的研究使用基于消解的自动定理证明工具，但是数学归纳法难以在基于消解技术的框架中表达。这会

严重阻碍迭代或递归程序的生成。

程序构造的一个主要方法是将由规范到实现的过程视为一系列对数据结构和控制结构进行求精的程序变换，因此程序构造也常与求精这一术语联系在一起。在这种程序的开发过程中，首先忽略数据如何具体表示的问题，即始于一个算法规范，得到作用在抽象数据上的抽象程序。然后，为抽象数据选择一个有效的具体表示，实现抽象程序，得到作用在具体数据类型上的程序。逐步求精的程序构造技术最初由 Dijkstra[122]和 Wirth[123]提出，如果每步求精都能谨慎执行，就能保持其正确性，那么最后的程序一定是正确的。但是，实际算法和数据类型在实现过程中包含的每步求精并不简单，单凭直觉远不能判断其正确性。Gerhart[124]明确提出程序变换正确性概念。Burstall 等[125]提出使用预定义的一套程序变换规则来构造每步求精，许多研究围绕这种方法展开理论研究。这些方法大多并不使用诸如合一或归纳这些机械化的定理证明技术，而是将变换或重写规则直接应用在程序规范上。不同于这些方法，Waldinger 等[126, 127]研究了使用定理证明的方法进行程序构造，将合一、数学归纳、程序变换规则统一在一个推理系统中，构造递归程序，但是他们没有考虑推理系统中制导推理过程的策略问题。

秉持求精的思想，Dijkstra[128]于 1976 年提出构造循环不变式作为程序构造的核心。Reynold[129]也提出类似的程序构造技术。以 Reynold 的研究工作为基础，Back[130]提出基于不变式的编程机制，并于 2006 年在多年研究的基础上进行了总结。在这种机制中，程序被表达为由变迁联结的场景图。其中，场景是程序的前后置条件和循环不变式，变迁对应程序语句，场景先于变迁确定。构造每条语句的同时，即在每个变迁添加到场景图的时候，验证代码的正确性。场景和变迁组成不变式图表。从操作的观点看，一个不变式图表可以视为一个变迁系统；从数学的观点看，它可以视为一个完全正确性定理。

Back[131-133]将逐步求精和程序变换的方法与基于不变式的方法统一起来用于程序构造，利用 Dijkstra 最弱前置条件演算展开研究，并提出求精演算，即如果语句 S 的最弱前置条件能够推出语句 S' 的最弱前置条件，那么 S' 是 S 的正确求精。其证明等同于计算它们的前置条件，使表达这个正确性的一阶逻辑公式为真。求精演算也吸引了众多其他学者的研究兴趣。大多数研究者将数据求精定义为不同于算法求精的一种求精关系，而 Back 提出的求精演算方法将算法求精和数据求精统一在一个共同的求精关系中，并对求精演算的数学基础进行研究。此外，Back 等[134-136]也对并行算法的求精进行了探讨。

求精演算会产生大量既冗长又易错的谓词公式，需要完成的工作特别艰巨。一些研究开始寻求机械化手段支持求精演算[137, 138]。相应的工具通常由 VCG 和自动定理证明工具两个独立部分组成。不同于这种方式，Back 等[139]使用定理证明助手 HOL 研究求精演算的形式化，证明了许多求精规则。经过机器检查的规则可以避免预定义程序变换规则可能存在的不一致性问题。Wright 等[140]进一步在 HOL 中形式化了具有谓词转换器语义的通用命令符号，使其能够使用 HOL 检查和运用求精规则，自此 HOL 证明助手可以提供一个完备的、用于程序求精的机械化环境。

为了对程序求精提供工具支持，Wright[141]利用 HOL 的窗口推理工具库，建构了一个用于求精的原型工具。窗口推理工具以 Robinson 等提出的思想为基础，由 Grundy[142]开发。窗口推理具有对求精演算非常重要的概念，即上下文求精，支持程序变换风格的推理。在这些研究的基础上，Långbacka 等[143]于 1995 年为 HOL 的窗口推理工具库设计了一个图形用户界面，称为 TkWinHOL。TkWinHOL 于 1998 年进行扩展[144]，设计了一些案例，表明 TkWinHOL 为求精演算提供了开发环境支持。

针对基于不变式的编程机制，Back 等[145]于 2005 年提供了机械化支持，即一个既能编写基于不变式的程序，又能够验证的工具。这个工具是 Back 等开发 MathEdit 的一部分。它的解析器能将用户书写的基于不变式的程序解析为 MathEdit 表达式，然后执行标准的语义检查，生成循环不变式的验证条件，再翻译为 Simplify 的输入语言进行验证。如果验证条件不能由 Simplify 的自动简化得到证明，该工具将报告未证明的验证条件列表，由用户手工或者使用交互式证明工具进行证明，或者找出程序的错误。以该工具的开发为基础，Back 等[146]实现了一个称为 Socos 环境的原型工具。Socos 是 Eclipse 集成开发环境的一个工具，可用来构建不变式图表,利用 MathEdit 产生验证条件,将验证条件翻译成 Simplify 和证明助手 PVS 的输入语言，因此 Simplify 未能证明的验证条件将交由 PVS，允许用户与 PVS 进行交互式处理。考虑实际应用,验证条件不太可能全部由 Simplfy 或者 SMT 求解器直接得到证明，大多数情况下都需要诸如 PVS 这类交互式定理证明工具与用户进行交互，因此对用户要求很高，并且很难直接集成到程序开发工作流中。Eriksson 等[147]进行了进一步研究，识别并证明一类程序正确性依赖的核心定理，将它们作为引理，称为背景理论，用于验证条件的证明，以获得更强的自动证明能力。他们研究了 Socos 环境下联合 Yices SMT 求解器和 PVS 交互式证明工具的应用。

为了进一步研究基于不变式编程的机械化问题，Preoteasa 等[148]结合交互式定理证明助手 Isabelle/HOL 进行研究，将不变式图表以浅嵌入的方式写在 Isabelle/HOL 中，即利用 Isabelle/HOL 的 Locales 机制定义场景(前后置条件和循环不变式)；不变式图表中的变迁(可执行语句)定义为 Isabelle/HOL 支持的互递归函数。他们使用 Isabelle/HOL 建构 VCG，因此验证条件可由用户与 Isabelle/HOL 交互得到证明，或者使用 Isabelle 的判定过程得到自动证明。同时，利用 Isabelle/HOL 代码生成工具可以将递归函数转化为可执行代码。由于所有定理都在 Isabelle/HOL 中得到交互式证明，因此需要信任的只是 Isabelle/HOL 本身。

将抽象的、数学的数据类型替换为具体数据类型的求精过程，称为数据求精。例如，将集合实现为列表。数据求精由 Hoare 等[149]于 1972 年提出，后来成为基于模型的规范语言 VDM 的组成部分，Nipkow[150]进一步将之泛化为非确定性运算，建立了非确定性数据类型理论[151]。之后，Nipkow 团队[152-161]针对如何在 Isabelle/HOL 代码生成器中支持数据求精进行了大量研究。为了对不同集合数据结构提供统一且高效的访问，Lammich 等开发了 Isabelle 集合框架。该集合框架使用数据求精的方法证明算法的正确性，并进一步实现 Autoref 工具，将在抽象概念上规范的算法自动转换为具体算法，并生成求精定理。Lammich 等完成的这部分研究也称为 Isabelle 求精框架(Isabelle refinement framework，IRF)。该求精框架生成纯函数式代码。Haftmann 等阐述了一个相对轻量级的，但相对更受限的数据求精工具。

考虑许多算法的高效实现通常都具有一些命令式特点，建立在 Bulwahn 等[162]研究工作之上，Lammich[163]使用 Isabelle/HOL 开发了具有强大证明工具的分离逻辑框架，在 SEPREF 上开发了命令式的集合框架，并实现自动工具 SEPREF。该工具将抽象数据类型替换为高效的命令式实现，能够自动生成命令式代码，如嵌套深度优先搜索算法和 Dijkstra 的最短路径算法，整个实现称为命令式的 HOL。

Feliachi 等[164]于 2012 年使用 Isabelle/HOL，对支持算法和数据求精的规范语言 Circus 进行了形式化。该语言集成了 Z 和 CSP(communication sequential process，通信顺序进程)，以及一个求精演算，因此可以提供一个机械化算法和数据求精环境。

从技术发展上看，求精的概念和应用非常宽泛，许多研究都围绕这类主题展开。除了上述提到的研究外，还包括文献[165]-[169]等的研究，这些研究成果基本上不支持机械化证明。一个获得工业级应用的逐步求精工具是 B 方法的工具包 Atelier B[170]。B 方法以一阶公理化集合论 ZF(Zermelo-Fraenkel)为基础。1998 年，Atelier 用于巴黎城市地铁 14 号线全自动无人驾驶系统。PRL 团队维护证明工具 NuPRL 的开发，其中 PRL 代表证明或程序求精逻辑。李彬等[171]提出一个通过抽象程序证明复杂具体程序的框架，使满足一致性比较容易得到证明，并可能自动证明。

1.5.2 求精映射和行为时序逻辑

求精的思想由 Abadi 等[172]用来证明分布式程序的低层规范，可以正确实现高层规范，称为求精映射。Lamport[173]将求精映射和时序逻辑结合，于 1994 年提出行为时序逻辑。Jonsson[174]泛化了求精映射，称为模拟。这些方法和技术通常以模型检查或者模拟技术，而不是定理证明的方式对并发程序进行验证。

Manna 等[175]开发了基于一阶时序逻辑的证明系统，证明并发程序的活性等性质。1991 年，Engberg 等[176]着手解决行为时序逻辑证明的机械化问题，1992 年开发了一个用于机械化检查并发系统正确性的系统。该系统的输入是以行为时序逻辑书写的规范、定理，以及证明，然后按照 Larcher 证明工具的逻辑进行编码，并区分行为时序逻辑中的行为推理和时序推理。一个以标准 ML 语言实现的行为时序逻辑翻译器将行为推理编码和时序推理编码转换为两个不同的 Larcher 证明工具(Larcher prover，LP)输入文件。如果 LP 可以成功地处理这两个输入文件，那么证明可以通过机器检查。

在行为时序逻辑和 ZF 集合论，以及一阶逻辑的基础上，Lamport 等[177]开发了 TLA+。这个证明语言支持模块化开发及其组合。为了支持书写结构化的证明，并提供证明环境，Chaudhuri 等[178]对 TLA+证明语言进一步扩展，开发了证明管理器(proof manager，PM)，并调用外部的自动或交互式证明工具来检查证明。经过进一步开发，称 TLA+证明系统为 TLAPS。其前端是证明管理器，后端是验证器。证明管理器解释 TLA+证明，计算出代表证明正确性的证明任务，由后端的一个或多个证明器进行验证。验证器包含多个定理证明工具、SMT 求解器。这些异质的验证器具有互补的优缺点，可以提供更强大的验证能力。不同的验证器提供不同的证明。为了确保全体证明的正确性，Chaudhuri 等[179]在 Isabelle 环境下开发了一个理论库 Isabelle/TLA+，产生的证明都在 Isabelle/TLA+中进行认证，从而使整个证明的正确性高度可信。当前 TLAPS 可以处理几乎所有的非时序部分，因此足以支持证明安全性属性，但是不支持活性属性。Lamport 等[180]仍然在深入研究，如添加 history、prophecy、shutting variables 等辅助变量到 TLA+规范中，以构成完整的求精映射。

1.6 本章小结

机械化的定理证明是历经 60 多年稳步向前推进的研究领域。本章详细剖析机械化定理证明领域具有重要影响力的理论和技术，以及它们之间的联系和发展变迁。其中，基于消解的技术是针对自动定理证明开发的，而可计算函数逻辑是为了支持交互式的定理证明。当前大多数交互式定理证明工具的开发都采用可计算函数逻辑的核心特点。Curry-Howard 同构催生了许多以“类型理论”为底层逻辑基础的交互式定理证明工具，基于证明和程序之间对应关系的这类工具也广泛应用于数学领域。以经典高阶逻辑为底层逻辑基础的交互式定理证明工具最初在硬件设计验证领域崭露头角，之后也在程序验证和数学领域绽放光彩。程序构造和求精是一种构造即正确的技术，可以利用自动和交互式定理证明工具进行一定的机械化处理。

机械化定理证明的研究道路曲折漫长，但是纵观整个过程，它一直保持着生机和活力，并且成就斐然。该领域取得的成果是无数哲学家、数学家、逻辑学家和计算机科学家智慧的结晶。20 世纪上半叶，对数学基础的严格辩论使形式系统的表述能力和形式证明系统的推理能力得到系统而深入的探索。20 世纪下半叶，机械化的定理证明技术在计算机上实现数理逻辑的严格推理，并提供人工不可比拟的检查证明的能力。经过许多年的研发和不断改进，当前已经存在许多较为成熟的证明助手，下一章将讨论这些定理证明助手的开发和实现。

参 考 文 献

[1] Quine W V. A proof procedure for quantification theory. Journal of Symbolic Logic, 1955, 20: 141-149.

[2] Beth E W. Semantic entailment and formal derivability. Mededelingen der Koninklijke Nederlandse Akademie van Wetenschappen, 1955, 18(13): 309-342.

[3] Hintikka K J J. Form and content in quantification theory. Acta Philosophica Fennica, 1955, 8: 7-55.

[4] Schütte K. Ein system des verknüpfenden schliessens. Archiv f. Mathematische Logik und Grundlagen der Wissenschaften, 1956, 2(2-4): 55-67.

[5] Kanger S. Provability in Logic. Swedish：University of Stockholm, 1957.

[6] Bibel W. Early history and perspectives of automated deduction//Proceedings of the 30th German Conference on Advances in Artificial Intelligence, Osnabrück, 2007: 2-18.

[7] Prawitz D, Prawitz H, Voghera N. A mechanical proof procedure and its realization in an electronic computer. Journal of ACM, 1960, 7: 102-128.

[8] Gilmore P C. A proof method for quantification theory: its justification and realization. IBM Journal of Research and Development, 1960, 4: 28-35.

[9] Prawitz D. An improved proof procedure. Theoria, 1960, 26: 102-139.

[10] Davis M, Putnam H. A computing procedure for quantification theory. Journal of ACM, 1960, 7: 201-215.

[11] Robinson J A. A machine-oriented logic based on the resolution principle. Journal of ACM, 1965, 12(1): 23-41.

[12] Martelli A, Montanari U. Unification in linear time and space: a structured presentation. Internal Report B76-16, Information Processing, National Research Council, Pisa,1976.

[13] Paterson M S, Wegman M N. Linear unification. Journal of Computer and System Science, 1978, 16(2): 158-167.

[14] Martelli A, Montanari U. An efficient unification algorithm. ACM Transactions on Programming Languages & Systems, 1982, 4(2): 258-282.

[15] Davis M, Logemann G, Loveland D. A machine procedure for theorem-proving. Communications

of the ACM, 1962, 5(7): 394-397.

[16] Nelson G, Oppen D C. Simplification by cooperating decision procedures. ACM Transactions on Programming Languages and Systems, 1979, 1(2): 245-257.

[17] Bozzano M, Bruttomesso R, Cimatti A, et al. Efficient theory combination via boolean search. Information & Computation, 2006, 204(10): 1493-1525.

[18] Bruttomesso R, Cimatti A, Franzen A, et al. Delayed theory combination vs. Nelson-Oppen for satisfiability modulo theories: a comparative analysis. Annals of Mathematics and Artificial Intelligence, 2009, 55(1-2): 63-99.

[19] Moura L D, Bjørner N. Z3: An efficient SMT solver//Proceedings of International Conference on Tools and Algorithms for the Construction and Analysis of Systems, Budapest, 2008, 4963: 337-340.

[20] 刘尧，段振华，田聪．NuTL2PFG: vTL 公式的可满足性检查．软件学报，2017, 28(4): 898-906.

[21] Fitting M. First-Order Logic and Automated Theorem Proving. 2nd Ed. New York: Springer, 1996.

[22] McCarthy J. The Wang algorithm for the propositional calculus programmed in LISP. Technical Report, MIT, 1959.

[23] Jaśkowski S. On the rules of suppositions in formal logic. Studia Logica, 1934, 1: 5-32.

[24] Gerhard G. Unstersuchungen über das logische Schliessen. Math. Zeitschrift, 1935, 39: 176-210.

[25] Church A. A formulation of the simple theory of types. Journal of Symbolic Logic, 1940, 5(2): 56-68.

[26] Andrews P B. An introduction to mathematical logic and type theory: to truth through proof. New York: Academic Press, 1986,

[27] Awodey S, Pelayo Á, Warren M A. Voevodsky's univalence axiom in homotopy type theory. Notices of the American Mathematical Society, 2013, 60(9): 1164-1167.

[28] Curry H B. Functionality in combinatory logic. Proceedings of the National Academy of Science, 1934, 20: 584-590.

[29] Curry H B, Feys R. Combinatory Logic. Netherlands: North-Holland, 1958.

[30] Hesseling D E. Gnomes in the Fog: The Reception of Brouwer's Intuitionism in the 1920s. Berlin: Birkhäuser, 2003.

[31] Prawitz D. Natural Deduction: A Proof-Theoretical Study. Uppsala: Almqvist & Wiksell, 1965.

[32] Howard W A. The Formulae-as-Types Notion of Construction. New York: Academic Press, 1980.

[33] Wadler P. Proofs are programs: 19th century logic and 21st century computing. https:// homepages.inf.ed.ac.uk/wadler/topics/history.html[2021-1-15].

[34] Wadler P. The Girard-Reynold isomorphism. Theoretical Computer Science, 2005, 375: 201-226.

[35] Ghilezan S, Likavec S. Computational interpretations of logics. Logic in Computer Science, 2009,12(20): 159-215.

[36] Wadler P. Propositions as types. Communications of the ACM, 2015, 58(12): 75-84.

[37] Girard J Y. Interpretation fonctionnelle et élimination des coupures de l'arithmétique d'ordre superieur. Paris: Thesed'Etat, Université Paris 7, 1972.

[38] Girard J Y, Taylor P, Lafont Y. Proofs and Types. Cambridge: Cambridge University Press, 1989.

[39] Reynold J C.Towards A Theory of Type Structure. New York: Springer, 1974.

[40] Reynold J C. Types, abstraction, and parametric polymorphism. Information Processing, 1983, 83: 513-523.

[41] Hindley J R. The principal type-scheme of an object in combinatory logic. Transactions of the American Mathematical Society, 1969, 146: 29-60.

[42] Milner R. A theory of type polymorphism in programming. Journal of Computer and System Science, 1978, 17(3): 348-375.

[43] Martin-Lof P. Intuitionistic Type Theory, Studies in Proof Theory. Berkeley: Bibliopolis, 1984.

[44] Coquand T, Huet G. The Calculus of Constructions. INRIA: RR-0530, 1986.

[45] Bertot Y, Casteran P. Interactive Theorem Proving and Programming Development-Coq'Art: The Calculus of Inductive Constructions. Berlin: Springer, 2004.

[46] Griffin T G. A Formulae-as-types notion of control//Proceedings of the 17th Symposium on Principles of Programming Languages, California,1990: 47-58.

[47] Barendregt H. Introduction to generalized type systems. Journal of Functional Programming, 1991, 1(2): 125-154.

[48] 陆汝钤. 计算机语言的形式语义. 北京: 科学出版社, 1992.

[49] 陆汝钤. 计算系统的形式语义(上、下). 北京: 清华大学出版社, 2017.

[50] Slonneger K, Kurtz B L. Formal Syntax and Semantics of Programming Languages. New York: Wesley, 1995.

[51] Winskel G. Formal Semantics of Programming Languages. Cambridge: MIT Press, 1993.

[52] McCarthy J. Recursive functions of symbolic expressions and their computation by machine. Communications of the ACM, 1960, 3(4): 184-195.

[53] McCarthy J. A basis for a mathematical theory of computation//Proceedings of Western Joint IRE-AIEE-ACM Computer Conference, Los Angeles, 1961: 225-238.

[54] McCarthy J. Towards a mathematical theory of computations//Proceeding of the 2nd International Congress on Information Processing, Munich, 1962: 21-28.

[55] McCarthy J. A Formal Description of A Subset of ALGOL. Amsterdam: North-Halland, 1966.

[56] Landin P J. The mechanical evaluation of expressions. Computer Journal, 1964, 6(4): 308-320.

[57] Lucas P, Walk K. On the formal descriptions of PL/1. Annual Review in Automatic Programming, 1969, 6(3): 105-182.

[58] Wegner P. The Vienna definition language. Journal of ACM Computing Surveys, 1972, 4(1): 5-63.

[59] Cliff J. Software Development: A Rigorous Approach. New York: Prentice Hall, 1980.

[60] Cliff J. The transition from VDL to VDM. Journal of Universal Computer Science, 2010, 7(7): 631-640.

[61] Scott D, Strachey C. Toward a mathematical semantics for computer languages. Oxford:

University of Oxford, 1971.

[62] Scott D. Outline of a mathematical theory of computation//Proceedings of the 4th Annual Princeton Conference on Information Sciences and Systems, New York, 1970: 169-176.

[63] Burstall R M. Proving properties of programs by structural induction. Computer Journal, 1969, 12(1): 41-48.

[64] Aubin R. Mechanizing structural induction. Edinburgh: University of Edinburgh, 1976.

[65] Douglas C W. Foundations of actor semantics. Massachusetts: Massachusetts Institute of Technology, 1981.

[66] Glynn W. Event structure semantics for CCS and related languages//Proceedings of Automata, Languages and Programming, Aarhus, 1982: 561-576.

[67] Glynn W. A new definition of morphism on Petri nets//Proceedings of Symposium of Theoretical Aspects of Computer Science, Paris, 1984: 140-150.

[68] Francez N, Hoare C A R, Lehmann D J, et al. Semantics of nondeterminism, concurrency, and communication. Journal of Computer and System Sciences, 1979, 19(3): 290-308.

[69] Tennent R D. A denotational semantics of the programming languages Pascal. Tech. Report 77-47, Queen's University, Kingston, 1977.

[70] Mosses P D. The mathematical semantics of ALGOL 60. Oxford: University of Oxford, 1975.

[71] Plotkin G D. A structural approach to operational semantics. Aarhus: University of Aarhus, 1981.

[72] Plotkin G D. The origins of structural operational semantics. Journal of Logic & Algebraic Programming, 1981, 60: 3-15.

[73] Gilles K. Natural semantics//Proceedings of Symposium on Theoretical Aspects of Computer Science, Heidelberg, 1987: 22-39.

[74] Gurevich Y. Evolving algebras, a tutorial introduction. Bulletin of the European Association for Theoretical Computer Science, 1991, 43: 264-284.

[75] Börger E, Mearelli L. Integrating ASMs into the software development lifecycle. Journal of Universal Computer Science, 1997, 3(5): 603-665.

[76] Börger E, Durdanovic I, Rosenzweig D. Occam: Specification and compiler correctness// Proceedings of Working Conference on Programming Concepts, Methods and Calculi, San Miniato, 1994: 489-508.

[77] Börger E, Schutle W. A programmer friendly modular definition of the semantics of Java. Springer Lecture Notes in Computer Science, 1999, 1523: 353-404.

[78] Lochbihler A. Verifying a compiler for Java thread//Proceedings of the 19th European Symposium on Programming Languages & Systems, Paphos, 2010: 427-447.

[79] Stark R, Schmid J, Börger E. Java and Java Virtual Machine: Definition, Verification, and Validation. New York: Spring, 2001.

[80] Goerigk W, Dold A, Gaulz T, et al. Compiler correctness and implementation verification//The Verifix Approach, the 6th International Conference on Compiler Construction, Sweden, 1996: 41-49.

[81] Hoare C A R. An axiomatic basis for computer programming. Communications of the ACM,

1969, 12(10): 576-580.

[82] Hoare C A R. An axiomatic definition of the programming language PASCAL//Proceedings of Symposium on Theoretical Programming, Novosibirsk, 1972: 1-16.

[83] Guttag J V, Horning J J, London R L. A proof rule for Euclid procedures//Working Conference on Formal Description of Programming Concepts, Andrews, 1977: 211-220.

[84] Scheartz R L. An axiomatic semantic definition of ALGOL 68. UCLA-34-P214-75, 1978.

[85] Goguen J A, Thatcher J W, Wagner E G, et al. Initial algebra semantics and continuous algebras. Journal of the ACM, 1977, 24(1): 68-95.

[86] Broy M, Wirsing M. Programming languages as abstract data types//Colloquium on Trees in Algebra & Programming, Lille, 1980: 160-177.

[87] Broy M, Wirsing M, Pepper P. On the algebraic definition of programming languages. ACM Transactions on Programming Languages and Systems, 1987, 9(1): 54-99.

[88] Mosses P D. Action Semantics. Cambridge: Cambridge University Press, 1991.

[89] Mosses P D. An Introduction to Action Semantics. Berlin: Springer, 2005.

[90] Cliff J. Operational semantics: concepts and their expression. The Journal of Information Processing Letters, 2003, 88(1-2): 27-32.

[91] Hayo T. An introduction to operational semantics and abstract machines. Birmingham: University of Birmingham, 2012.

[92] Bertot Y. Theorem Proving Support in Programming Language Semantics. Cambridge: Cambridge University Press, 2009.

[93] Blazy S, Leroy X. Mechanized semantics for the C light subset of the C language. Journal of Automated Reasoning, 2009, 43(3): 263-288.

[94] Leroy X. Mechanized semantic for compiler verification//Proceedings of the 2nd International Conference on Certified Programs and Proofs, Kyoto, 2012: 4-6.

[95] Nipkow T, von Oheimb D, Pusch C. μJava: embedding a programming language in a theorem prover. Foundations of Secure Computation, 2000, 175: 117-144.

[96] Cartwright R, McCarthy J. First order programming logic//Proceedings of the 6th Symposium on Principles of Programming Languages, Texas, 1979: 68-80.

[97] Boyer R S, Moore J S. Proving theorems about LISP functions. Journal of the ACM, 1975, 22(1): 486-493.

[98] Moore J S, Wirth C P. Automation of mathematical induction as part of the history of logic. Texas: The University of Texas at Austin, 2013.

[99] Floyd R W. Assigning meanings to programs//Proceedings of the American Mathematical Society Symposia on Applied Mathematics, Rhode Island, 1967: 19-31.

[100] Dijkstra E W. Guarded commands, non-determinacy and the formal derivation of programs. Communications of the ACM, 1975, 18(8): 453-457.

[101] Back R J. Invariant Based Programs and Their Correctness. London：MacMillan, 1983.

[102] Milner R. A calculus for the mathematical theory of computation//International Symposium on Theoretical Programming, Novosibirsk, 1972: 332-343.

[103] Milner R. Implementation and applications of Scott's logic for computable functions//

Proceedings of Conference on Proving Assertions About Programs, New Mexico, 1972: 1-6.
[104] Milner R. Logic for computable functions description of a machine implementation. Technical Report AI Memo Stan-CS-72-288, 1972.
[105] Gordon M J, Milner R, Wadsworth P. Edinburgh LCF, A Mechanised Logic of Computation. Berlin：Springer, 1979.
[106] Gordon M J C. Mechanizing programming logics in higher order logic//Current Trends in Hardware Verification and Automated Theorem Proving, New York,1989: 387-439.
[107] Nipkow T. Hoare Logics in Isabelle/HOL. Dordrecht: Springer, 2002.
[108] Mehta F, Nipkow T. Proving pointer programs in higher-order logic. Information and Computation, 2005, 199(1-2): 200-227.
[109] Joyce J, Birtwistle G, Gordon M. Proving a computer correct in higher order logic. Calgary: University of Calgary, 1985.
[110] Camilleri A, Gordon M, Melham T. Hardware verification using higher-order logic. Cambridge: University of Cambridge, 1986.
[111] Gordon M. Why higher order logic is a good formalism for specifying and verifying hardware// Proceedings of Edinburgh Workshop on Formal Aspects of VLSI Design, Edinburgh, 1985: 153-178.
[112] Boulton R, Andrew G, Gordon M, et al. Experience with embedding hardware description languages//Proceedings of the IFIP TC10/WG 10.2 International Conference on Theorem Provers in Circuit Design: Theory, Practice and Experience, Nijmegen, 1992: 129-156.
[113] Halpern J Y, Manna Z, Moszkowski B C. A hardware semantics based on temporal intervals. Lecture Notes in Computer Science, 1983,154: 278-291.
[114] Hanna F K, Daeche N. VERITAS specification and verification using higher-order logic a case study//Proceedings of the Edinburgh Workshop on Formal Aspects of VLSI Design, Edinburgh, 1985: 179-214.
[115] Wagner T J. Hardware Verification. Palo Alto: Stanford University, 1977.
[116] Paulson L C. Logic and Computation Interactive Proof with Cambridge LCF. Cambridge: Cambridge University Press, 1987.
[117] Cohn A. A Proof of Correctness of The Viper Microprocessor: The First Level. New York: Springer,1987.
[118] Huet G P. A unification algorithm for typed λ-calculus. Theoretical Computer Science, 1975, 1(1): 27-57.
[119] Nipkow T. Higher-order unification, polymorphism, and subsorts(extended abstract)// Proceedings of the 3rd Conditional Term Rewriting Systems, Montreal,1990: 436-447.
[120] Gordon M. From LCF to HOL: a short history//Proof, Language, and Interaction, Essays in Honour of Robin Milner, Massachusetts, 2000: 169-186.
[121] Dijkstra E W. A constructive approach to the problem of program correctness. BIT, 1968, 8(3): 174-186.
[122] Dijkstra E W. Notes on Structured Programming. New York: Academic Press, 1972.
[123] Wirth N. Program development by stepwise refinement. Communications of ACM, 1971,

14(4): 221-227.

[124] Gerhart S L. Correctness-preserving program transformations//Proceedings of the 2nd Symposium on Principles of Programming Languages, California, 1975: 54-66.

[125] Burstall R M, Darlington J. Some transformations for developing recursive programs. ACM SIGPLAN Notices, 1975, 10(6): 465-472.

[126] Waldinger R J, Lee R C T. PROW: a step toward automatic program writing//Proceedings of the 1st International Joint Conference on Artificial Intelligence, Washington, 1969: 241-252.

[127] Manna Z, Waldinger R J. A deductive approach to program synthesis. Readings in Artificial Intelligence & Software Engineering, 1980, 2(1): 90-121.

[128] Dijkstra E W. A Discipline of Programming. New York: Prentice-Hall, 1976.

[129] Reynold J C. Programming with Transition Diagrams. Berlin: Springer, 1978.

[130] Back R J. Invariant based programming//Proceedings of International Conference on Applications and Theory of Petri Nets and Other Models of Concurrency, Turku, 2006: 1-18.

[131] Back R J. On the correctness of refinement in program development. Helsinki: University of Helsinki, 1978.

[132] Back R J. Correctness preserving program refinements: proof theory and applications. Amsterdam: Department of Computer Science, Mathematisch Centrum, 1980.

[133] Back R J. A calculus of refinements for program derivations. Acta Informatica, 1988, 25(6): 593-624.

[134] Back R J, Wright J V. Refinement calculus part I. sequential nondeterministic programs//Proceedings on Stepwise Refinement of Distributed Systems: Models, Formalisms, Correctness, Mook, 1989: 42-66.

[135] Back R J, Wright J V. Refinement Calculus: A Systematic Introduction. New York: Springer, 1998.

[136] Back R J. A Method for Refining Atomicity in Parallel Algorithms. New York: Springer, 1989.

[137] Vickers T. An overview of a refinement editor//Proceedings of the 5th Australian Software Engineering Conference, Canberra, 1990: 39-44.

[138] Groves L, Nickson R, Utting M. A tactic driven refinement tool//Proceedings of the 5th Refinement Workshop, London, 1992: 272-297.

[139] Back R J, Wright J V. Refinement concepts formalized in higher order logic. Formal Aspects of Computing, 1990, 2(1): 247-272.

[140] Wright J V, Hekanaho J, Luostarinen P, et al. Mechanizing some advanced refinement concepts. Formal Methods in System Design, 1993, 3(1-2): 49-81.

[141] Wright J V. Program refinement by theorem prover//Proceedings of the 6th Refinement Workshop, London, 1994: 121-150.

[142] Grundy J. A window inference tool for refinement//Proceedings of the 5th Refinement Workshop, London, 1992: 230-254.

[143] Långbacka T, Rukšėnas R, Wright J V. TkWinHOL: a tool for window inference in HOL//Proceedings of 8th International Workshop on Higher Order Logic Theorem Proving and Its Applications, Aspen Grove, 1995: 245-260.

[144] Wright J V. Extending window inference//International Conference on Theorem Proving in Higher Order Logics, London, 1998: 17-32.

[145] Back R J, Myreen M. Tool support for invariant based programming//Proceedings of the 12th Asia-Pacific Software Engineering Conference, Taipei, 2005: 261-273.

[146] Back R J, Eriksson J, Myreen M. Testing and verifying invariant based programs in the SOCOS environment//Proceedings of the 1st International Conference on Tests and Proofs, Zurich, 2007: 61-78.

[147] Eriksson J, Back R J. Applying PVS background theories and proof strategies in invariant based programming//Proceedings of International Conference on Formal Engineering Methods, Shanghai, 2010: 24-39.

[148] Preoteasa V, Back R J, Eriksson J. Verification and code generation for invariant diagrams in Isabelle. Journal of Logical & Algebraic Methods in Programming, 2015, 84(1): 19-36.

[149] Hoare C A R, Wirth N. Proof of correctness of data representations. Acta Informatica, 1972, 1(4): 271-281.

[150] Nipkow T. Non-deterministic data types: models and implementations. Acta Informatica, 1986, 22: 629-661.

[151] Nipkow T. Behavioural implementations concepts for nondeterministie data types. Manchester: The University of Manchester, 1987.

[152] Nipkow T. Formal verification of data type refinement-theory and practice. Cambridge：University of Cambridge, 1989.

[153] Nipkow T. Term rewriting and beyond-theorem proving in Isabelle. Formal Aspects of Computing, 1989, 1(1): 320-338.

[154] Baader F, Nipkow T. Term Rewriting and All That. Cambridge: Cambridge University Press, 1998.

[155] Haftmann F, Nipkow T. Code generation via higher-order rewrite systems.FLOPS,2010, 6009: 103-117.

[156] Christian B J, Lukas B, Nipkow T. Automatic proof and disproof in Isabelle/HOL. Frontiers of Combining Systems, 2011, 6989: 12-27.

[157] Lammich P, Nipkow T. Applying data refinement for monadic programs to Hopcroft's algorithm//Proceedings of the 3rd Conference on Interactive Theorem Proving, Nanjing, 2012: 166-182.

[158] Haftmann F, Krauss A, Kuncar O, et al. Data refinement in Isabelle/HOL//Proceedings of the 4th International Conference on Interactive Theorem Proving, Rennes, 2013: 100-115.

[159] Lammich P. Automatic data refinement//Proceedings of the 4th International Conference on Interactive Theorem Proving, Rennes, 2013: 84-99.

[160] Lammich P, Neumann R. A framework for verifying depth-first search algorithms//CPP '15, New York, 2015: 137-146.

[161] Lammich P, Lochbihler A. The Isabelle collections framework//Proceedings of the 1st International Conference on Interactive Theorem Proving, Edinburgh, 2010: 339-354.

[162] Bulwahn L, Krauss A, Haftmann F, et al. Imperative functional programming with Isabelle/

HOL//Proceedings of the 21st International Conference on Theorem Proving in Higher Order Logics, Mntreal, 2008: 134-149.

[163] Lammich P. Refinement to imperative HOL. Journal of Automated Reasoning, 2019, 62(4): 481-503.

[164] Feliachi A, Gaudel M C, Wolff B. Isabelle circus-a process specification and verification environment// Proceedings of the 4th International Conference on Verified Software Theories, Tools, Experiments, Philadelphia , 2012: 243-260.

[165] Broy M, Wirsing M, Pair C. A systematic study of models of abstract data types. Theoretical Computer Science, 1984, 33: 139-174.

[166] Morris J M. A theoretical basis for stepwise refinement and the programming calculus. Science of Computer Programming, 1987, 9: 287-306.

[167] Morgan C. Data refinement by miracles. Information Processing Letters, 1988, 26(5): 243-246.

[168] Morris J M. Laws of data refinement. Acta Informatica, 1989, 26: 287-308.

[169] Gardiner P, Morgan C. Data refinement of predicate transformers. Theoretical Computer Science, 1991, 87: 143-162.

[170] Abrial J R. The B-book: Assigning Programs to Meanings. Cambridge: Cambridge University Press, 1996.

[171] 李彬，汤震浩，翟娟，等. 通过抽象程序证明复杂具体程序. 软件学报，2017，28(4): 786-803.

[172] Abadi M, Lamport L. The existence of refinement mappings. Theoretical Computer Science, 1991, 82(2): 253-384.

[173] Lamport L. The temporal logic of actions. ACM Transactions on Programming Languages and Systems, 1994, 16(3): 872-923.

[174] Jonsson B. Simulations between specifications of distributed systems// Proceedings of the 2nd International Conference on Concurrency Theory, Amsterdam, 1991: 346-360.

[175] Manna Z, Pnueli A. Verification of concurrent programs a temporal proof system// Proceedings of Logics of Programs, Yorktown Heights, 1981: 200-252.

[176] Engberg U, Peter G, Leslie L. Mechanical verification of concurrent systems with TLA// Proceedings of the 4th International Workshop on Computer Aided Verification, Elounda, 1992: 44-55.

[177] Lamport L, Matthews J, Tuttle M, et al. Specifying and verifying systems with TLA+//The Workshop on ACM SIGOPS European Workshop, Saint-Emilion, 2002: 45-48.

[178] Chaudhuri K C, Doligez D, Lamport L, et al. A TLA+ proof system// Proceedings of the LPAR 2008 Workshops, Knowledge Exchange: Automated Provers and Proof Assistants, and the 7th International Workshop on the Implementation of Logics, Doha, 2008: 87-92.

[179] Chaudhuri K, Doligez D, Lamport L, et al. The TLA+ proof system building a heterogeneous verification platform// Proceedings of 7th International Colloquium on Theoretical Aspects of Computing, Natal, 2010: 44.

[180] Lamport L, Merz S. Auxiliary variables in TLA+. Journal of Computing Research Repository, 2017, 1703: 5121.

第2章 证明助手的开发和实现

交互式定理证明工具常称为证明助手。当前大多数机械化的定理证明工具或多或少都具备交互式特点，因此本章将它们统称为证明助手。

许多证明助手的开发并非始于一个完美的设计，而是从错误中不断修正，渐趋成熟。不同的证明助手之间的开发也相互影响，有的完成历史使命而终止开发，有的进化成新的证明助手。在这个过程中，逐步形成开发一个现代证明助手需要考虑的重要特点。本章首先分析比较各类主流证明助手的设计特点。

为了阐明证明助手是如何实现的，本章重点剖析通用证明助手 Isabelle 的开发和实现。通用性指的是，Isabelle 是以元逻辑或逻辑框架(logical framework, LF)为指导思想进行设计和开发的。元逻辑框架是 Isabelle/Pure。Isabelle 的主要开发语言是 Poly/ML。建立在标准 ML 实现的基础上，Isabelle/Pure 以元逻辑为设计思想实现形式化的逻辑推理，该实现称为 Isabelle/ML；Isabelle/Pure 支持声明式的证明语言 Isar(intelligible semi-automated reasoning)。因此，Isabelle/Pure 可以理解为 Isabelle/ML/Isar 的实现。对这部分内容，首先介绍 Isabelle 以元逻辑为设计思想的开发背景，分析 Isabelle/Pure 元逻辑的启动，以及它的逻辑环境。然后，讨论如何形式化地构建简单类型的 λ 演算，为具有自然演绎风格的推理规则的演算提供一个元逻辑框架 Pure。具备用于推理的简单类型 λ 演算只是实现证明助手的核心部分，为了给用户提供使用 Pure 元逻辑进行逻辑推理的工具，需要支持读入和输出逻辑项，以及类型。这是开发和实现证明助手不可或缺的一部分。接下来阐述内部语法分析和转换，以及外部语法分析和 Isar 虚拟机解释器。其中，内部语法处理的是有关类型和逻辑项的核心逻辑部分，外部语法处理的是理论规范和证明语言。

为了进一步理解证明助手的开发和实现，本章讨论建立在 Isabelle/Pure 元逻辑基础上的高阶逻辑 Isabelle/HOL 开发和编程。实现 Isabelle/HOL 时，不需要处理内部语法分析和转换，外部语法的分析和解释执行也不需要从头定义逻辑演算，只要以 Isabelle 的核心逻辑部分为基础进行扩展，增加新的类型、定义，以及推理规则等，从而定义该目标逻辑特有的逻辑成分。这恰好可以体现元逻辑设计和实现的益处，即让目标逻辑的开发变得相对简单。具体内容包括 Isabelle/HOL 的核心逻辑、推理规则、支持的高级定义性机制，以及证明工具等。

Isabelle 可以视为 Edinburgh LCF 的直接“后代”，直接使用简单类型化的 λ

演算。这类证明助手还包括 HOL、HOL Light 等。Coq 也是当前广泛使用的、受 LCF 方法影响的证明助手。不同于 Isabelle，Coq 是以类型理论为基础设计开发的，实现的是非简单的类型理论。这类证明助手还包括 NuPRL 等。此外，Coq 并不体现 LF 的设计思想。ACL2 和 PVS 代表另外一类证明助手，它们的最初设计以自动定理证明为目标，但是具备一定的交互式特点。本章最后一部分概要讨论 HOL、HOL Light、Coq、NuPRL、ACL2、PVS 的设计与开发。

2.1　证明助手的设计特点比较

证明助手的设计与实现并不像传统软件开发那样具有规范化的标准可以遵循，特别是在早期阶段。从历史发展上看，它的开发是一个从错误中不断修正，渐趋成熟的过程[1-3]。在这个过程中，逐步形成开发现代证明助手需要考虑的要素。针对证明助手的可靠性和使用性，部分主流证明助手的特点比较如表 2.1 所示。

表 2.1　部分主流证明助手的特点比较

名称	小核	声明/过程式	实现语言	代码生成	用户界面
Agda	是	声明式	Haskell	可执行	Emacs
Coq	是	过程式	OCaml	是	IDE
NuPRL	是	综合	Common Lisp	是	Emacs
PVS	—	过程式	Common Lisp	是	Emacs
HOL4	是	过程式	Standard ML	是	Emacs
HOL Light	是	过程式	OCaml	否	基于 Command-line
Isabelle	是	Isar 声明式	Standard ML、Scala	是	IDE
ACL2	—	声明式	Common Lisp	可执行	基于 Eclipse
Mizar	—	声明式	Free Pascal	—	Alcor

(1) 小核。证明助手用来验证数学、计算机软硬件的正确性，它们本身是正确可靠的吗？一方面，鉴于机器证明的机械刻板性，即使存在某些缺陷，它在证明定理时具有的可靠性量级也远胜人工证明；另一方面，如果一个证明助手具有相对较小的内核，推理规则都是基于小核中的规则定义的，那么需要信任的就是这个小核[4]。相对较小的内核更值得信任，因此更可靠。

在 LCF 方法的证明助手中，Agda、Coq、NuPRL 和 PVS 是基于类型理论的，它们通常会生成证明对象，由一个相对简单的证明检查程序进行检查。这个小程序可以认为是一个小核。但是，PVS 设计者并不太关注理论上的可靠性，而是持有相当松散和实际的正确性观点，在表中标记为“-”。LCF 方法的直接后代，如 HOL4、HOL Light、Isabelle 就是基于非常小的可信内核设计的。

ACL2 在设计时注重强大的自动推理能力和使用的方便。Mizar 旨在建立形式化验证的数学知识库。因此，这两种证明助手不按小核标准进行比较，记为“-”。

(2) 声明/过程式证明语言。用户使用证明语言与证明助手进行交互。证明语言分为声明式和过程式，前者指出证明什么，后者指出如何进行证明，因此声明式的证明可读性较高。在早期的 LCF 方法证明助手中，策略脚本是传统过程式的，晦涩难懂，与 Mizar 声明式的证明语言的相对高可读性形成巨大反差。因此，Harrison[5]倡导 Mizar 声明式证明语言。虽然 HOL Light 支持声明式语言，但是并不常用，所以标识为过程式。Isabelle 于 1999 年支持声明式的证明语言 Isar[6]。Coq 的证明语言是过程式的。Gonthier 等[7]为 Coq 设计了 SSReflect (small scale reflect language)，能够声明式地用于证明的高层结构中，但是在低层结构中会切换到过程式，因此在表中也标识为过程式。NuPRL 的证明语言更接近将声明式和过程式的综合[8]。自动定理证明工具，如 ACL2 的证明语言可以视为声明式的。在这样的证明助手中，仅陈述(声明)待证明的定理，或书写一些中间定理，证明助手自动完成证明任务。Agda 支持声明式的证明。

(3) 实现语言。大多数证明助手，如 Coq、Isabelle 等都是以函数式编程语言编写的。这些编程语言包括 Haskell、OCaml、Common Lisp、Standard ML，以及 Scala 等。不过，Mizar 的实现语言是 Free Pascal。Free Pascal 是 Pascal 编译器。其目标平台包括多种处理器架构，如 Intel x86、AMD64/x86-64、PowerPC、MIPS(million instructions per second，百万条指令每秒)、JVM 等。

(4) 代码生成。许多证明助手支持代码生成，也称程序抽取。代码生成是指将在证明助手中以证明语言书写的各种定义翻译成可执行的函数式程序，可以独立运行。例如，Isabelle/HOL 可生成 Standard ML、OCaml 和 Haskell 程序；Coq 可以生成 OCaml、Haskell 和 Scheme 程序；PVS 可以生成 Common Lisp 程序；ACL2 和 Agda 本身是可执行的。Mizar 旨在建立合适的数学语言，对数学进行形式定义和证明，因此不考虑代码生成这个特点，记为“-”。

(5) 用户界面。建立在函数式编程语言上的证明助手，一般支持命令行交互方式。Aspinall[9]于 1999 年开发 Proof General，证明助手开始支持一种称为 Emacs 模式的图形用户界面，即交互依然基于一系列命令，但是可以区分未检查的证明和已检查的证明，用户可以一步步地引导证明，证明助手返回结果。

一种不同的界面设计方法是通过证明助手集成开发环境(prover integrated development environment, PIDE)框架完成的。PIDE 类似于现代软件集成开发环境，用户在输入源码时，集成开发环境(integrated development environment，IDE)就检查语法。Coq 和 Isabelle 支持这种用户界面，称为 GTK-based CoqIDE 和 Isabelle/ jEdit IDE[10, 11]。ACL2 团队开发的 Eclipse 插件称为 ACL2 Sedan theorem prover (ACL2s)，供用户与 ACL2 进行交互。Mizar 旨在建立数学知识库。为了更好地进行测试，Cairns[12]为 Mizar 开发了一个用户界面 Alcor，方便用户与这个知识库交互。

为了更好地理解证明助手的设计，一些证明助手的进化及其之间的相互影响如图 2.1 所示，其中粗体标识的是当前仍然活跃的证明助手。一些证明助手，如 ACL2、PVS 和 Mizar 的设计相对独立，不在图 2.1 中列出。

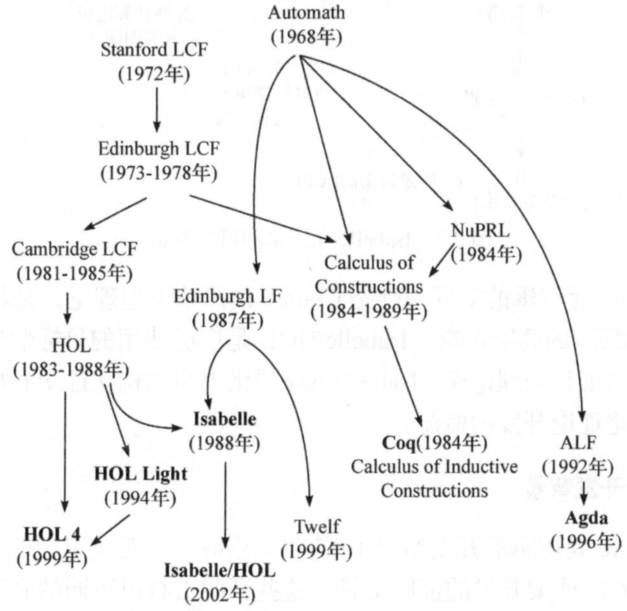

图 2.1　一些证明助手的进化及其之间的相互影响

总体来讲，Edinburgh LCF 和 Automath[13]是早期具有代表性的证明助手，并且这两大证明助手衍生系统的开发也是交叉影响的。Bruijn 基于依赖类型理论实现了 Automath。Harrison 等[14]独立发现 Curry-Howard 同构，以证明即对象的方式体现在 Automath 的开发中。Automath 旨在准确地表达所有数学并进行验证，对许多以类型理论为基础的证明助手的开发都产生了很大影响。

2.2　Isabelle 的开发和实现

Isabelle 是用于交互式定理证明的一个泛型框架。Isabelle/Pure 元逻辑支持多种目标逻辑在这个框架内以自然演绎风格构造语法和推理规则[15-17]。由元逻辑可以构造许多不同种类的目标逻辑，如经典和直觉的一阶逻辑(Isabelle/FOL)、Martin-Lof 构造类型理论(Isabelle/CTT)、一阶 ZF 集合论(Isabelle/ZF)，以及经典的高阶逻辑 Isabelle/HOL 等。Isabelle 元逻辑和目标逻辑如图 2.2 所示。

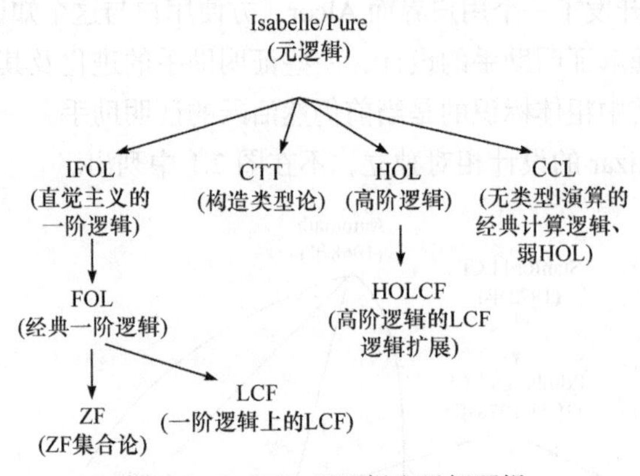

图 2.2　Isabelle 元逻辑和目标逻辑

Isabelle/Pure 元逻辑的实现基础是 Church 的简单类型理论，是具有蕴含⟹、全称量词⋀和相等≡的高阶逻辑。Isabelle/HOL 是广泛使用的目标逻辑[18-20]，包括许多用于推理的工具和理论库。Isabelle/Isar 提供书写结构化证明和规范的额外支持，包括模块化理论开发的概念。

2.2.1　Isabelle 开发背景

Isabelle/Pure 元逻辑的开发始于 1985 年。当时，交互式定理证明领域已经存在几个使用 LCF 框架开发的证明工具。这些证明工具以不同的底层逻辑支持证明。Edinburgh LCF 和 Cambridge LCF 的底层逻辑称为 PPλ。PPλ 仍然是可计算函数逻辑，类型指称域是用 ML 语言实现的经典一阶逻辑。用于硬件验证的 LCF-LSM(logic of sequential machines)的逻辑是顺序机器逻辑。LCF-LSM 进一步开发成 HOL。另外一个高阶逻辑证明工具是 TPS。

实现一个逻辑通常需要合适地表示逻辑公式，实现一定的推理规则、策略和由推理规则推导得到的规则，实现高层的工具、理论库，以及与界面相关的解析器和输出等[21]。不可否认，在 LCF 框架内嵌入一个新的逻辑，从而开发和实现一个 LCF 风格的证明助手非常不易，计算机科学家使用计算机编程实现一个逻辑的速度通常慢于逻辑学家设计实现一个逻辑。

考虑实现不同逻辑的困难性具有共性，因此 Paulson 开发了一个元逻辑，解决开发定理证明助手的通用难题，将不同逻辑需要处理的特殊问题留给以元逻辑为基础的不同目标逻辑分别进行处理。元逻辑或 LF[22]的设计方式会增加实现它的困难性，但是比完全从头定义一个逻辑要简单。这种通用定理证明的思想也体现在同时期 Edinburgh LF 的开发中。Edinburgh LF 之后进化为 Twelf。另一个以构造类型理论为逻辑的通用定理证明系统是 ALF(another logical framework)，最后进化为 Agda 和 Agda2。

将 Isabelle 作为元逻辑，Paulson 初始实现的目标逻辑是构造类型理论。Paulson 当时希望通过合一来解决待证明目标中未知变量的问题；完全使用标准 ML 语言进行开发，证明 ML 可以媲美 Lisp，从而用于开发定理证明助手；尝试在 Isabelle 的开发中使用 de Bruijn 对待绑定变量的方式。Paulson 在 1986 年使用标准 ML 语言实现了第一个可用版本。在经历了 1990 版和 1991 版对 order-sorted 的支持后，Isabelle 元逻辑的设计变得相对稳定。在这个元逻辑的实现中，元层的推理规则是定理(类型是 thm)到定理的函数，而目标逻辑的推理规则通过元逻辑陈述为定理。这使推理规则的结构能够被检查。在目标逻辑中，定理和推理规则的类型都是 thm。量词的形式化使用类型化的 λ 演算，而规则的演算需要合一，因此 Isabelle/Pure 元逻辑的开发需要实现高阶合一。Isabelle 采用 Huet 开发的高阶合一算法。虽然在理论上高阶合一是不可判定的，可能产生无穷多合一子，但是在 Isabelle 中的运行相当可靠。

在高阶合一的基础之上，Isabelle 支持许多自动推理工具，具有强大的自动推理功能，包括高阶重写的简化器 Simplifier、结合 Metis 证明工具的经典推理器，以及经典 Tableau 证明工具；支持使用外部自动定理证明工具，如 Vampire、SPASS 的 Sledghammer 工具；支持反例搜索的 Quickcheck 和 Refute。此外，Isabelle 使用 Locales 处理参数化的理论，支持模块化理论开发。

Isabelle 目前由 Nipkow 和 Paulson 带领的小组共同维护。同时，世界各地的许多机构和个人也在对 Isabelle 及其目标逻辑的开发和改进贡献力量。

2.2.2　Isabelle/Pure 启动

Isabelle/Pure 秉承 LCF 方法，旨在为用户提供一个可编程的形式逻辑证明系统。它的主要开发语言是标准 ML，采用的编译器主要是 Poly/ML。Isabelle/Pure 的启动始于 Poly/ML。建立在标准 ML 实现的基础上，Isabelle/Pure 以元逻辑为设计思想，可以实现形式化的逻辑推理。该实现称为 Isabelle/ML，并且 Isabelle/Pure 已经支持声明式的证明语言 Isar。因此，Isabelle/Pure 可以理解为 Isabelle/ML/Isar 的实现。

完整的 Isabelle/Pure 启动划分成三个主要阶段。Isabelle/Pure 的启动阶段和任务描述如表 2.2 所示。从 Isabelle/Pure 的启动过程可以看出，启动过程始于 Poly/ML，之后 Isabelle/ML 在 Isar 理论和证明语言框架内取代 Poly/ML。在

Isabelle/ML/Isar 的支持下，目标逻辑的建立通过引入相应的理论和 ML 模块实现，可以是内联的.thy 理论文件，也可以在理论文件中加载.ml 文件。Isabelle/Pure 可以为用户提供一个将 ML 编译器、逻辑，以及其他相关工具和机制结合在一起的形式证明系统。

表 2.2　Isabelle/Pure 的启动阶段和任务描述

<table>
<tr><th>启动阶段</th><th colspan="2">任务描述</th></tr>
<tr><td>0</td><td colspan="2">安装标准 ML 语言编译器 Poly/ML</td></tr>
<tr><td>1</td><td colspan="2">加载通用扫描器、符号表示、符号的位置、泛型表等</td></tr>
<tr><td rowspan="6">2</td><td rowspan="6">构造 Isar 理论和证明语言框架内的 Isabelle/ML</td><td>加载通用工具库，包括整数、栈、队列、堆、缓冲区、绑定等</td></tr>
<tr><td>加载名称，项，环境、配置等</td></tr>
<tr><td>支持 ML 运行时并发</td></tr>
<tr><td>处理内部语法，包括内部词法分析、内部语法分析、抽象语法树等</td></tr>
<tr><td>处理核心策略证明系统，包括命名空间、认证的类型、逻辑、类型和项的简单语法、理论、证明项、定理、策略等</td></tr>
<tr><td>支持 Isar/ML，包括外部语法、证明环境、理论规范等</td></tr>
<tr><td>3</td><td colspan="2">完成 ML 顶层配置，建立 Isabelle/jEdit 等。Isabelle/Pure 启动过程完成</td></tr>
</table>

2.2.3　Isabelle/Pure 元逻辑

直觉主义的高阶逻辑(intuitionistic higher-order logic)可以表示多种逻辑中的证明，这正是 Isabelle 元逻辑(meta logic)的设计思想。Isabelle/Pure 元逻辑形式化地构建了简单类型的 λ 演算，可以为自然演绎风格推理规则的演算提供通用 LF。

1. 类型和项

在 Isabelle/Pure 直觉主义的高阶逻辑中，类型具有 ML 类型 typ，即

```
type indexname = string * int
type class = string
type sort = class list
datatype typ = Type of string * typ list| TFree of string * sort| TVar of indexname * sort;
```

typ 具有三个构造器，即 Type、TFree、TVar。它们分别对应类型构造器、固定类型变量和机制类型变量。固定类型变量也称自由类型变量，机制类型变量称为未知类型，在合一过程中可以实例化。

在 typ 的定义中，class 代表类型类，定义为 Isabelle 的内建类型 string；sort 是类型类的列表，称为类别。类型构造器是递归定义的，是名称和类型构造器列

表组成的二元组。固定类型变量是名称和类别组成的二元组。机制类型变量是由 indexname 和类别组成的二元组。indexname 是名称和整数组成的二元组。

因此，如果令$\mathcal{K}$是一个类型构造器的名称，它的参数列表是 $\alpha_1, \alpha_2,\cdots, \alpha_k$，类型构造器的函数应用书写为形如$(\alpha_1, \alpha_2,\cdots, \alpha_k)\mathcal{K}$的后缀形式；令 α_s 代表类别是 s 的固定类型变量；令$?\alpha_s$代表类别是 s 的机制类型变量，那么逻辑范畴的类型 $\tau = (\alpha_1,\cdots,\alpha_k)\mathcal{K} \mid \alpha_s \mid ?\alpha_s$。它表示形如$(\alpha_1, \alpha_2,\cdots, \alpha_k)\mathcal{K}$是一个合法类型，当参数列表为空时，可以仅写为$\mathcal{K}$，当只有一个参数时，可以省略圆括号。此外，任何一个固定类型变量或者机制类型变量都是合法类型。

使用 typ 的定义，定义

```
val   --> : typ * typ -> typ
fun   S --> T = Type("fun", [S,T]);
val   ---> : typ list * typ -> typ
val   op ---> = Library.foldr (op -->);
val   propT : typ = Type ("prop", [ ]);
```

Type("fun",[S,T])代表函数的类型，是由输入参数类型 S 到输出参数类型 T 的函数，简写为 S-->T，S 和 T 的类型都是 typ。多参数的函数可以通过 currying 表示，因此 S_1-->S_2-->S_3-->T 指 S_1--> (S_2-->(S_3-->T))，简写为[S_1, S_2, S_3] --->T。公式的类型是 propT，它的名称是 prop，参数是空列表，即 propT = Type ("prop",[])。一个特殊的类型是 dummyT，dummyT=Type ("dummy",[])。TFree(a, s)表示名称是 a，类别是 s 的自由类型变量。TVar(v, s)表示索引名是 v，类别是 s 的机制类型变量。

在 Isabelle/Pure 直觉主义的高阶逻辑中，项具有 ML 类型 term。term 具有六个构造函数，即 Const、Free、Var、Bound、Abs 和$，即

```
datatype term = Const of string * typ
              | Free of string * typ
              | Var of indexname * typ
              | Bound of int
              | Abs of string * typ * term
              | op $ of term * term;
```

与固定类型变量和机制类型变量一致，固定变量是由基本名和类型组成的二元组，机制变量是由索引名和类型组成的二元组。从逻辑上看，机制变量也是自由变量，但是在证明过程中，机制变量可由另外一个项实例化。如果令 b_τ 代表 τ 的一个常项，x_τ 代表 τ 的自由变量，$?x_\tau$ 代表 τ 的机制变量，c_τ 代表一个绑定变量，

$\lambda_\tau t$ 代表 λ 抽象，t_1t_2 代表应用，t_1 和 t_2 都是合法项，那么逻辑范畴的“项” t 为 $t= b_\tau \mid x_\tau \mid ?x_\tau \mid c_\tau \mid \lambda_\tau t \mid t_1t_2$。

因此，按照 term 的定义，Const (a, T)是具有名称 a 和类型 T 的逻辑常项。逻辑常项包括蕴含、全称、相等，以及 0 和 Suc 等。Free (a, T)是自由变量，具有名称 a 和类型 T。Var (v, T)表示机制变量，具有索引名 v 和类型 T。Boundi 表示绑定变量。Isabelle 使用 de-Bruijn 索引表示绑定变量，是该绑定变量的出现和绑定该变量的 λ 之间的数目，计数由 0 开始。绑定变量的类型存储在它的绑定 Abs 中。Abs (a, T, u)表示 λ 抽象，绑定变量名为 a，类型是 T，λ 抽象体是 u，其中名称 a 仅用于解析和输出，不具有逻辑含义；t $ u 表示项 t 到项 u 的应用。

按照函数 fastype_of : term ->typ 可以计算出类型的项称为良类型的项，公式是良类型的项。Isabelle 定义了一些 λ 项上的标准操作，例如函数 aconv(t1, t2)决定两个项 t1 和 t2 是否是 α 可转换的，函数 betapply: term * term ->term 是 beta 应用。

2. 定理和基本推理规则

Isabelle/Pure 元逻辑的基本联结词包括蕴含(⟹)、全称量词(⋀)、相等(≡或者==)，即

⟹	Const ("Pure.imp", propT --> propT --> propT)
⋀	Const ("Pure.all", (T --> propT) --> propT)
≡	Const ("Pure.eq", T --> T --> propT)

其中，T 是由 fastype_of 计算得到的类型。
蕴含、全称和相等的输入符号分别是==>、!!和==，对应的屏幕输出分别是⟹、⋀和≡。

Isabelle 不区分公理、定理或推理规则，它们的类型都是 thm，其中定理和公理可视为无假定条件的推理规则。Isabelle/Pure 元逻辑的基本推理规则包括假定规则、蕴含引入和消除规则、全称量词引入和消除规则，并规定假定条件中不包含任何机制变量。它们分别由函数 assume、implies_intr、implies_elim、forall_intr 和 forall_elim 实现，类型分别为

assume	cterm -> thm
implies_intr	cterm -> thm -> thm
implies_elim	thm -> thm -> thm
forall_intr	cterm -> thm -> thm
forall_elim	cterm -> thm -> thm

其中，cterm 为通过认证过程检查的项，称为认证的项。因此，项中出现的每个类型都是良构的，每个常量都对应逻辑中的合法逻辑常项。项必须是良类型的，绑定变量的使用也必须是良构的。

thm 是所有公理、定理或推理规则(以下统称为定理)的 ML 类型，它的定义为

```
datatype thm = Thm of
  deriv *
  {cert:  Context.certificate,
   tags:  Properties.T,
   maxidx:  int,
   constraints:  constraint Ord_List.T,
   shyps:  sort Ord_List.T,
   hyps:  term Ord_List.T,
   tpairs:  (term * term) list,
   prop:  term}
and deriv = Deriv of
   {promises:  (serial * thm future) Ord_List.T,
    body:  Proofterm.proof_body};
```

其中，hyps 和 prop 分别代表假定条件和结论；Proofterm.proof_body 的定义为

```
datatype proof =
    MinProof
  | PBound  of  int
  | Abst  of  string * typ option * proof
  | AbsP  of  string * term option * proof
  | %  of  proof * term option
  | %%  of  proof * proof
  | Hyp  of  term
  | PAxm  of  string * term * typ list option
  | OfClass  of  typ * class
  | Oracle  of  string * term * typ list option
  | PThm  of  thm_header * thm_body
and proof_body = PBody of
   {oracles: ((string * Position.T) * term option) Ord_List.T,
    thms: (serial * thm_node) Ord_List.T,
    proof: proof}
```

Isabelle/Pure 元逻辑中的蕴含消除规则如图 2.3 所示。

```
蕴含消除(implication elimination)推理规则：
  A ⇒ B    A
  ------------------
         B

        if A aconv propA then
          Thm (deriv_rule2 (curry Proofterm.%%) der derA,
           {cert = join_certificate2 (thAB, thA),
            tags = [],
            maxidx = Int.max (maxidx1, maxidx2),
            constraints = union_constraints constraintsA constraints,
            shyps = Sorts.union shypsA shyps,
            hyps = union_hyps hypsA hyps,
            tpairs = union_tpairs tpairsA tpairs,
            prop = B})
        else err ()
    | _ => err ()
  end;
```

图 2.3 蕴含消除规则

辅助函数 deriv_rule2 的定义为

```
fun deriv_rule2 f
(Deriv {promises = ps1, body = PBody {oracles = oracles1, thms = thms1, proof = prf1}})
(Deriv {promises = ps2, body = PBody {oracles = oracles2, thms = thms2, proof = prf2}}) =
      let
        val ps = Ord_List.union promise_ord ps1 ps2;
        val oracles = Proofterm.unions_oracles [oracles1, oracles2];
        val thms = Proofterm.unions_thms [thms1, thms2];
        val prf =
          (case ! Proofterm.proofs of
            2 => f prf1 prf2
          | 1 => MinProof
          | 0 => MinProof
          | i => bad_proofs i);
      in make_deriv ps oracles thms prf end;
```

相等引入和消除规则分别由函数 equal_intr 和 equal_elim 实现，并且相等是自反、对称和传递的，定义为

equal_intr	thm -> thm -> thm
equal_elim	thm -> thm -> thm
reflexive	cterm -> thm
symmetric	thm -> thm
transitive	thm -> thm -> thm

Isabelle 将 α 可变换的定理视为相同的定理，因此没有相应的 α 变换规则。但是，它提供函数 renamed_prop: term -> thm -> thm 执行隐式的 α 变换。β 变换和 η 归约、抽象和组合规则的实现函数分别为

beta_conversion	bool -> (cterm -> thm)
eta_conversion	cterm -> thm
abstract_rule	string -> cterm -> thm -> thm
combination	thm -> thm -> thm

Isabelle/Pure 元逻辑还提供由以上这些定理推导得来的规则，相应的实现函数和类型为

reflexive_thm	thm
symmetric_thm	thm
transitive_thm	thm
beta_conv	cterm -> cterm -> cterm
beta_eta_conversion	cterm -> thm
eta_contraction_rule	thm -> thm
extensional	thm -> thm

3. Isabelle 消解和策略

新的定理必须通过应用已有的定理推得，这个过程在 Isabelle 中也称为消解。Isabelle 的消解推理是泛化的消解。不同于经典的消解证明器，Isabelle 并不采用反驳证明法，但是包括 contradiction rule 的目标逻辑可以支持反驳法。

Isabelle 的消解推理可以解释为，令$[\![\phi_1, \phi_2,\cdots,\phi_m]\!]\Longrightarrow\phi$和$[\![\varphi_1, \varphi_2,\cdots,\varphi_n]\!]\Longrightarrow\varphi$ 是两个已存在的定理。假定ϕ和 φ_k 具有一个高阶合一子，其中 $1\leqslant k\leqslant n$，那么存在某个置换 s，使$\phi s = \varphi_k s$。因此，消解上述两个定理后，可以得到新的定理$([\![\varphi_1,\cdots,\varphi_{k-1},\phi_1,\cdots,\phi_m, \varphi_{k+1},\cdots,\varphi_n]\!]\Longrightarrow\varphi)\ s$。Isabelle 通过高阶合一计算置换 s。如果将定理视为推理规则，Isabelle 的消解推理对应前向证明。若将$[\![\varphi_1, \varphi_2,\cdots, \varphi_n]\!]\Longrightarrow\varphi$ 视为后向证明中的中间证明状态，φ 是待证明目标，$\varphi_1, \varphi_2,\cdots, \varphi_n$ 是子目标，可以使用$[\![\phi_1, \phi_2,\cdots, \phi_m]\!]\Longrightarrow\phi$ 进行消解，证明对应 Prolog 风格的后向证明。

利用 Isabelle 消解推理进行前向证明的函数及对应的类型，即

RSN	thm * (int * thm) -> thm
RS	thm * thm -> thm
RLN	thm list * (int * thm list) -> thm list

RL	thm list * thm list -> thm list
MRS	thm list * thm -> thm
OF	thm * thm list -> thm

这些函数的应用都可以写为中缀形式，如 thm_1 RSN (i,thm_2)。因此，thm_1 RSN (i,thm_2)表示消解 thm_1 的结论和 thm_2 的第 i 个前提，如果没有确定的合一子，则产生异常。thm_1 RS thm_2 是 thm_1 RSN (1, thm_2)的简写。$\text{thm}s_1$ RLN (i, $\text{thm}s_2$)，对于 $\text{thm}s_1$ 中的每个规则 thm_1，以及 $\text{thm}s_2$ 中的每个规则 thm_2，消解 thm_1 中的结论和 thm_2 中的第 i 个前提。这种高阶合一的严格枚举可能比基本策略 resolve_tac 低效。$\text{thm}s_1$ RL $\text{thm}s_2$ 是 $\text{thm}s_1$ RLN (1,$\text{thm}s_2$)的简写。[thm_1,…,thm_n] MRS thm 由 thm_n 开始，从右至左，消解[thm_1,…, thm_n]中的每个定理 thm_i 和 thm 的第 i 个前提。thm OF thm$s$ 是 thm$s$ MRS thm 的另一种形式，对应 Isar 证明语言的属性 OF。

消解的核心实现函数是 biresolution: Proof.context option -> bool -> (bool * thm) list -> int -> thm -> thm Seq.seq，主要使用函数 bicompose_aux。函数 bicompose_aux 执行普通的消解和消除-消解，后者将消除规则运用到一个假定条件中。

Isabelle 通过策略支持后向推理。Isabelle/Pure 将目标或子目标都视为定理，策略是定理(thm)到定理序列(thm Seq.seq)的函数，即

tactic = thm ->thm Seq.seq.

策略推理在待证明目标上执行某个策略操作，将目标分解成多个子目标，直到子目标的个数为 0 时，证明完成。因此，可以指定策略作用在某个子目标上，缺省作用在第一个子目标上。

Isabelle 消解也用于后向证明，其中两类基本策略是消解策略和假定策略。此外，Isabelle/Pure 还提供许多其他有用的策略。例如

resolve_tac:	Proof.context -> thm list -> int -> tactic
eresolve_tac:	Proof.context -> thm list -> int -> tactic
dresolve_tac:	Proof.context -> thm list -> int -> tactic
forward_tac :	Proof.context -> thm list -> int -> tactic
assume_tac:	Proof.context -> int -> tactic
eq_assume_tac:	int -> tactic
rename_tac:	string list -> int -> tactic
rotate_tac:	int -> int -> tactic
defer_tac:	int -> tactic
prefer_tac:	int -> tactic

其中，eresolve_tac 适用于消除规则；dresolve_tac 适用于 destruction 规则；forward_tac

类似 dresovle_tac，但在消解过程中并不删除假定(策略通过合一而结束一个子目标的证明)。

通常很少从零开始写一个策略，而是利用上述基本策略和策略子生成策略。策略子是作用在策略上的操作，由简单策略生成更为复杂的策略。一些基本策略子如下，即

THEN	tactic * tactic -> tactic
ORELSE	tactic * tactic -> tactic
APPEND	tactic * tactic -> tactic
EVERY	tactic list -> tactic
FIRST	tactic list -> tactic
REPEAT	tactic -> tactic
REPEAT_DETERM	tactic -> tactic
TRY	tactic -> tactic

策略子可以表达不同的搜索策略。一些用于控制的主要探索算法策略子如下，即

FILTER	(thm -> bool) -> tactic -> tactic
CHANGED	tactic -> tactic
DEPTH_FIRST	(thm -> bool) -> tactic -> tactic
BREADTH_FIRST	(thm -> bool) -> tactic -> tactic
BEST_FIRST	(thm -> bool) * (thm -> int) -> tactic -> tactic

大型证明需要更为强大的自动证明机制，如简化和经典的 tableau reasoning。Isabelle 的 Simplifier 工具包可以用于 FOL、ZF、HOL 和 HOLCF 等多个目标逻辑。

2.2.4　内部语法分析和变换

Isabelle/Pure 元逻辑是简单类型的 λ 演算。简单类型的 λ 演算以一种高阶抽象语法的传统形式，奠定了逻辑演算语言的基础。除了实现底层逻辑核心以外，需要给用户提供使用 Isabelle/Pure 元逻辑进行逻辑演算和证明的工具，使 Isabelle/Pure 元逻辑能正确地读取用户输入中的逻辑项和类型，以及输出逻辑演算结果。这一重要工作处于逻辑核心的外层，称为内部语法处理。Isabelle 使用中缀注解对类型和项的具体语法进行规范，描述具体语法、具体语法到抽象语法的翻译，以及格式化输出。

读入操作由解析和类型检查组成，输出操作由反检查和反解析组成。Isabelle

内部语法处理如图 2.4 所示。通常检查和反检查操作同时作用在项列上，而解析和反解析操作是分开执行的。读入过程包括词法分析、语法分析，以及语法变换阶段。输入符号串经词法分析器变换为单词列表。单词列表作为语法分析器的输入，语法分析完成后，生成解析树。解析树在解析 AST 翻译函数的支持下，进一步变换为抽象语法树。抽象语法树由重写系统变换成新的抽象语法树。新的抽象语法树在解析翻译函数的支持下，进一步变换为预项。预项是名称和绑定范围都确定的项。预项进入检查/反检查(check/uncheck)阶段，经过类型推导变换为良类型的项。输出过程是读入过程的逆。

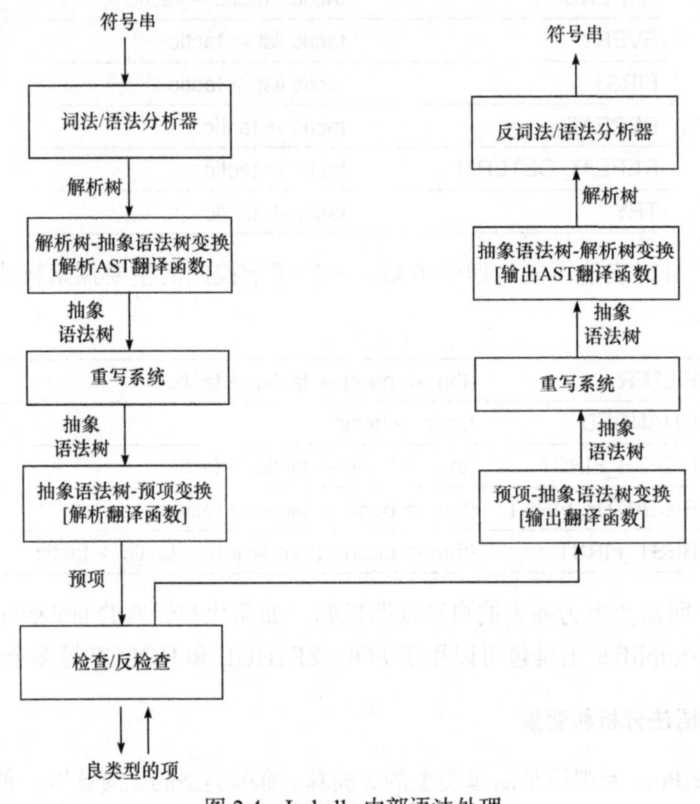

图 2.4　Isabelle 内部语法处理

符号是 Isabelle/ML 处理的最小文本单位，具有 ML 类型 sym，即

```
datatype sym = Char of string
             | UTF8 of string
             | Sym of string
             | Control of string
             | Malformed of string
             | EOF
```

因此，Char "a"为单个 ASCII 字符 a；UTF8 "ä"为一个 UTF-8 字符 ä；Sym "\<alpha>"为字符 α，Sym "id"为名为 id 的符号；Control 为控制符号。

每个单词由它的类别，代表的字符串和位置信息描述，具有 ML 类型 token，即

```
datatype token = Token of int * string * Position.range
```

其中

```
Position.range = Position.T * Position.T
Position.T = Pos of (int * int * int) * Properties.T
Properties.T = (string * string) list
```

位置信息的屏幕输出形如({line=1, offset=1, end_offset=2, file=1.thy}, {line=1, offset=1, end_offset=2, file=1.thy})。其中，line、offset、end_offset 分别代表每个符号所在行号、起始偏移和结束偏移值，当值小于 1 时，不输出；属性信息列表中的每个元素是由两个字符串组成的二元组，两个字符串分别代表属性名和属性值，属性信息的屏幕输出形如“属性名=属性值”，如“file = 1.thy”。

单词的类别具有 ML 类型 token_kind，即

```
datatype token_kind = Literal
                    | Ident | Long_Ident
                    | Var
                    | Type_Ident
                    | Type_Var
                    | Num | Float
                    | Str | String
                    | Cartouche
                    | Space
                    | Comment of Comment.kind option
                    | Dummy
                    | EOF
```

其中，Comment.kind 的构造器分别是 Comment、Cancel 和 Latex，因此每个单词类别对应的索引号从 0～17。类别 ident、long_ident、var、type_ident、type_var、num、float、str、string 和 cartouche 的索引号为 1～9，存储在类型为 int Symtab. table 的表中，相应的键分别是字符串 id、longid、var、tid、tvar、num_token、float_token、str_token、string_token 和 cartouche。其中，num_token、float_token、str_token、string_token 和 cartouche 并没有在元逻辑 Pure 中使用，而由目标逻辑实现。tvar 和 var 描述未知变量或者机制变量，形如?x4，其内部表示是二元组，类型是 indexname =string * int。

解析树具有 ML 类型 parsetree，即

datatype parsetree = Node of string * parsetree list | Tip of Lexicon.token

抽象语法树具有 ML 类型 ast，即

datatype ast = Constant of string　| Variable of string　| Appl of ast list

抽象语法树的内部表示和屏幕输出示例如表 2.3 所示。常量的屏幕输出没有双引号，变量的屏幕输出具有双引号，应用的屏幕输出是用括号括起来的子树列表。原始的抽象语法树是一阶的，例如(("_abs" x t) u)中的"_abs"并没有绑定 x。

表 2.3　抽象语法树的内部表示和屏幕输出示例

抽象语法树的内部表示	屏幕输出
Appl[Variable "f",Variable "x",Variable "y"]	(f x y)
Appl[Constant "_constrain", Appl[Constant "_abs",Variable "x", Variable "t"], Appl[Constant "fun",Variable "'a",Variable "'b"]]	("_constrain" ("_abs" x t) ("fun" 'a 'b))
Appl[Appl[Constant "_abs",Variable "x",Variable "t"], Variable "u"]	(("_abs" x t) u)

1. 词法和语法分析

内部语法的词法分析函数是 tokenize，其类型为

Scan.lexicon -> bool -> Symbol_Pos.T list -> token list

其中，Scan.lexicon 的定义为

datatype lexicon = Lexicon of (bool * lexicon) Symtab.table

词法分析器扫描输入符号串，取最长的前缀形成每个合法单词。词法分析示例结果如表 2.4 所示(该表忽略位置信息)。

表 2.4　词法分析示例结果

输入字符串	输出单词列表		
prop	[Token (1, "prop", ({}, {}))]		
'a	[Token (4, "'a", ({}, {}))]		
?'a	[Token (5, "?'a", ({}, {}))]		
'a ⇒'b	[Token (4, "'a", ({}, {})), Token (4, "'b", ({}, {}))]	Token (11, " ", ({}, {})),	Token (0, "⇒", ({}, {})),
f	[Token (1, "f", ({}, {}))]		
λx. t	[Token (0, "λ", ({}, {})), Token (11, " ", ({}, {})),	Token (1, "x", ({}, {})), Token (1, "t", ({}, {}))]	Token (0, ".", ({}, {})),

续表

<table>
<tr><th>输入字符串</th><th colspan="3">输出单词列表</th></tr>
<tr><td rowspan="2">λx::'a. t</td><td>[Token (0, "λ", ({}, {})),</td><td>Token (1, "x", ({}, {})),</td><td>Token (0, "::", ({}, {})),</td></tr>
<tr><td>Token (4, "'a", ({}, {})),
Token (1, "t", ({}, {}))]</td><td>Token (0, ".", ({}, {})),</td><td>Token (11, " ", ({}, {})),</td></tr>
<tr><td>⟦P;Q⟧==>S</td><td>[Token (0, "⟦", ({}, {})),
Token (1, "Q", ({}, {})),
Token (1, "S", ({}, {}))]</td><td>Token (1, "P", ({}, {})),
Token (0, "⟧", ({}, {})),</td><td>Token (0, ";", ({}, {})),
Token (0, "==>", ({}, {})),</td></tr>
<tr><td>[|P; Q|]==>S</td><td>[Token (0, "[|", ({}, {})),
Token (1, "Q", ({}, {})),
Token (1, "S", ({}, {}))]</td><td>Token (1, "P", ({}, {})),
Token (0, "|]", ({}, {})),</td><td>Token (0, ";", ({}, {})),
Token (0, "==>", ({}, {})),</td></tr>
<tr><td>[|PROP P;
PROP Q|]
==>PROP S</td><td>[Token (0, "[|", ({}, {})),
Token (1, "P", ({}, {})),
Token (11, " ", ({}, {})),
Token (0, "==>", ({}, {})),
Token (1, "S", ({}, {}))]</td><td>Token (0, "PROP", ({}, {})),
Token (0, ";", ({}, {})),
Token (1, "Q", ({}, {})),
Token (0, "PROP", ({}, {})),</td><td>Token (11, " ", ({}, {})),
Token (0, "PROP", ({}, {})),
Token (0, "|]", ({}, {})),
Token (11, " ", ({}, {})),</td></tr>
</table>

语法分析函数 parse 的类型为

```
gram -> string -> Lexicon.token list -> parsetree list
```

语法分析器将单词列表作为输入，按照上下文无关文法中的产生式，输出一棵解析树。Isabelle 在解析项和类型时，使用优先级文法。

优先级上下文无关文法具有 ML 类型 gram，即

```
datatype gram = Gram of { nt_count: int, 31
                          prod_count: int, 108
                          tags: tags,
                          chains: chains,
                          lambdas: nts,
                          prods: nt_gram Vector.vector}
```

其中

```
tags = nt Symtab.table
nt_gram= (nts * tokens) * prods
prods = (symb list * string * int) list Tokens.table
datatype symb = Terminal of Lexicon.token | Nonterminal of nt * int
```

nt_count 为非终结符的数目，prod_count 为产生式的数目；tags 中的键是非终结符的名称，值是相应非终结符的整数；prods 为产生式，每个产生式形如(rhs, name, prio)，prio 为产生式的优先级别；symb 中每个终结符的类型是单词。

非终结符是该非终结符的整数表示和相应优先级组成的二元组。

语法分析器按照优先级上下文无关文法，扫描输入单词串。如果存在语法错误，那么提示内部语法错误，并指出出错行位置信息，否则生成解析树。

2. 语法变换

经过语法分析器解析得到的是一棵原始解析树。这棵解析树将进一步进行语法变换，最终生成预项。在这个过程中，Isabelle 内部语法引擎提供两种机制对原始解析树进一步变换，即作用在一阶抽象语法树上的重写系统；作用在抽象语法树上或者 λ 项上的以 ML 语言编码的函数。它们分别称为解析 AST 翻译(parse_ast_translation)函数和解析翻译函数。

首先，原始解析树 parsetree 由函数 parsetree_to_ast ctxt trf parsetree 变换成为一棵抽象语法树 ast，其中参数 ctxt 代表 Isabelle/Pure 元逻辑的证明环境，parsetree 代表一棵解析树，trf 是解析 AST 翻译函数，其类型是 string->(Proof.context -> Ast.ast list ->Ast.ast)option。经过解析 AST 翻译函数的变换，抽象语法树更接近类型化的 λ 项。针对类型和类别，这些内建的解析 AST 翻译函数会添加额外的限制信息，如("_constrain")用来代表源输入位置信息。Isabelle/Pure 可以实现许多这类翻译函数，如普通的项应用、类型应用、嵌套抽象、迭代的元蕴含，以及函数类型。

接下来，抽象语法树变换为预项。抽象语法树通过函数 ast_to_term ctxt trf 变换成为预项，其中参数 ctxt 代表 Isabelle/Pure 元逻辑的证明环境，其类型是 Proof.context；trf 为解析翻译函数，其类型是 string->(Proof.context ->term list ->term)option。Isabelle/Pure 内部语法处理同样实现了许多解析翻译函数。如果不使用这些解析翻译函数，由抽象语法树变换为预项的过程是将抽象语法树的常量映射为项常量，抽象语法树的变量根据命名空间映射为项变量或者常量，抽象语法的应用映射为迭代的项应用，其结果仍然是一阶项。未使用解析翻译函数的变换如表 2.5 所示。

表 2.5 未使用解析翻译函数的变换

抽象语法树	预项(pre-term)
Constant "x"	Const("x", dummyT)
Variable "?xi"	Var (("x", i), dummyT)
Variable x	Free("x", dummyT)
Appl[Constant "f", Variable "x", Variable "y"]	Const ("f", "_")$Free ("x", "_") $ Free ("y", "_")
Appl[Constant "_abs", Variable "x", Variable "x"]	Const ("_abs", "_")$Free ("x", "_")$Free ("x", "_")

如果使用解析翻译函数，表中的抽象语法树 Appl[Constant "_abs", Variable "x", Variable "x"]进一步变换为 de-Bruijn 项，即 Abs ("x", "_", Bound 0)。

除了这些翻译函数，Isabelle 的宏也执行翻译变换。宏机制是作用在抽象语法树上的一阶重写系统。抽象语法树经过重写变换为更为规范的抽象语法树。重写系统包括一系列语法翻译规则。翻译规则也称重写规则。其内部存储是两个抽象语法树组成的二元组。如果令 t 是待规范化的抽象语法树，(lhs, rhs)是翻译规则。令 t 的一棵子树为 u。如果 u 是 lhs 的一个实例，称 lhs 匹配 u，那么 u 可以由 rhs 中相应的实例替换，因此重写 t。抽象语法树的规范化过程反复进行，直到不能继续应用任何翻译规则。

3. 类型检查

类型检查作用在预项上。预项可能包含一些限制。该阶段依据证明上下文环境，执行类型推导，得到合适的具体类型或者指出预项中的类型错误。类型检查函数如下，即

```
check_typ: Proof.context -> typ -> typ
check_term: Proof.context -> term -> term
check_prop: Proof.context -> term -> term
check_typs: Proof.context -> typ list -> typ list
check_terms: Proof.context -> term list -> term list
check_props: Proof.context -> term list -> term list
```

表 2.6 和表 2.7 分别给出未经类型检查和类型检查之后的解析结果,后者输出良类型的项。

表 2.6　未经类型检查的解析结果

输入字符串	屏幕输出
f x y	Const ("_type_constraint_", "<position>⇒<position>") $ Free ("f", "_") $ (Const ("_type_constraint_", "<position>⇒<position>") $ Free ("x", "_")) $ (Const ("_type_constraint_", "<position>⇒<position>") $ Free ("y", "_"))
λx. t	Const ("_type_constraint_", "(<position>⇒ _) ⇒<position>⇒ _") $ Abs ("x", "_", Const ("_type_constraint_", "<position>⇒<position>") $ Free ("t", "_"))
%x. t	Const ("_type_constraint_", "(<position>⇒ _) ⇒<position>⇒ _") $ Abs ("x", "_", Const ("_type_constraint_", "<position>⇒<position>") $ Free ("t", "_"))
λx::'a. t	Const ("_type_constraint_", "('a ⇒ _) ⇒ 'a ⇒ _") $ (Const ("_type_constraint_", "(<position>⇒ _) ⇒<position>⇒ _") $ Abs ("x", "_",Const ("_type_constraint_", "<position>⇒<position>") $ Free ("t", "_")))
λx. x	Const ("_type_constraint_", "(<position>⇒ _) ⇒<position>⇒ _") $ Abs ("x", "_", Const ("_type_constraint_", "<position>⇒<position>") $ Bound 0)
t==u	Const ("Pure.eq", "_") $ (Const ("_type_constraint_", "<position>⇒<position>") $ Free ("t", "_")) $ (Const ("_type_constraint_", "<position>⇒<position>") $ Free ("u", "_"))
PROP P ==> PROP Q	Const ("Pure.imp", "_") $ (Const ("_type_constraint_", "prop ⇒ prop") $ (Const ("_type_constraint_","<position>⇒<position>")$Free ("P","_"))) $ (Const ("_type_constraint_", "prop ⇒ prop") $ (Const ("_type_constraint_","<position>⇒<position>")$ Free ("Q", "_")))

续表

输入字符串	屏幕输出
⋀C. PROP C ==> PROP C	Const ("Pure.all", "_") $ (Const ("_type_constraint_", "(<position>⇒ _) ⇒<position>⇒ _") $ Abs ("C", "_", Const ("Pure.imp", "_") $ (Const ("_type_constraint_", "prop ⇒ prop") $ (Const ("_type_constraint_", "<position>⇒<position>")$Bound 0)) $ (Const ("_type_constraint_", "prop ⇒ prop") $ (Const ("_type_constraint_", "<position>⇒<position>")$Bound 0))))

表 2.7 类型检查之后的解析结果

输入字符串	屏幕输出(良类型的项)
f x y	Free ("f", "'a ⇒ 'b ⇒ 'c") $ Free ("x", "'a") $ Free ("y", "'b")
λx. t	Abs ("x", "'a", Free ("t", "'b"))
%x. t	Abs ("x", "'a", Free ("t", "'b"))
λx::'a. t	Abs ("x", "'a", Free ("t", "'b"))
λx. x	Abs ("x", "'a", Bound 0)
λx y z. x	Abs ("x", "'a", Abs ("y", "'b", Abs ("z", "'c", Bound 2)))
t==u	Const ("Pure.eq", "'a ⇒ 'a ⇒ prop") $ Free ("t", "'a") $ Free ("u", "'a")
PROP P ==> PROP Q	Const ("Pure.imp","prop ⇒ prop ⇒ prop") $ Free ("P","prop") $Free ("Q", "prop")
⋀C. PROP C ==> PROP C	Const ("Pure.all", "(prop ⇒ prop) ⇒ prop") $ Abs ("C", "prop", Const ("Pure.imp", "prop ⇒ prop ⇒ prop") $ Bound 0 $ Bound 0)

2.2.5 外部语法分析和 Isar/VM 解释器

Isabelle/ML/Isar 将语法分为内部语法和外部语法两部分。内部语法为 Isabelle/Pure 元逻辑的类型和项等逻辑实体提供具体符号。外部语法处理的是 Isabelle/Isar 理论规范和证明语言。内部语法实体作为一个单独的单词成为外部语法的一部分，由相应的外部语法分析器处理。

Isar 是一种声明式的证明语言。与 Isabelle 早期支持的命令式 apply 风格的证明脚本相比，使用 Isar 语言书写的结构化的证明更贴近人类书写的数学证明，因此 Isar 对机器和人类用户都具有较好的可读性。Isar 秉承 Isabelle/Pure LF 的思想，适用于 Isabelle 的多个目标逻辑，包括 HOL、FOL、ZF、HOLCF。

Isar 证明语言的语法有三类，即证明命令、方法和属性。证明命令包括 fix、assume、show、proof 等。证明方法类似 apply 证明脚本风格中的策略，包括 rule、unfold、simp 等。属性可以视为作用在定理或事实上的注解，按照注解可对定理或事实进行相应的操作，包括 intro 和 symmetric 等。

Isar 证明语言包括以下核心语法，即

```
proof        ::=  proof method? statement* qed
              |   by method
statement    ::=  fix variables
              |   assume propositions
              |   (from fact*)? (show | have) propositions proof
propositions ::=  (label:)? string
fact         ::=  label
```

method 是证明方法。命令 proof 的缺省证明方法是 rule，自动地根据待证明目标选择一个推理规则；命令 qed 的缺省证明方法是–，表示不使用任何证明方法，保持待证明目标不变。

命令 fix 引入新的本地变量；assume 引入假定；have 是证明过程中出现的命题；命令 show 代表结论。

propositions 是命名的公式，这些名字可以出现在之后的 from 子句中，作为 fact。这些名字还可以与 OF 和 of 组合，形成新的公式作为 fact。Isar 提供预定义名 this，指代前一步证明过程中证明的命题。

虽然 Isar 证明比 apply 风格的证明更可读，但是有时候 apply 风格的证明更易于书写。结构化的 Isar 证明要求用户对待证明目标具有很好地理解。如果用户在开始并不清楚证明的结构，可以先尝试使用 apply 风格的脚本进行证明。

1. 外部语法分析和解释

外部语法的单词具有 ML 类型 T，即

```
datatype T = Token of (Symbol_Pos.text * Position.range) * (kind * string) * slot
    and slot = Slot |
               Value of value option |
               Assignable of value option Unsynchronized.ref
    and value = Source of T list |
                Literal of bool * Markup.T |
                Name of name_value * morphism |
                Typ of typ |
                Term of term |
                Fact of string option * thm list |
                Attribute of morphism -> attribute |
                Declaration of declaration |
                Files of file Exn.result list
```

其中，kind 是单词的类别，即

```
datatype kind = Command | Keyword | Ident | Long_Ident | Sym_Ident | Var | Type_Ident | Type_Var |
            Nat | Float | Space |   String | Alt_String | Verbatim | Cartouche |
            Comment of Comment.kind option | Error of string | EOF
```

外部语法分析和解释由函数 parse_text 完成，返值类型是 Toplevel. transition list，即

```
arse_text: theory -> (unit -> theory) -> Position.T -> string -> Toplevel.transition list
fun parse_text thy init pos text =
  Symbol_Pos.explode (text, pos)
  |> Token.tokenize (Thy_Header.get_keywords thy) {strict = false}
  |> parse_spand
  |> map (Command_Span.content #> parse_span thy init);
```

其中，Token.tokenize 完成词法分析，即

```
tokenize: Keyword.keywords -> {strict: bool} -> Symbol_Pos.T list -> T list
fun tokenize keywords strict syms = Source.of_list syms |>
                                   make_source keywords strict |>
                                   Source.exhaust
```

函数 tokenize 按照给定的外部语法关键字，扫描输入字符串，取最长的前缀形成每个合法的外部单词。tokenize 首先调用 Source.of_list 函数，将输入变换为一个高效的纯函数式输入流。高效的纯函数式输入流也应用在接下来的语法分析和解释过程中。它的内部表示具有 ML 类型 source，即

```
datatype ('a, 'b) source = Source of {buffer: 'a list, info: 'b, drain: 'b -> 'a list * 'b}
```

词法分析完成后，再调用 Source.exhaust 函数取出结果中的单词，进而形成单词列表。例如，对于一个空理论文件(theory myTest imports Main begin end)，词法分析结果为

```
[ Token (("theory", ({}, {})), (Command, "theory"), Slot),
  Token ((" ", ({}, {})), (Space, " "), Slot),
  Token (("myTest", ({}, {})), (Ident, "myTest"), Slot),
  Token ((" ", ({}, {})), (Space, " "), Slot),
  Token (("imports", ({}, {})), (Keyword, "imports"), Slot),
  Token ((" ", ({}, {})), (Space, " "), Slot),
  Token (("Main", ({}, {})), (Ident, "Main"), Slot),
  Token ((" ", ({}, {})), (Space, " "), Slot),
  Token (("begin", ({}, {})), (Keyword, "begin"), Slot),
  Token ((" ", ({}, {})), (Space, " "), Slot),
```

```
Token (("end", ({}, {})), (Command, "end"), Slot) ]
```

输入字符串转化为单词列表后，由 Isar/VM 解释执行，首先执行函数 parse_spans，即

```
parse_spans: Token.T list -> Command_Span.span list
parse_spans toks = fold parse toks ([], [], []) |> flush |> rev
```

其中

```
datatype span = Span of knid *Token.T list.
fun parse tok (result, content, ignored) =
  if Token.is_ignored tok then (result, content, tok :: ignored)
  else if Token.is_command_modifier tok orelse
    Token.is_command tok andalso
      (not (exists Token.is_command_modifier content)
          orelse exists Token.is_command content)
  then (flush (result, content, ignored), [tok], [])
  else (result, tok :: (ignored @ content), []);
in
fun parse_spans toks = fold parse toks ([], [], []) |> flush |> rev;
        fun flush (result, content, ignored) =
          result
          |> not (null content) ? ship (rev content)
          |> not (null ignored) ? ship (rev ignored);
```

接下来执行 parse_span 函数，即

```
fun parse_span thy init span =
 let
   val range = Token.range_of span;
   val core_range = Token.core_range_of span;
   val markers = map Token.input_of (filter Token.is_document_marker span);
   fun parse () =
     filter Token.is_proper span
     |> Source.of_list
     |> Source.source Token.stopper (Scan.bulk (fn xs => Parse.!!! (parse_command
        thy markers) xs))
     |> Source.exhaust;
 in
```

```
    (case parse () of
        [tr] => Toplevel.modify_init init tr
        | [] => Toplevel.ignored (#1 range)
        | _ => Toplevel.malformed (#1 core_range) "Exactly one command expected")
    handle ERROR msg => Toplevel.malformed (#1 core_range) msg
  end;
```

parse_span 首先调用 filter 函数去除空格单词和注释单词，然后调用 Source.of_list 函数，将单词列表变换为一个高效的纯函数式输入流。该输入流的类型是(T, Tlist) source，其中 drain = (fnxs => (xs,[]))，类型是 Token.Tlist ->Token.T list*Token.T list。接下来由函数 parse_command 产生一个空变迁。parse_command 按照不同类型的命令调用相应的分析器进行分析解释，执行相应的状态变迁，可由顶层状态进入证明状态，进而变换得到更新的输入流。其类型为(transition, (T, T list)source)source，其中 drain 的类型变为(T, T list) source ->transition * (T, T list) source。最后，调用 Source.exhaust 函数得到的结果类型为 transition list。

因此，外部语法的分析解释过程由一系列状态变迁组成。Isar 虚拟机解释器将命令解释为合适的变迁变换器。这些变迁变换器将虚拟机状态与作用在状态上的操作相关联，包括以下函数，即

```
keep: (state -> unit) -> transition -> transition
theory: (theory -> theory) -> transition -> transition
proofs: (Proof.state -> Proof.state Seq.result Seq.seq) -> transition -> transition
proof: (Proof.state -> Proof.state) -> transition -> transition
end_proof: (bool -> Proof.state -> Proof.context) -> transition -> transition
```

2. Isar/VM 虚拟机

使用 Isar 语言书写的理论源文件可视为由命令组成的序列。每个理论文件始于理论头 theory，初始虚拟机状态为空(Toplevel)。在理论文件体中，可以使用命令 definition 书写定义，datatype 定义递归数据类型，primrec 或 fun 定义递归函数，也可以使用 theorem 或者 lemma 声明待证明的定理。theory、definition、datatype、primrec、fun、theorem、lemma 都称为理论命令。当执行 definition 或 fun 这类命令时，此时状态改变到理论模式状态。虚拟机状态的改变称为变迁。当执行 theorem 或 lemma 这类理论命令时，虚拟机状态进一步改变，状态处于证明模式。证明完成后，虚拟机状态变迁回到理论模式。当执行理论命令 end 到达理论文件尾时，返回空顶层状态。因此，虚拟机状态随着理论体内命令的执行而发生变迁，Isabelle/Isar 因多线程 Isabelle/ML 支持并发状态变迁。

Isar 虚拟机状态具有 ML 类型 Toplevel.state，即

```
datatype state = State of node_presentation * theory option
```

其中

```
datatype node =
    Toplevel |
    Theory of generic_theory |
    Proof of Proof_Node.T * ((Proof.context -> generic_theory) * generic_theory) |
    Skipped_Proof of int * (generic_theory * generic_theory);
type node_presentation = node * Proof.context;
fun init_presentation () =
    Proof_Context.init_global (Theory.get_pure_bootstrap ());
fun node_presentation node =
  (node, cases_node init_presentation Context.proof_of Proof.context_of node)
```

其中，Proof_Node.T 的定义为

```
datatype T = Proof_Node of  (Proof.state * Proof.state Seq.seq) * int
```

Isar 状态变迁由作用在虚拟机状态上的偏函数、证明命令名等用于诊断的额外信息组成，具有 ML 类型 transition，即

```
datatype transition = Transition of { name: string,
                                      pos: Position.T,
                                      markers: Input.source list,
                                      timing: Time.time,
                                      trans: trans list}
```

其中，name 为命令名；trans 为作用在状态上的操作，具有 ML 类型 trans 为

```
datatype trans = Init of unit -> theory |
          Exit |
          Keep of bool -> state -> unit |
          Transaction of (bool -> node -> node_presentation) * (state -> unit)
```

trans 代表的操作依次执行，直到第一个执行成功。

当虚拟机状态处于证明模式下时，随着证明命令的执行，证明状态发生改变。证明状态具有 ML 类型的 Proof.state，即

```
datatype state =
    State of node Stack.T
and node = Node of
    {context: context,
     facts: (thm list * bool) option,
```

```
        mode: mode,
        goal: goal option}
    and goal = Goal of
        {statement: (string * Position.T) * term list list * term,
        using: thm list,
        goal: thm,
        before_qed: Method.text option,
        after_qed:
          (context * thm list list -> state -> state) *
          (context * thm list list -> context -> context)};
```

其中，**datatype** mode = Forward | Chain | Backward。

证明模式决定下一步状态变迁是前向推理，还是后向推理，或者是事实链的中间阶段推理。Forward、Chain 和 Backward 三种模式对应的名称分别为 state、chain 和 prove。Isar/VM 证明模式的转化如图 2.5 所示。

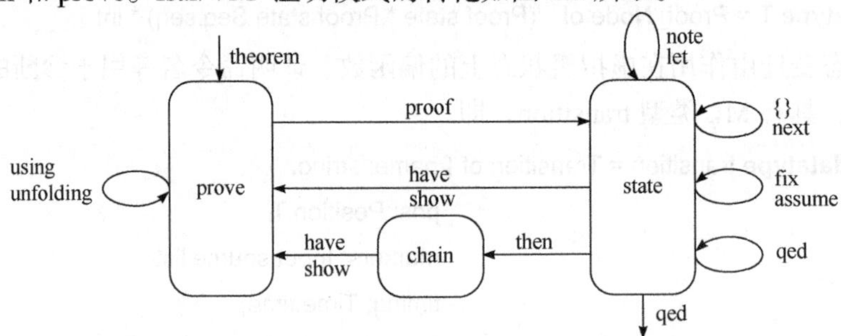

图 2.5　Isar/VM 证明模式的转化

因此，执行 theorem 或 lemma 命令将进入证明状态的 prove 模式。如果执行证明命令 proof，证明状态进入 state 模式。在 state 模式下，Isar 可视为一个数学证明编辑器，接受诸如 fix、assume、have、show 等证明命令。如果在 state 模式下执行证明命令 then，证明状态将进入 chain 模式，表示选择了已存在的事实或定理用于接下来的证明。在 state 模式和 chain 模式下，如果执行证明命令 have 或 show，将回到 prove 模式。在 prove 模式下，可以使用 unfolding 或 proof 对待证明目标进行推理。在 state 模式下执行 qed 证明命令，返回上一层证明的 state 模式。一个理论文件 X 和 Isar 虚拟机解释执行理论文件时的状态如下。

```
theory X
imports Main
begin
    --Isar 虚拟机处于理论模式状态
```

```
inductive star :: "('a ⇒ 'a ⇒ bool) ⇒ 'a ⇒ 'a ⇒ bool"   for r where
refl:   "star r x x" |
step:   "r x y ⟹ star r y z ⟹ star r x z"

lemma r2star : "r x y ⟹ star r x y"
--Isar 虚拟机处于证明模式状态
    proof –
    ----证明状态处于 state 模式：["proof (state)", "goal (1 subgoal):", " 1. r x y ⟹ star r x y"]
    assume ass:"r x y"
    ----证明状态处于 state 模式：["proof (state)", "this: r x y", "", "goal (1 subgoal):", " 1.
      r x y ⟹ star r x y"]
    have "star r y y"
    ----证明状态处于 prove 模式：["proof (prove)", "goal (1 subgoal):", " 1. star r y y"]
    by (simp only:refl)
    ----证明状态处于 state 模式：["proof (state)", "this: star r y y", "", "goal (1 subgoal):",
      " 1. r x y ⟹ star r x y"]
    with ass
    ----证明状态处于 chain 模式：["proof (chain)", "picking this: r x y   star r y y"]
    show ?thesis
    ----证明状态处于 prove 模式：["proof (prove)", "using this:   r x y    star r y y", "",
      "goal (1 subgoal):", " 1. star r x y"]
      by (simp only: step)
    ----证明状态处于 state 模式：["proof (state)", "this: star r x y", "", "goal:", "No subgoals!"]
      qed
--Isar 虚拟机返回理论模式状态
end
```

2.3　Isabelle/HOL 的开发和实现

Isabelle/HOL 是当前广泛使用的一个目标逻辑，可以理解为简单类型版的经典集合论。从用户的观点看，该目标逻辑可以理解为函数式编程和逻辑的结合，编程语言类似于 Haskell。许多有关安全协议、数学、编程语言和系统验证等领域的正确性问题都可以在 Isabelle/HOL 中描述和定义，并得到证明。

2.3.1　Isabelle/HOL 核心逻辑

实现 Isabelle/HOL 时，不再需要处理内部语法分析和转换，以及外部语法的分析和解释执行，也不需要从头定义逻辑演算，只需增加新的类型和常量表达目标逻辑的语法，增加新的公理表达目标逻辑的推理规则等，定义该目标逻辑特有的逻辑成分。这恰好体现了元逻辑设计和实现的益处，使目标逻辑的开发和实现变得相对容易。

在 Isabelle/HOL 核心语法的定义中，函数、公式、类型变量等类型都属于通用类型类 term，函数的类型记为 $\sigma \Rightarrow \tau$。Isabelle/HOL 目标逻辑通过 judgment Trueprop 嵌入在 Isabelle/Pure 元逻辑框架中，因此 P 的内部表示是 Trueprop P。其表达的意思是，P 在目标逻辑中是可推理得到的。公理化的蕴含联结词及其引入和消除规则为

```
implies :: [bool, bool] ⇒ bool (infixr "⟶" 25)
impI: (P ⟹ Q) ⟹ P ⟶ Q
mp: ⟦P ⟶ Q; P⟧ ⟹ Q
```

可以看出，Isabelle/Pure 元逻辑中蕴含联结词符号是⟹，在 Isabelle/HOL 中是⟶。公理化的相等符号是=，包括以下相关的公理化规则，即

```
refl: t = (t::'a)
subst: s = t ⟹ P s ⟹ P t
ext: (⋀x::'a. (f x ::'b) = g x) ⟹ (λx. f x) = (λx. g x)
the_eq_trivial: (THE x. x = a) = (a::'a)
```

利用基本联结词⟶和=，使用 Isabelle/Pure 元逻辑层的相等(≡)，Isabelle/HOL 增加了许多如下新的定义，即

```
True :: bool                                   True ≡ ((λx::bool. x) = (λx. x))
All :: ('a ⇒ bool) ⇒ bool   (binder "∀" 10)    All P ≡ (P = (λx. True))
Ex :: ('a ⇒ bool) ⇒ bool   (binder "∃" 10)     Ex P ≡ ∀Q. (∀x. P x ⟶ Q) ⟶ Q"
False :: bool                                  False ≡ (∀P. P)
Not :: bool ⇒ bool   ("¬ _" [40] 40)           not_def: ¬ P ≡ P ⟶ False
conj :: [bool, bool] ⇒ bool   (infixr "∧" 35)  and_def: P ∧ Q ≡ ∀R. (P ⟶ Q ⟶ R) ⟶ R
disj :: [bool, bool] ⇒ bool   (infixr "∨" 30)  or_def: P ∨ Q ≡ ∀R. (P ⟶ R) ⟶ (Q ⟶ R) ⟶ R
Ex1 :: ('a ⇒ bool) ⇒ bool                      Ex1 P ≡ ∃x. P x ∧ (∀y. P y ⟶ y = x)
If :: bool ⇒ 'a ⇒ 'a ⇒ 'a                      If P x y ≡ (THE z::'a. (P = True ⟶ z = x)∧(P = False
                                               ⟶ z = y))
Let :: 'a ⇒ ('a ⇒ 'b) ⇒ 'b                     Let s f ≡ f s

comp :: ('b ⇒ 'c) ⇒ ('a ⇒ 'b) ⇒ 'a ⇒ 'c        f ∘ g = (λx. f (g x))
(infixl "∘" 55)
Least ::('a ⇒ bool) ⇒ 'a" (binder "LEAST" 10)  Least P = (THE x. P x ∧ (∀y. P y ⟶ x ≤ y))
```

其中，全称量词和存在量词也支持证明助手 HOL 系统的符号，即!和?，当?表示一个存在量词符号时，后面需要一个空格；If 和 Least 的定义使用确定性描述符 ι，Isabelle 使用 THE 代表希腊字母 ι。

公理化的规则 True_or_False 使 Isabelle/HOL 的底层逻辑成为经典逻辑，即

```
True_or_False: (P = True) ∨ (P = False)
```

Isabelle/HOL 也支持 Hilbert 非确定性描述符 ε(Isabelle 使用 SOME 代表希腊字母 ε)。公理化的 Eps 定义 ε 运算符的属性，即

```
axiomatization Eps :: ('a ⇒ bool) ⇒ 'a   where someI: P x ⟹ P (Eps P)
```

但是，推理规则 some_equality 可能更易于在证明中使用，即

```
some_equality [intro]: P a ⟹ (⋀x. P x ⟹ x = a) ⟹ (SOME x. P x) = a
```

Isabelle/HOL 预定义的类型包括积类型、和类型、自然数(nat)、整数(int)、实数(real)、列表(αlist)等。其中积类型与和类型的定义为

```
definition Sigma :: 'a set ⇒ ('a ⇒ 'b set) ⇒ ('a × 'b) set
  where Sigma A B ≡ Ux∈A. Uy∈B x. {Pair x y}
abbreviation Times :: 'a set ⇒ 'b set ⇒ ('a × 'b) set (infixr "×" 80)
  where A × B ≡ Sigma A (λ_. B)
definition Inl_Rep :: 'a ⇒ 'a ⇒ 'b ⇒ bool ⇒ bool
  where "Inl_Rep a x y p ↔ x = a  ∧  p"
definition Inr_Rep :: 'b ⇒ 'a ⇒ 'b ⇒ bool ⇒ bool
  where Inr_Rep b x y p ↔ y = b  ∧  ¬ p
definition sum = {f. (∃a. f = Inl_Rep (a::'a))  ∨  (∃b. f = Inr_Rep (b::'b))}
```

自然数、整数、实数都是类型类 ord 的实例。Isabelle/HOL 定义了作用在这些数值类型上的 plus、minus 和 times 等语法的类型类，允许运算符+、-、*等运算的重载；zero 也是一个类型类，允许常量 0 的重载，用于自然数 0、整数 0，以及实数 0。这些类型类的定义为

```
class ord = fixes less_eq :: 'a ⇒ 'a ⇒ bool and less :: 'a ⇒ 'a ⇒ bool
class plus = fixes plus :: 'a ⇒ 'a ⇒ 'a   (infixl "+" 65)
class minus = fixes minus :: 'a ⇒ 'a ⇒ 'a   (infixl "-" 65)
class times = fixes times :: 'a ⇒ 'a ⇒ 'a   (infixl "*" 70)
class zero = fixes zero :: 'a   ("0")
```

列表类型是使用 datatype 定义的归纳数据类型，在理论文件 List.thy 中定义，可以实现许多有用的列表操作，包括 hd、tl、map、last、take、drop 等。列表类型定义为

```
datatype (set: 'a) list = Nil ([]) | Cons (hd: 'a) (tl: 'a list) (infixr # 65) for map: map
        rel: list_all2
        pred: list_all where tl [] = []
```

2.3.2 Isabelle/HOL 推理规则

利用 refl、subst、ext、impI、mp、someI、True_or_False 等公理化规则，可以实现许多新的推理规则。例如，推理规则 sym 和 ssubst，即

```
lemma sym: "s = t ⟹ t = s" by (erule subst) (rule refl)
lemma ssubst: "t = s ⟹ P s ⟹ P t" by (drule sym) (erule subst)
```

sym 可以通过使用 erule 证明方法，利用规则 refl 得到证明；ssubst 可以通过使用 drule 证明方法，利用规则 subst 得到证明。Isabelle/HOL 实现的相等、命题逻辑、量词、描述符和条件的推理规则如下，其中 $x \neq y \equiv \neg (x = y)$。

(1) 相等。

sym	s = t ⟹ t = s
ssubst	t = s ⟹ P s ⟹ P t
trans	⟦r = s; s = t⟧ ⟹ r = t
box_equals	⟦a = b; a = c; b = d⟧ ⟹ c = d
fun_cong	(f :: 'a ⇒ 'b) = g ⟹ f x = g x
arg_cong	x = y ⟹ f x = f y
cong	⟦f = g; (x::'a) = y⟧ ⟹ f x = g y
not_sym	t ≠ s ⟹ s ≠ t

(2) 命题逻辑以及量词和描述符。

TrueI	TrueI
FalseE	False ⟹ P
notI	(P ⟹ False) ⟹ ¬ P
notE	⟦¬ P; P⟧ ⟹ R
impE	⟦ P ⟶ Q; P; Q ⟹ R ⟧ ⟹ R
disjE	⟦P ∨ Q; P ⟹ R; Q ⟹ R⟧ ⟹ R
disjI1	P ⟹ P ∨ Q
disjI2	Q ⟹ P ∨ Q
conjI	⟦P; Q⟧ ⟹ P ∧ Q
conjunct1	⟦P ∧ Q⟧ ⟹ P
conjunct2	⟦P ∧ Q⟧ ⟹ Q
conjE	⟦ P ∧ Q ; ⟦P; Q⟧ ⟹ R ⟧ ⟹ R
spec	∀x::'a. P x ⟹ P x

allE　$[\![\forall x.\ P\ x;\ P\ x \Longrightarrow R]\!] \Longrightarrow R$

all_dupE　$[\![\forall x.\ P\ x;\ [\![P\ x;\ \forall x.\ P\ x]\!] \Longrightarrow R\ ]\!] \Longrightarrow R$

allI　$[\![\bigwedge x{::}'a.\ P\ x]\!] \Longrightarrow \forall x.\ P\ x$

exE　$[\![\exists x{::}'a.\ P\ x;\ \bigwedge x.\ P\ x \Longrightarrow Q]\!] \Longrightarrow Q$

exI　$P\ x \Longrightarrow \exists x{::}'a.\ P\ x$

ex1E　$[\![\exists!x.\ P\ x;\ \bigwedge x.\ [\![P\ x;\ \forall y.\ P\ y \longrightarrow y = x]\!] \Longrightarrow R]\!] \Longrightarrow R$

ex1I　$[\![P\ a;\ \bigwedge x.\ P\ x \Longrightarrow x = a]\!] \Longrightarrow \exists!x.\ P\ x$

some_equality　$P\ a \Longrightarrow (\bigwedge x.\ P\ x \Longrightarrow x = a) \Longrightarrow (\mathrm{SOME}\ x.\ P\ x) = a$

(3) 条件。

if_P　$P \Longrightarrow (\mathrm{if}\ P\ \mathrm{then}\ x\ \mathrm{else}\ y) = x$

if_not_P　$\neg P \Longrightarrow (\mathrm{if}\ P\ \mathrm{then}\ x\ \mathrm{else}\ y) = y$

if_split　$P\ (\mathrm{if}\ Q\ \mathrm{then}\ x\ \mathrm{else}\ y) = ((Q \longrightarrow P\ x) \wedge (\neg Q \longrightarrow P\ y))$

if_split_asm　$P\ (\mathrm{if}\ Q\ \mathrm{then}\ x\ \mathrm{else}\ y) = (\neg ((Q \wedge \neg P\ x) \vee (\neg Q \wedge \neg P\ y)))$

Isabelle/HOL 实现的是经典逻辑。经典逻辑的双否、排中律，以及一些相关推理规则如下，即

classical　$(\neg P \Longrightarrow P) \Longrightarrow P$

ccontr　$(\neg P \Longrightarrow \mathrm{False}) \Longrightarrow P$

disjCI　$(\neg Q \Longrightarrow P) \Longrightarrow P \vee Q$

excluded_middle　$\neg P \vee P$

iffCE　$[\![P = Q;\ [\![P;\ Q]\!] \Longrightarrow R;\ [\![\neg P;\ \neg Q]\!] \Longrightarrow R]\!] \Longrightarrow R$

exCI　$(\forall x.\ \neg P\ x \Longrightarrow P\ a) \Longrightarrow \exists x.\ P\ x$

impCE　$[\![\ P \longrightarrow Q;\ \neg P \Longrightarrow R;\ Q \Longrightarrow R]\!] \Longrightarrow R$

notnotD　$\neg\neg P \Longrightarrow P$

swap¬　$P \Longrightarrow (\neg R \Longrightarrow P) \Longrightarrow R$

2.3.3 Isabelle/HOL 高级定义性机制

1. Isabelle/HOL 的归纳数据类型

原则上讲，定理证明工具只要实现了逻辑就可以使用，但是在实际应用中需要更多扩展，支持高级的定义性机制(definitional mechanisms)特别重要。在这种机制下，用户编写相对简单的定义性代码，定理证明工具将自动生成相应的属性定理和规则。Isabelle/HOL 的一个重要定义性机制是通过 datatype 支持归纳数据类型的定义。Isar/VM 使用 parse_co_datatype_cmdLeast_FPconstruct_lfp 对命令 datatype 进行分析解释。datatype 定义为

$$
\begin{aligned}
\textbf{datatype}\ ('a_1,\cdots,'a_n)\ t = \ & C_1\ \tau_{1,1}\ \cdots\ \tau_{1,n1} \\
& |\ \cdots \\
& |\ C_k\ \tau_{k,1}\ \cdots\ \tau_{k,nk}
\end{aligned}
$$

其中，$'a_i$ 为类型变量；C_i 为类型构造器名；$\tau_{i,j}$ 是类型，可以包含类型变量 $'a_i$，每个类型构造器 C_i 的类型是 $\tau_{i,1}\Rightarrow\cdots\Rightarrow\tau_{i,ni}\Rightarrow('a_1,\cdots,'a_n)\ t$。

每个构造器函数满足两个性质，即相异性和单射性。

(1) 相异性。如果 $i\neq j$，那么 $C_i\neq C_j$。

(2) 单射性。$(C_i\ x_1\ \cdots\ x_{ni}=C_i\ y_1\ \cdots\ y_{ni})=(x_1=y_1\wedge\cdots\wedge x_{ni}=y_{ni})$。

这两个性质保证了类型 t 的值具有唯一性，在证明时将由证明方法 auto 等自动应用。

使用 datatype 定义的数据类型具有结构化归纳规则。为了证明 P x 成立，其中 x 的类型是 $('a_1, 'a_2,\cdots,'a_n)\ t$，需要证明，对于所有 j，假定 $P(x_j)$ 成立，那么对于所有 i，$P(C_ix_1\cdots\ x_{ni})$ 成立。归纳规则必须在证明时显式应用。

下面使用 datatype 自定义一个列表类型 'a mylist，即

datatype 'a mylist = Nil | Const 'a 'a mylist

因此，列表 mylist 对应的相异性、单射性和归纳规则分别是 mylist.distinct、mylist.inject 和 mylist.induct，即

```
mylist.distinct:
mylist.Nil ≠ Const ?x21.0 ?x22.0
Const ?x21.0 ?x22.0 ≠ mylist.Nil

mylist.inject:
(Const ?x21.0 ?x22.0 = Const ?y21.0 ?y22.0) = (?x21.0 = ?y21.0 ∧ ?x22.0 = ?y22.0)

mylist.induct:
?P mylist.Nil ⟹ (⋀x1 x2. ?P x2 ⟹ ?P (Const x1 x2)) ⟹ ?P ?mylist
```

通常，归纳规则可以记为

$$\frac{P(Nil)\qquad \bigwedge x\ xs.\ P(xs)\Rightarrow P(Const\ x\ xs)}{P(xs)}$$

2. Isabelle/HOL 递归函数

Isabelle/HOL 支持的另一个重要的定义性机制是 primrec、fun 和 function，它们都用来定义递归函数。其中，primrec 代表简单递归，大多数定义在 datatype 上

的函数都是这类简单递归函数，它们在 datatype 构造器上进行模式匹配。Isar/VM 主要使用 rec_option_parser 对命令 primrec 进行分析解释，使用 function_parser fun_config>> (fn (config, (fixes, specs)) => add_fun_cmd fixes specs config)对命令 fun 进行分析解释，使用 function_parser default_config>> (fn (config, (fixes, specs)) =>function_cmd fixes specs config)对命令 functopm 进行分析解释。

设简单递归函数 f 对应的递归等式形如 $f\,x_1\cdots\ (Cy_1\cdots\ y_k)\ \cdots\ x_n = r$，其中 x_1，x_2，…，x_n 是非 datatype 的参数，r 中的递归调用 f 形如 $f\ \cdots\ y_i\ \cdots$。这些等式自动地声明为简化规则。每次调用 f 时，datatype 类型的参数逐次变小，因此 Isabelle 可以判断递归调用 f 总会终止。以下是定义在 mylist 上的递归函数 snoc，即

```
primrec snoc :: 'a mylist ⇒ 'a ⇒ 'a mylist where
  snoc Nil y = (Const y Nil) |
  snoc (Const x xs) y = Const x (snoc xs y)
```

因此，snoc 函数对应的递归等式是 snoc.simps，包括以下两个等式，即

```
snoc mylist.Nil ?y = Const ?y mylist.Nil
snoc (Const ?x ?xs) ?y = Const ?x (snoc ?xs ?y)fun l
```

使用 primrec 定义的递归函数可以使用 fun 进行定义。但是，fun 还可以定义更通用的一类递归函数。例如

```
fun last :: 'a mylist ⇒ 'a where
  last (Const x Nil) = x |
  last (Const _ (Const y zs)) = last (Const y zs)
```

函数 last 不是简单递归的，因为它并不按照 mylist 的构造器(Nil 和 Const)进行模式匹配。因此，不能将 fun 替换为 primrec。fun 定义的递归函数不必书写所有构造器的模式匹配等式。例如，last 的定义中没有 lastNil 对应的等式。fun 递归函数也可以使用通配符，如_。从 last 的定义可以看出，由于每次递归调用的参数仍然会逐次变小，Isabelle 仍会自动确定 last 的终止性。

Isabelle 能够自动证明所有由 fun 定义产生的证明子目标。这些证明子目标表达 fun 函数模式匹配的完备性和兼容性。如果 Isabelle 不能自动证明由 fun 定义产生的证明子目标，在保证定义没有错误的情况下，需要手工处理这些证明子目标。首先，将 fun 替换为 function。例如，sum1 函数定义为

```
function sum1 :: nat ⇒ nat ⇒ nat where
  sum1 i N = (if i > N then 0 else i + sum1 (Suc i) N)
```

此时，将产生两个证明子目标，即

```
goal (2 subgoals):
```

```
⋀P x. (⋀i N. x = (i, N) ⟹ P) ⟹ P
⋀i N ia Na.
    (i, N) = (ia, Na) ⟹
    (if N < i then 0 else i + sum1_sumC (Suc i, N)) =
    (if Na < ia then 0 else ia + sum1_sumC (Suc ia, Na))
```

这类证明子目标通常可以由两个标准证明方法 pat_completeness 和 auto 得到证明。因此，by pat_completeness auto 可以完成函数 sum1 的定义，即

```
function sum1 :: nat ⇒ nat ⇒ nat where
  sum1 i N = (if i > N then 0 else i + sum1 (Suc i) N)
  by pat_completeness auto
```

Isabelle 的自动终止证明器基于参数的大小(size)。自然数的大小是自然数本身值的大小，列表的大小是列表的长度。Isabelle 判定递归函数的合法性，重点在于它能够保证终止性，即参数的大小在每次递归调用后会变小。终止性证明可用 termination 命令，通常可用标准证明方法 lexicographic_order 得到证明。但是，在函数 sum1 中，使用 termination by lexicographic_order 将失败。这是因为在 sum1 的定义中，参数 i 或者 N 都不在递归调用中按照标准的大小顺序逐渐变小。但是，函数 sum1 的确是会终止的。这种终止体现在每次递归调用时 i 和 N 的差值会变小(而不是 i 或 N 在递归调用中变小)。Isabelle 提供 relation 证明方法解决终止性证明问题。relation 证明方法携带类型为('a × 'a)set 的参量，指定合适的逐渐变小关系，其中'a 是函数的参数类型。当函数具有多个参数时，所有参数组装在一个元组中。使用函数 measure :: ('a ⇒ nat) ⇒ ('a × 'a)set 获得该参量。Isabelle/HOL 在 HOL/WellFounded.thy 理论文件定义 measure，即

```
definition measure :: ('a ⇒ nat) ⇒ ('a × 'a) set
  where measure = inv_image less_than
```

因此，函数 sum1 的完整定义为

```
function sum1 :: nat ⇒ nat ⇒ nat where
  sum1 i N = (if i > N then 0 else i + sum1 (Suc i) N)
  by pat_completeness auto
termination sum1
apply (relation "measure (λ(i, N). N + 1 - i)")
by auto
```

现在可以得到函数 sum1 的等式 sum1.simps 和归纳规则 sum1.induct，即

```
sum1.simps:
  sum1 ?i ?N = (if ?N < ?i then 0 else ?i + sum1 (Suc ?i) ?N)
```

```
sum1.induct:
    (⋀i N. (¬ N < i ⟹ ?P (Suc i) N) ⟹ ?P i N) ⟹ ?P ?a0.0 ?a1.0
```

函数 sum1 的终止关系相对简单，有些函数的终止关系可能使用组合。例如，在函数 foo 的定义中，指定的终止关系是 measures[λ(i, N). N, λ(i, N). N +1–i]，即

```
function foo :: nat ⇒nat ⇒ nat where
  foo i N = (if i > N
             then (if N = 0
                   then 0
                   else foo 0 (N – 1))
             else i + foo (Suc i) N)
by pat_completeness auto
termination foo
apply (relation "measures [λ(i, N). N, λ(i, N). N + 1 – i]")
  by auto
```

3. Isabelle/HOL 归纳定义的谓词

归纳定义的谓词(简称归纳谓词)inductive/coinductive 也是非常重要的定义性机制。下面给出一个使用 inductive 定义的例子，即

```
inductive ev :: nat ⇒ bool where
  ev0: ev 0 |
  evSS: ev n ⟹ ev(Suc(Suc n))
```

归纳谓词 ev 定义偶数：规则 ev0 定义“自然数 0 为偶数”，规则 evSS 定义“如果 n 是偶数，那么 Suc(Suc n)也是偶数”。只有通过基本步和归纳步才可能得到自然数 m，使 ev m 为真，即 m 是偶数。

每个归纳谓词都有一个相应的归纳规则，因此 ev 相应的归纳规则是 ev.induct，即

```
ev ?x ⟹ ?P 0 ⟹ (⋀n. ev n ⟹ ?P n ⟹ ?P (Suc (Suc n))) ⟹ ?P ?x
```

利用 ev.induct，可以证明归纳谓词 ev 满足的一些性质。首先，给出使用 fun 定义的递归函数 even，即

```
fun even :: nat ⇒ bool where
  even 0 = True |
  even (Suc 0) = False |
  even (Suc (Suc n)) = even n
```

函数 even 也定义了偶数，对应的归纳规则为

?P 0 ⟹ ?P (Suc 0) ⟹ (⋀n. ?P n ⟹ ?P (Suc (Suc n))) ⟹ ?P ?a0.0

现在准备证明归纳谓词 ev 和递归函数 even 的定义是等价的，即如果 ev m 为真，那么 even m 也为真，反之也成立。因此，需要证明以下两个定理，即

```
lemma "ev m ⟹ even m"
lemma "even m ⟹ ev m"
```

对于第一个定理，首先应用归纳规则 ev.induct 进行归纳证明，即

```
apply (induct rule: ev.induct)
```

该证明脚本将产生两个证明子目标，即

```
goal (2 subgoals):
even 0
⋀n. ev n ⟹ Scratch.even n ⟹even (Suc (Suc n))
```

第一个子目标通过函数 even 的等式 even.simps(1)，即 even 0 = True 得到证明。第二个子目标通过函数 even 的等式 even.simps(3)，即 even (Suc (Suc ?n)) = even ?n 得到证明。因此，这两个证明子目标都可以通过 simp 证明方法得证，even.simps 自动应用到 Isabelle/HOL 的简化证明方法，因此剩下的证明应用两步 simp 证明方法完成，写为 by simp+。

接下来，证明第二个定理。首先，应用归纳规则 even.induct 进行归纳证明，即

```
apply(induct rule: even.induct)
```

该证明脚本将产生三个证明子目标，即

```
goal (3 subgoals):
even 0 ⟹ ev 0
even (Suc 0) ⟹ ev (Suc 0)
⋀n. (even n ⟹ ev n) ⟹even (Suc (Suc n)) ⟹ ev (Suc (Suc n))
```

第一个子目标通过 even.simps(1)和 ev0 得到证明。第二个子目标通过 even.simps(2)和 ev0 得到证明。第三个子目标通过 even.simps(3)和 evSS 得到证明。由于 even.simps 自动应用到 Isabelle/HOL 的简化方法，因此剩下的证明可以写为 by (simp add:ev0 evSS)+。

2.3.4　Isabelle/HOL 证明工具

Isabelle/HOL 支持许多用于证明的工具。sledgehammer 在当前证明子目标上应用一阶自动定理证明器，支持的一阶自动定理证明器包括 E[23]、SPASS 和 Vampire。这些自动定理证明器可以本地运行，也可以通过 SystemOnTPTP Web 服务[24]远程运行。例如，以下使用 sledgehammer 证明与列表有关的子目标，即

```
lemma ⟦xs @ ys = ys @ xs; length xs = length ys⟧ ⟹ xs = ys
  sledgehammer
```

sledgehammer 将给出如下输出信息(部分)，即

```
Proof found...
"cvc4": Try this: using append_eq_append_conv by blast (0.0 ms)
"z3": Try this: using append_eq_append_conv by blast (0.0 ms)
```

因此，可以使用以下证明脚本完成该子目标的证明，即

```
using append_eq_append_conv by blast
```

工具 sledgehammer 默认搜索时间是 30s。由于使用 sledgehammer 工具匹配太多的等式可能产生大量子句，因此 Isabelle/HOL 对使用的自动定理证明器进行限制。此外，即使子目标是可证明的，sledgehammer 也不保证一定能够找到它的证明。通常在调用 sledgehammer 之前，首先应用 simp 方法。

工具 solve_direct 检查当前待证明子目标是否可以通过一个已有定理得到证明。例如

```
lemma A ∧ B ⟹ A
solve_direct
```

solve_direct 给出以下输出信息，即

```
solve_direct: the current goal can be solved directly with
  HOL.conjE: ?P ∧ ?Q ⟹ (?P ⟹ ?Q ⟹ ?R) ⟹ ?R
  HOL.conjunct1: ?P ∧ ?Q ⟹ ?P
```

工具 quickcheck 和 Nitpick 用来识别待证明定理的不可证明性，并给出反例。quickcheck 用等式替换自由变量找到反例。如果没有可用的等式，quickcheck 将输出相应的信息。Nitpick 建立在高度优化的一阶关系模型查找器 Kodkod[25]之上，可以用于包含归纳类型、递归函数和归纳谓词的子目标证明。如果 Nitpick 识别出子目标确实是定理，Nitpick 给出找不到反例的输出信息，否则 Nitpick 给出反例。例如，使用 Nitpick 工具证明 ev m ⟹even m，即

```
lemma ev m ⟹ even m
nitpick
```

其中，Nitpick 给出未找到反例的输出信息。

如果使用 Nitpick 工具证明 ev m ⟹¬even m，Nitpick 将给出一个反例，即 m = 0。

工具 try0 尝试使用标准证明方法证明子目标。这些证明方法包括 simp、auto、blast、metis、fast、fastforce、meson 等。try 尝试 solve_direct、quickcheck、try0、sledgehammer、Nitpick 等工具证明或证否子目标。

iprover 执行直觉主义的证明搜索，使用的规则需要指明是 intro、elim、dest。例如，在子目标 iffE 的证明中，两个假定条件 major 和 minor，以及 impl 作为引入规则，即

```
lemma iffE:
  assumes major: P = Q
    and minor: ⟦P → Q; Q → P⟧ ⟹ R
  shows R
  by (iprover intro: minor impl major [THEN iffD2] major [THEN iffD1])
```

执行简化的工具 simp 和 simp_all 称为 Simplifier(简化器)。Simplifier 会调用一些简单快速的算术证明器。arith 是更为复杂但强大的算术证明方法，可以解决在一些自然数、整数和实数上的线性算术问题的证明。

2.4 其他证明助手的设计和开发

2.4.1 Coq

20 世纪 80 年代初期，逻辑和计算机科学之间的前沿工作开拓了类型理论研究领域。在类型理论研究背景下， Huet 联合 Guy 和 Louis 于 1982 年启动 Formel 项目。该项目的目标是通过扩展 LCF 的设计方法开发一个证明系统。ML 语言不但可以用于编写证明策略，而且整个证明系统也由 ML 语言进行编码。这项研究引领着函数式编程语言 Caml 体系的开发，Objective Caml 函数式编程语言成为 Coq 证明助手的实现语言。

1984 年，Coquand 和他的导师 Huet 提出综合依赖类型和多态，使 Automath 系统扩展至 Martin-Lof 构造理论成为可能。这个扩展系统称为 CoC。Coquand 对底层 λ 演算的元理论进行了分析，并通过证明该演算的终止性证明了逻辑可靠性，CoC 因此成为 Formel 项目证明系统的逻辑基础。基于此，Huet 实现了首个 CoC 验证器，即 λ 表达式的类型验证器。λ 表达式可能代表逻辑系统中的证明项，也可能是数学定义。在这个实现中，核心逻辑的实现完全独立于证明工具，即构造引擎解释器。Coquand 继续这项研发工作，实现了 Sequent 风格的证明综合算法，使证明项的逐步构建成为可能。之后，Mohring 实现了称为 Auto 的证明搜索策略，代表着 Coq 证明助手的诞生。

Formel 团队考虑通过充分利用多态，获得经过认证的程序。为此，Mohring 开发了一个复杂的策略生成归纳规则，但是存在一定的问题。为解决该问题，Mohring 和 Coquand 对 CoC 进行扩展，开发了 CIC。在类型理论框架下，Dowek 开发了系统的合一和证明搜索理论，为 Coq 的进一步开发奠定了基础。1989 年，Formel 团

队发布 Coq4.10 版本。该版本具有抽取 Caml 函数式程序的功能，支持一定程度的自动化，并提供开发库。这标志着证明助手研究领域一个新时代的到来。

1991 年，Coq5.6 发布。Coq5.6 提供统一的规范语言 Gallina 和基本归纳类型，支持从证明中抽取程序，具有图形用户界面。之后，Coq 持续革新，到 Coq 7.0 已完全重新设计。

2.4.2 NuPRL

Constable 等[26]于 1979 年开发 NuPRL。其目的是通过交互式的求精，以数学的方式开发程序。同一时期，Martin-Lof 对它的类型理论进行了扩展。1984 年，PRL 研究团队实现了 Martin-Lof 扩展类型理论的一个变种，即计算类型理论(computational type theory, CTT)的构造逻辑。PRL 团队致力于开发基于逻辑的编程工具和实现构造主义的数学，当前稳定版本是 NuPRL5。2003 年，Hickey 等以逻辑框架的思想重新实现 NuPRL，称为 MetaPRL。

Coq 与 NuPRL 都是使用 LCF 方法，以类型理论设计的证明助手。这类证明助手基于非简单的类型理论，即依赖类型等，利用命题即类型、证明即项的思想，类型化的 λ 项可以既表示逻辑定理，又可以表示证明，通过依赖类型和类型检查执行大多数推理任务。

2.4.3 ACL2

Isabelle、Coq、NuPRL 等证明助手强调的是相对较小且可信的证明内核。当前，这些系统已经具备足够强大的自动证明能力，但是在早期，它们只支持非常简单和有限的自动化。不同于这些证明助手，一些系统在设计之初更注重强大的自动证明能力。典型的例子是 NQTHM 和它的进化系统 ACL2。

1973 年，Boyer 和 Moore 开发了纯粹 Lisp 定理证明工具。该工具可以解决归纳证明的机械化问题，即如何选择归纳变量，找到有用的归纳公理。Boyer 和 Moore 设计了显式归纳技术，生成显式归纳假定，泛化待证明的定理。

纯粹 Lisp 定理证明器的整体结构称为 Boyer-Moore 瀑布模型。在这个模型下，一个推测如同瀑布般泼向底层的水池。在这个过程中，推测可能通过重写而被修改，可能被证明(如同水被蒸发)，也可能被反驳(证明失败)，或者划分为多个子推测。在证明过程中，首先尝试利用简单的方法进行证明。如果证明不成功，则利用泛化和归纳技术。在运用归纳技术后，产生的新归纳假定将产生另外一个“瀑布”。之后，Boyer 和 Moore 继续对其完善，由 THM 进化到 QTHM，并进一步进化到 NQTHM。NQTHM 是具有归纳的无量词的一阶逻辑，不同于完全自动化的纯粹 Lisp 定理证明工具。其设计思想和实现通过 Boyer 和 Moore 于 1979 年的著作被更多的研究者熟悉，也使 NQTHM 开始了工业上的应用研究。

20 世纪 80 年代中期，一个称为 ACL2(a computational logic for applicative common lisp)的系统诞生[27]。ACL2 的诞生标志着 Boyer 和 Moore 终于实现了他们在 1973 年设计自动定理证明工具的目标，即设计和实现工业可用的证明工具。ACL2 的效率远超设计之初的纯粹 Lisp 定理证明工具，并于 2005 年集成到 Centaur 公司的开发流程中。为了充分利用多核处理器的功效，ACL2 和 Isabelle/HOL 一样，也可以并行处理证明问题。

2.4.4 PVS

PVS(prototype verification system)，由层次开发方法(hierarchical development methodology，HDM)和改进的层次开发方法 (enhance HDM，EHDM)进化而来。PVS 的设计目标是力图保留 EHDM 丰富的类型化逻辑和参数化的理论，同时提升 EHDM 较弱的自动证明能力。这个目标在当时极具挑战性，因为丰富的逻辑和强大的证明能力在当时只能二选一。PVS 和 ACL2 一样具有强大的自动化证明能力，具有很强的表述力，通过提供类 Lisp 的语言，使用户能够与证明助手进行一定的交互。但是，PVS 在 general 类型检查中可能涉及非常复杂的定理证明。类型检查和定理证明因此错综复杂。

2.5 本 章 小 结

本章首先分析比较各类主流证明助手的设计特点。为了阐明证明助手是如何实现的，重点剖析 Isabelle 的开发和实现，讨论建立在 Isabelle/Pure 元逻辑基础上 Isabelle/HOL 的开发和实现，然后概要讨论 Coq、NuPRL、ACL2 和 PVS 的设计和开发。

本章重点讨论 Isabelle 的实现，以及 Isabelle/HOL 的开发和实现，出于两点考虑。第一，这是一个通用的定理证明工具，它的实现体现了传统编译器开发和交互式证明工具开发的结合，对其他证明助手的开发具有一定的借鉴意义。第二，第 4 章的大多数案例是以 Isabelle/HOL 作为开发环境进行编写的。

本章讨论具有代表性的证明助手。其中，Isabelle 可以视为 LCF 方法的直接后代。这类证明助手还包括始于硬件验证研究的 HOL 系列。Isabelle/HOL 和 HOL 系列直接使用简单类型化的 λ 演算，可以为大部分数学推理提供牢固的基础，支持排中律和选择公理。其逻辑是经典的高阶逻辑。Coq 和 NuPRL 是使用 LCF 方法，基于非简单类型理论的证明工具。Coq 的逻辑是 CIC。NuPRL 的逻辑是 Martin-Lof 构造类型论。基于这种类型理论的定理证明系统的处理速度会非常快，但是会产生一些不必要的证明对象，导致不必要的复杂。构造逻辑不支持排中律和选择公理。这种比经典逻辑更强的限制对程序验证来讲可能是不必要的。

当前存在许多较为成熟的证明助手，但仍然有待支持更强大的自动证明能力、更方便友好的用户交互、更多的数学和算法知识库，以及更多的不同证明助手之间的共享。此外，机械化定理证明工具的开发成本较高，使用和掌握比较困难，需要探索解决方法。Wiedijk[28]试图比较当前较为常用的证明助手，希望给出同一个数学问题 17 个版本的机器证明。通过对这些证明进行概括性比较，他指出不同证明助手之间的进一步比较是非常有意义的研究工作。

证明助手这种机器智能的实现已经应用在许多安全攸关的软硬件系统的设计和开发中，可以奠定严格的正确性。

参考文献

[1] Paulson L C. Lessons learned from LCF a survey of natural deduction proofs. Computer Journal, 1985, 5: 474-479.

[2] Paulson L C. Natural deduction as higher order logic resolution. Journal of Logic Programming, 1986, 3(3): 237-258.

[3] Paulson L C. Isabelle: The Next 700 Theorem Provers. Berlin: Springer, 2006.

[4] Geuvers H. Proof assistants: history, ideas and future. Sadhana, 2009, 24(1): 3-25.

[5] Harrison J. A mizar mode for HOL//Proceedings of the 9th International Conference on Theorem Proving in Higher-Order Logics, Turku, 1996: 203-220.

[6] Wenzel M. Isar: A Generic Interpretative Approach to Readable Formal Proof Documents. Berlin: Springer, 1999.

[7] Gonthier G, Mahboubi A, Tassi E. A small scale reflection extension for the Coq system. INRIA, Research Report RR-6455, 2009.

[8] Wiedijk F. A synthesis of the procedural and declarative styles of interactive theorem proving. Logical Methods in Computer Science, 2012, 8(1): 106-108.

[9] Aspinall D. Proof general: a generic tool for proof development//Proceedings of the 6th International Conference on Tools and Algorithms for the Construction and Analysis of Systems, Berlin, 2000: 38-43.

[10] Bertot Y, Théry L. A generic approach to building user interfaces for theorem provers. Journal of Symbolic Computation, 1996, 25(2): 161-194.

[11] Wenzel M. Isabelle/jEdit-a prover IDE within the PIDE framework//Proceedings of the 11th International Conference on Intelligent Computer Mathematics, Bremen, 2012: 468-471.

[12] Cairns P. Alcor: a user interface for Mizar. Mechanized Mathematics & Its Applications, 2005, 4(1): 83-88.

[13] Bruijn N G. Automath, a language for mathematics. Eindhoven: Eindhoven University of Technology, 1968.

[14] Harrison J, Urban J, Wiedijk F. History of interactive theorem proving. Handbook of the History of Logic, 2014, 9(2): 135-214.

[15] Paulson L C. A formulation of the simple theory of types for Isabelle// Proceedings of Conference on Computer Logic, Tallinn, 1988: 246-274.

[16] Paulson L C. The foundation of a generic theorem prover. Journal of Automated Reasoning, 1989, 5(3): 363-397.

[17] Nipkow T, Paulson L C. Isabelle-91//Proceedings of the 11th International Conference on Automated Deduction, Saratoga: 1992: 673-676.

[18] Nipkow T, Paulson L C, Wenzel M. Isabelle's Logics: HOL. New York: Springer, 2012.

[19] Nipkow T, Paulson L C, Wenzel M. Programming and Proving in Isabelle/HOL. New York: Springer, 2020.

[20] Nipkow T, Klein G. Concrete-Semantics. New York: Springer, 2020.

[21] Paulson L C. Design a theorem prover. Computing Research Repository, 1993, 2: 415-475.

[22] Robert H, Furio H, Plotkin G D. A framework for defining logics//Proceedings of the 8th Symposium on Logic in Computer Science, Montreal, 1993: 143-184.

[23] Schulz S. E-a brainiac theorem prover. Journal of AI Communications, 2002, 15(2/3): 111-126.

[24] Sutcliffe G. System description: system on TPTP//Proceedings of the 17th International Conference on Automated Deduction, Pittsburgh, 2000: 406-410.

[25] Torlak E, Jackson D. Kodkod: a relational model finder. Lecture Notes in Computer Science, 2007, 4424: 632-647.

[26] Constable R L, Allen S F, Bromley H M, et al. Implementing Mathematics with the NuPRL Proof Development System. New York: Prentice-Hall, 1985.

[27] Kaufmann M, Manolios P, Moore J S. Computer-Aided Reasoning: ACL2 Case Studies. New York: Kluwer Academic Publishers, 2000.

[28] Wiedijk F. The Seventeen Provers of the World. Berlin: Springer, 2006.

第 3 章　机械化定理证明的应用研究

机械化定理证明的应用研究一直伴随着证明助手的开发和实现，其主要应用领域是数学和计算机。数学定理的证明和验证可以为计算机软硬件的设计验证提供支持，促进机械化定理证明在计算机领域的研究。同时，计算机软件和硬件设计的机械化验证方法也可用于一些特定的数学计算。经过 70 多年的持续研究，机械化的定理证明在实际应用中已经产生了丰硕的成果。

本章首先从机械化定理证明最初的应用领域，即数学的形式化展开阐述。在讨论早期数学定理的机械化证明之后，针对开普勒猜想、四色定理、质数定理等大型复杂的数学定理，概要讨论众多数学家、逻辑学家、计算机科学家为证明这些定理或猜想的正确性所付诸的努力。

证明助手的出现使形式化验证能够处理复杂实际的系统软件。因此，本章从编译器验证领域展开讨论。编译器验证分为编译器自身的正确性验证和编译后代码的正确性验证。前者旨在获得一个验证了的编译器，后者旨在验证一次编译过程的正确性。从编译器验证研究的发展历程看，编译器自身的正确性验证常采用语义等同原理或者构造即正确的方法。在编译后代码的正确性验证中，采用的主要技术是携带证明的代码(proof-carrying code，PCC)和翻译确认。按照这些分类，本章讨论具有重要影响力的编译器验证研究成果，对 Jinja 编译器和 CompCert 编译器进行介绍。

对系统软件操作系统进行验证也是一项极具挑战性的研究工作。当前唯一验证的操作系统微内核于 2014 年开源发布，称为 seL4。其前身为 L4。整个 seL4 系统可分为操作系统内核源程序和该源程序到 ARM(advanced RISC machine)机器码的翻译确认。因此，本章对这两部分也进行了讨论。

大规模集成电路的高额成本使硬件验证研究变得越来重要。硬件验证指的是对硬件设计进行验证。相比软件而言，硬件设计的特性更适进行自动验证，在工业界也取得了许多成功应用。本章最后讨论基于一阶逻辑和高阶逻辑的硬件验证技术，前者主要指 Boyer-Moore 的计算逻辑技术，是无量词的一阶逻辑，后者是 Gordon 倡导的硬件验证技术。

3.1　数学证明的机械化

在数学的发展历程中，从不缺少对数学论证合法性的争议。随着数学证明复杂性的递增，19 世纪的数学家更加强调数学的严格性。20 世纪，在数学基础研究领域，逻辑学家和数学家达成统一认识，即可在一个形式公理系统内进行数学论证，因此从原则上讲，可以机械化地验证数学论证的正确性。Frege 于 1893 年在《概念文字》中展示了一个这样的推理系统。然而，Russell 在 1903 年发现该系统是不一致的。为了解决不一致问题，Russell 和 Whitehead 在《数学基础》中提出分枝类型理论。Zermelo 于 1908 年提出公理化的集合论，之后由 Fraenkel 进一步扩展，成为 ZF 集合论。1940 年，Church 以λ演算为基础，提出简单类型理论。这些在数学基础领域的研究成果带领数学向更严格的准确性方向发展。

数学证明的机械化研究始于完全自动化的数学证明，即给定一个命题 P，是否可以运行一个搜索程序，以某个合适的顺序，搜索 P 的每个潜在可能的证明，如果找到则终止。用可计算理论的术语来讲，可证明的公式集或者称公理集合是递归可枚举的。然而，当 P 不可证明时，搜索程序不会终止。Church 和 Turing 论证了这种情况的不可避免性。Gödel 等也指出，在一致的、定义了算术的一阶逻辑系统中，总存在既不能证明又不能证否的定理。这些研究结果使自动定理证明技术在数学领域的研究限于仅检查手工已经书写了的证明，或者寻找某些特殊的问题类。在这类特殊问题的求解中，可能存在完全的判定算法。

Wang[1]是最早提出数学机械化思想，并做出卓越贡献的数理学家。他编写了一个带有相等关系的谓词逻辑演算的计算机程序，证明了 Russell 和 Whitehead 提出的数学原理中的几百条定理。秉承数学机械化的思想，针对几何定理的机器证明，Wu[2]在 1977 年提出“吴方法”，即待证明定理由坐标间的代数关系表示，从而将平面几何问题代数化，再通过多项式的消元法进行验证。这种方法既可以手工完成，也可以以计算机编程的方式实现。这种方法被进一步推广到一类微分几何问题上。Kapur[3]也研究了几何问题。1996 年，杨路等[4]建立了多项式完全判别系统，使不等式的机器证明成为现实。1999 年，杨路等[5]进一步编制了研究半代数系统实解的软件包 DISCOVERER。DISCOVERER 已集成到 Maple 工具箱，在自动求解参系数半代数系统实解分类问题上具有优势。

从 20 世纪五六十年代的自动定理证明技术的出现，到八九十年代交互式定理证明技术的产生，以及之后数十年的发展，数学机械化验证研究已经取得长足进展。证明助手 Isabelle/HOL、HOL，以及 Coq 已经包含大量的数学理论库，如基本数论、实数和复数分析、测度论，以及 Galois 理论等。许多研究者都接受使用证明助手来证明数学定理[6-15]。Trybulec 设计了具有强表述力的数学语言并开发了 Mizar。Mizar 库已经成为当前最大的形式化验证的数学知识库。

不可否认，数学的机械化证明一直存在争议，即过度地关注严格性是否损害对数学本身的理解。但是，一方面，机械化的验证并非旨在取代人类的理解力和洞察力，形式化的证明脚本也不意图取代普通的数学思维。另一方面，数学证明中存在许多有待补充完善的推理空白、可能错误的假定，以及不准确的定义等。Grcar[16]指出，数学论文的正确性比例并不令人满意。Lakatos 等[17]也指出，数学家常会出错，有时甚至连定义都会出错。

数学的机械化证明能够清除数学证明中的疑问，解决模糊性，并发现错误。因此，形式化验证数学的驱动力已经越来越多地来自数学家自身。机械化的验证能够填充定义和陈述定理存在的推理空白，验证它们的正确性，从而提高证明的准确性。此外，验证数学证明的正确性也是数学研究的重要组成部分。由于大量时间和资源耗费在数学论文正确性的评审上，使用证明助手可以大大降低这些消耗，机械化地验证数学定理证明的正确性也正在被数学研究领域接纳和发展。

证明助手已经成功应用在许多数学定理证明的正确性验证中。许多大规模的数学形式化项目在近十多年也相继展开。Gonthier 等[18]使用 Coq 证明了奇阶定理。Hurd[19]使用 HOL 形式化概率论，验证了 Miller-Rabin 概率素性测试。Hölzl[20]使用 Isabelle/HOL 形式化验证了马尔可夫链和判定过程。Hales[21]使用 HOL Light 验证 Jordan 曲线定理的证明。到 21 世纪中叶，机械化验证数学证明的正确性可能成为数学严格性的标准[22]。下面介绍部分具有代表性的数学定理。

3.1.1　开普勒猜想

形式化验证在数学领域的一个著名例证是对开普勒猜想的证明。开普勒猜想又称球体填充问题，研究三维欧几里得空间的最佳装球方式，使留下的剩余空间最小。此猜想认为，在每个球大小相同的条件下，没有任何装球方式的“密度”(小球总体积与所装箱子的体积之比)大于$\pi/(3\sqrt{2})\approx0.7405$。这个看似简单的问题的证明难倒了之后几百年间的数学家。

1998 年，Hales 宣布在计算机的辅助下完成了开普勒猜想的证明。Hales 给出的证明长达 300 多页，并辅以约 40000 行 Java 代码。Hales 在 2000 年又给出了一个可读性更高的阐述。然而，经过长达约 4 年的评审，审稿人仍然没能给出一个令人满意的评审结果。Hales[23]的证明直到 2005 年才以“没有发现任何严重的错误”正式发表。显然，该证明的正确性结论仍然模糊。于是，Hales 于 2006 年发起称为 Flyspeck 的开放联合项目，旨在使用交互式定理证明技术验证该证明的正确性。多个研究小组使用不同的证明助手共同完成证明该猜想所需要的数学和计算部分，并于 2014 年完成验证[24]。

Flyspeck 开放联合项目的数学基础部分的形式化利用了许多 Harrison 完成的数学形式化，如基本分析、几何和拓扑机制等。这形成了一个庞大的数学知识库，包括 14000 多个数学定理。该知识库为进一步研究数学奠定了形式化基础。

Flyspeck 开放联合项目的主要计算部分包括 tame graph 枚举、非线性不等式的验证，以及线性程序的界等。Nipkow 等[25]使用 Isabelle/HOL 完成 tame graph

枚举。Hales 枚举了大约 5128 个图。Nipkow 等发现仅有 2771 个非同构的 tame graph。Hales 证明中的 2200 行 Java 代码对应大约 600 行 Isabelle/HOL 可执行代码，以及 17000 行证明代码。tame graphs 的分类在证明助手 Isabelle/HOL 中完成，然后导入 HOL Light。

Solovyev 和 Hales 通过研究非线性不等式的验证，实现了一个验证非线性不等式的非形式化算法，并返回认证。该认证由 HOL Light 验证。

线性程序的最初验证由 Obua 等[26]在 Isabelle/HOL 中完成。后来，Solovyev 使用 HOL Light，基于外部线性编程包 GLPK 设计了一个工具。

Flyspeck 开放联合项目获得了成功，开普勒猜想的完整证明全部进行了机器检查，这确定了开普勒猜想证明的正确性。同时，机器验证的证明最终简化了 Hales 的初始证明。开普勒猜想的机器证明成功奠定了证明助手在证明大型复杂数学定理领域的有用性和必要性，是迄今具有里程碑意义的形式化数学证明之一。

3.1.2 四色定理

四色定理于 1852 年由 Gurhrie 提出。他猜测只要四种颜色就可对地图着色，使具有共同边界的国家具有不同的颜色。该问题于 1872 年正式呈交给伦敦数学学会，并成为世界关注的数学难题。

1976 年，Appel 等[27]宣布完成四色定理的证明。他们编写了汇编语言程序，在 IBM 370 机器上执行了约 10000 个案例分析。争议由此产生，即在当时，很难将一个计算机程序与抽象的定理证明联系在一起，这些程序正确吗？更糟糕的是，一些小错误在证明发表之后才被发现。因此，许多数学家并不认可他们的证明。1996 年，Robertson 等将 Appel 等的证明进行了修正，但是这些代码完全超出了人工评审的能力，而且没有经过机器检查。

Gonthier 于 2000 年启动了一个研究项目，旨在使用 Coq 检查 Robertson 等的证明是否正确，同时也是为了评估 Coq 在证明数学定理领域的能力。在项目取得初步成功的鼓励下，Gonthier 等在 Coq 中对四色定理进行完全的形式定义，并得到证明。Gonthier[28]最终获得成功。

四色定理的证明催生了 Coq 证明语言 SSReflect 的产生。SSReflect 最初作为 Coq 的一种策略，而后进化为 Coq 强大的方言。这有助于反射证明机制。2012 年，Gonthier 使用 SSReflect 完成奇阶定理的验证。

3.1.3 质数定理

质数定理描述质数的渐近分布，即如果 $\pi(x)$代表小于或等于 x 的质数的数目，那么 $\lim\limits_{n\to\infty}\dfrac{\pi(x)}{x/\ln x}=1$。质数定理由 Gauss、Legendre 和 Dirichlet 于 18 世纪晚期提出。

这个猜想在当时是非常令人惊异的，因为素数在自然数中的分布可以说是相当杂乱无章的，素数竟然还能用这样简单的公式来描述?大约 100 年后，Hadamard 和 de la Valee-Poussin 运用复分析，分别给出了质数定理的证明。虽然 Godfrey 等相信质数定理的证明需要复分析，但是 Selberg 和 Erdos 在 1949 年分别给出了质数定理的初等证明。

机器检查质数定理的初等证明首先于 2007 年由 Avigad 等[29]使用 Isabelle/HOL 完成。在他们的形式化证明中，该定理的陈述非常接近原始定理的构造形式。整个形式化证明基于 Selberg 给出的证明，但是用到一些更为高级的概念，如实数、对数、会聚等。除实数和复数理论代码外，该定理约有 30000 行 Isabelle/HOL 代码。该质数定理的证明结果包含一些非常重要的数学定理，已包含在 Isabelle/HOL 的发布包中，包括自然数和整数理论，以及用于推理有限集合、和、积的理论库、实数理论库、渐近分析的理论库等。

质数定理分析性的机器证明于 2009 年由 Harrison[30]使用 HOL Light 完成，涉及复分析。除了证明定理本身，该证明的成果也包括基于 Cauchy 序列编码的实数理论库、复数理论库、ζ函数的定义及其基本属性等。Harrison 的形式化约有 5000 行 HOL Light 代码。与 Avigad 等完成的初等证明相比，分析性证明是一种更为高层的证明，使用更重量级的机制，如复分析。

两种质数定理的机械化证明都产生了大量、可重用的数学知识理论库。正如 Harrison 倡导的，在证明数学定理时，证明该定理需要形式化的大量背景理论知识可能比定理本身更为重要。这些背景理论知识可能用于其他数学定理的证明，避免重复工作，因此能够更好地推动数学机械化的研究。

3.2 编译器验证

3.2.1 可信编译概述

编译器是将高级语言编写的程序转换到能在目标平台上运行指令集的重要系统软件。当前，绝大多数编译器都没有经过形式化验证，它们虽然在发布前已经进行了大量测试，但是仍存在许多问题[31-34]。这些问题产生的原因可以总结为两点。

(1) 高级语言的规范复杂，多以自然语言描述。这使编译器编写者在语言实现时，难以理解一些模糊的语义定义，不知道应该翻译为怎样的机器指令，最终只能采取试着运行再观察的态度[35]。目前，官方发布的完全形式化定义的语言是 Standard ML 与 Scheme。Standard ML 由 Milner 等[36]于 1990 年发布，使用自然语义，也称大步操作语义定义。IEEE(Institute of Electrical and Electronics Engineers, 电气与电子工程师协会)于 1991 年发布 Scheme 的标准定义，同样以自然语义定义。

目前还没有命令式语言的官方形式规范。例如，Java 语言规范(Java language specification，JLS)[37]和 JVM 规范(JVM specification，JVMS)[38]存在大量以自然语言定义的语义描述。

(2) 编译器本身是一个复杂的大型软件，很可能有错。即使编译器的编写者明确知道语言的准确定义，他们在实现该编程语言时也可能存在编码问题。

这些问题对于安全攸关的软件系统来说，即使出现概率很小，也可能造成重大的人员伤亡与经济损失。因此，通过测试手段获得的编译器仍然是不可信任的，即不能保证编译器没有问题产生。由于编译器的这种不可信任性，在实践中，一些控制系统的关键部分不得不采用汇编语言编写，并在汇编级进行形式化验证。随着安全攸关的软件大小和复杂度与日俱增，使用汇编语言开发这些软件已变得不可行。

编译器问题使在高级语言程序上进行程序验证的努力可能付之东流，因此需要对编译器进行形式化验证。然而，编译器程序的特殊性和复杂性使其难以直接对一个已经存在的商用编译器或开源编译器进行验证。例如，考虑使用 Floyd-Hoare 的归纳断言法对编译器程序进行验证。在这种方法中，程序及其注解被转换成大量逻辑公式。当这些公式未通过证明时，很难确定究竟是程序出了问题，还是注解出了问题，而支持封装、继承、多态等面向对象特性编程语言语义的复杂性更加剧了这一问题。又如，考虑将推理直接作用在编程语言的语义上，但是当前绝大多数商用或开源编译器都是使用非形式化方法开发的，而任何形式验证系统都无法直接对一个非形式化对象验证。由此来看，编译器验证是一个从头开始的工作，即使用形式化方法构造一个编译器，并证明该编译器的正确性。编译器验证的困难性导致另一种方法的产生。该方法并不获得一个验证的编译器，而是对编译后程序的正确性，即一次编译的结果进行验证，称为 certifying compiler 或者 verifying specific compilations。

因此，摆在我们面前的一个巨大挑战是，能否实现一个如 C++、Java 这样的高级编程语言，使该语言具有可供完全形式化推理的语义，并且实现是正确无误的。这个巨大的挑战几乎是不可能的[39]。针对这个挑战，运用今天较为成熟的定理证明系统，如 Isabelle/HOL 和 Coq 等，从理论上讲，我们应该达到的目标是，以某种支持证明的方式编写一个编译器，从而进行推理证明。该编译器可以实现大部分实际需要的核心语言特性，可以将这个证明正确的编译器转换为能够运行的编译器，从而生成实际目标平台可以运行的代码。

形式化验证编译器的研究随着第一个高级语言编译器的诞生开始，不断发展的高级编程语言带来的语义和编译转换过程的复杂性使这项研究历经几十年而经久不衰，并稳步向前发展。从最初手工验证算术表达式的编译[40]开始，到学术界广泛认可的 C 语言优化编译器 CompCert[41-44]，一些具有代表性的研究工作大多围绕以下两个主题展开。

(1) 源语言和目标语言语义的形式化定义和编译正确性如何表达，并得到证明。

(2) 验证某个特定的编译优化转换或者某个特定的语言特性。

获得一个完整的验证编译器一般以主题(1)为切入点，首先忽略一些复杂的编译优化和诸如“并发”等复杂的语言特性，得到一个验证的编译器，然后进入到主题(2)的研究。例如，Leroy 指出，形式化静态单赋值(static single assignment，SSA)的动态语义并不显而易见，SSA 属性在证明中的使用也不直接。CompCert 忽略了基于 SSA 的编译优化验证。后来，Bathe 等形式化了 SSA 的语义，并验证了基于SSA的全局值计数(global value numbering,GVN)算法。建立在CompCert2.0 基础之上，Beringer 等[45]证明了在共享内存交互情况下的编译优化。Ševčík 等[46]对 CompCert 的 Clight 语言进一步扩展，形式化定义了一个支持共存内存的并发算法，并证明编译这类并发程序的正确性。目前，CompCert 已成功应用于工业开发，是目前最成功的 C 语言验证编译器。

随着关键技术和证明助手的成熟，编译器验证领域涌现出了大量研究成果。这些成果可分为验证的编译器(verified compiler)和验证编译器(verifying compiler)两大类[47]。验证的编译器是获得正确性得到证明的编译器。验证编译器并不获得这样一个编译器，是验证编译后的目标程序相对于源程序的正确性，因此验证的是一次编译是否正确。He 等深入研究了可信软件的构造理论和方法，并在编译器验证领域开展了有意义的研究工作。为了表述方便，我们将这两类分别称为编译器自身的正确性验证和编译后代码的正确性验证。

3.2.2　编译器自身的正确性验证

可信编译的研究始于编译器自身的正确性验证，称为传统的编译器验证方式。McCarthy 在 20 世纪 60 年代初撰写了关于计算数学理论的论文。基于这些研究，他和 Painter 于 1967 年首次给出一个算术表达式的验证编译器。源语言是由常量和代表数值的变量，以及加运算组成的算术表达式。目标机器是具有累加器的简单冯·诺依曼机。McCarthy 和 Painter 首先定义算术表达式和目标机器指令的抽象语法；然后使用状态向量以一种解释器的方式递归定义它们的语义，定义编译转换，将算术表达式翻译为相应的机器指令；最后将机器状态与算术表达式的状态进行相等性构造，表达为正确性定理，通过结构化归纳进行证明。尽管实现的编程语言非常简单，但是提出的抽象语法、状态向量、编译器的抽象数学定义，以及采用结构化归纳方式证明编译正确性等思想，被大多数后来的编译器验证研究者采纳。其中，基于抽象语法定义语义的方式更是成了典范。实际编程语言的语义远不能像上述算术表达式编译器仅使用一个递归函数来定义，源语言和目标语言之间的语义等同也不能仅由一个简单的定理得到陈述和证明。机器检测的验证编译器需要在语言的实际性和定理证明系统支持的表述力与证明能力之间找到平衡点。

为实现一个证明正确的编译器，可以采用传统的语义等同原理，直接证明编译前后的语义等同，或者构造即正确的方法。

1. 语义等同

Burstall 等[48]于 1969 年提出代数的方法证明编译器的正确性。他们认为，使用泛代数的方式可以极大地减少证明编译器正确性需要的工作量。基于 Burstall 和 Landin 的方法，Morris[49]给出了编译器正确性证明的交互图。语义等同示意图如图 3.1 所示。Morris 认为，McCarthy 和 Painter 对算术表达式编译器进行验证的方法可以用于任何程序的验证，但是需要进行不同程度的泛化。相比普通程序的验证，编译器这种特殊的程序可以被更好地结构化。因此，他提出使用严格定义的数学结构来表达编译器正确性问题的本质，所表达的验证思想是：编译器可以视为由源程序到目标程序的函数；源语言和目标语言的语义定义也应该是一个函数，该函数为程序到数学值的映射，其中数学值可以是非常复杂的类型。编译器的正确性问题是源语义和目标语义之间的等同。既然语义被定义为一个函数，这种方法不再是用操作的方式定义语义，而是将编译器验证工作与指称语义联系起来。Thacther 等[50]也支持类似思想。

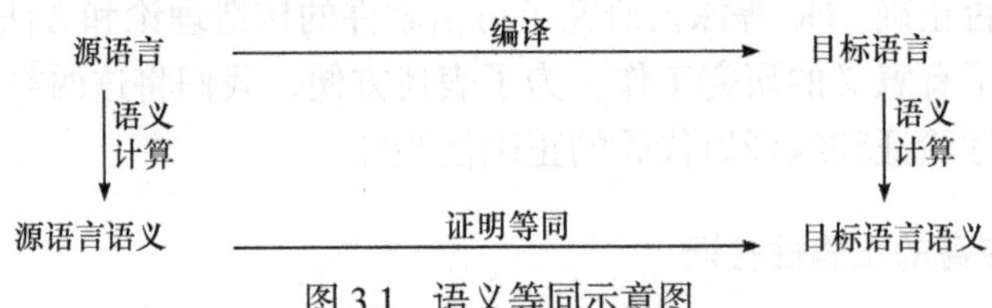

图 3.1 语义等同示意图

在实际应用中，源语言和目标语言的语义定义方式大多采用操作语义或者指称语义，并且需要构造许多辅助定理才能完成一个真实语言编译器的语义等同定理的证明。编译器验证的复杂性使研究者寻求自动化证明的支持。1972 年，Diffie[51]使用他开发的一阶逻辑定理证明器对 McCarthy 和 Painter 的算术表达式编译器进行机器证明。同年，Milner 等[52]在与 Morris 的讨论中进一步探讨了 Burstall 和 Landin 提出的代数方法。他们在 Stanford LCF 中机器验证了像 Algol 语言的编译器。源语言包括赋值、条件、循环、复合语句，目标语言是汇编语言，用于具有下推存储器的目标机器。1976 年，Milner 等[53]验证了 SAL 到假定目标机器语言的编译器。SAL 与 Algol68 类似。Avra[54]在其博士论文中使用 LCF 中机器验证了他们的手工证明。

自动定理证明的支持推动了实际编译器的验证研究。一个大型的编译器机器验证由 Polak[55]于 1981 年完成，源语言类似 Pascal，目标机器是类似 B6700 的假想栈机。源语言和目标机器指令的指称语义之间的等同性可以表示为断言语言。

这些断言转换为 Hoare 逻辑的前后置条件，称为验证条件。这些验证条件由 Stanford verifier 进行证明。另一个大型编译器验证工作由计算逻辑公司展开，作为提供可信系统组件栈 CL stack 项目[56]的一个组成部分，采用 Boyer-Moore 定理证明器。源语言是类似 Pascal 语言的 Micro-Gypsy，目标语言是高级汇编语言 Piton，目标机器是 FM8502 处理器，语义采用操作的方式定义，采用结构化归纳进行证明[57]。从 Piton 汇编语言到 RTL 的正确性验证工作由 Moore[58]完成。

20 世纪 80 年代，小步操作语义和自然语义(大步操作语义)的提出使语义等同的编译器正确性验证研究得到进一步发展。Despeyroux[59]使用大步操作语义验证 ML 子集到 CAM(categorical abstract machine)的翻译。Hannan 等[60]使用 LF 验证了非类型化的 λ 演算编译器，目标机器类似 CAM。Fabio[61]进一步研究了 Morris 正确性示意图中的等同概念，对以自然语义方式定义的源语言和目标语言之间的可观察等同进行研究。

到 20 世纪 90 年代，更多的证明助手被开发出来。一些语义等同的编译器验证研究仍然基于指称语义。使用 HOL，Curzon[62]基于指称语义证明了一个结构化的汇编语言 Vista 到目标 Viper 微处理器的编译。Stepney 基于指称语义，使用 Z 规范给出一个详细的编译器验证学习案例。String-Calvert[63]使用 PVS 对 Stepney 给出的学习案例进行了实现。源语言 Tosca 是一个小但并不简单的高级语言，目标语言是汇编语言。Chlipala[64]编译简单类型化的 λ 演算到汇编语言，基于指称语义证明了两种语言的语义等同，并进一步研究了一个简单的非纯粹函数式语言到假定汇编语言的编译。

到 20 世纪末和 21 世纪初，证明助手已渐趋成熟，可以为实际编程语言编译器的验证创造良好的条件。编译器自身正确性的机器验证研究成果列表如表 3.1 所示。其中，最具代表性的是法国国家信息与自动化研究所使用 Coq 验证的 C 优化编译器 CompCert，以及慕尼黑工业大学使用 Isabelle/HOL 验证的 Java 编译器 Jinja[65-68]。CompCert 源语言是 C 语言子集，开发始于 2005 年。Jinja 编译器开发始于 1998 年，源语言是 Java 子集，但在某些语法细节与 Java 有差别。

表 3.1　编译器自身正确性的机器验证研究成果列表

起始时间/年	采用的证明助手	源语言	目标机器(语言)
1972	Stanford LCF	类 Algol	简单机器汇编
1979	Edinburgh LCF	SAL	假想栈机
1981	Stanford Verifier	类 Pascal	类 B6700 栈机
1989	Boyer-Moore	Micro-Gypsy	FM8502 汇编
1991	HOL	Vista 汇编	Viper 处理器

续表

起始时间/年	采用的证明助手	源语言	目标机器(语言)
1998	PVS	Tosca	Aida
1998	Isabelle/HOL	Java 子集	JVM
2005	Coq	C 子集	PowerPC 汇编

(1) Jinja 验证编译器。

Java 编译器因其面向对象特性和内建多线程机制，使验证更为复杂。Nipkow 和 Oheimb 于 1998 年首先使用 Isabelle/HOL 对 Java 子集进行形式定义，并证明其类型安全性。2002 年，Klein 对 JVM 字节码验证器的正确性进行了机器验证。这个验证的字节码验证器采用数据流分析的思想，数据流分析的不是通常意义上的值，而是类型信息；按照数据流分析机制，建立状态类型的半格结构和数据流函数。数据流函数刻画类型规则。类型规则中出现的类型大小比较由半格结构中的偏序关系确定。Klein 通过定义值与类型的一致关系，证明字节码类型系统的可靠性，采用 Kildall[69]算法实现字节码验证器，同时证明字节码验证器的正确性。2006 年，Klein 和 Nipkow 构建了包括 Java、JVM 目标机器，以及编译器等在内的统一模型，证明了 Java 编译到 JVM 虚拟机的正确性，为 Java 这样的面向对象语言编译器验证奠定了良好的研究基础。这个正确编译器的前提是源程序的良定义性。Jinja 项目源码涉及 1000 多个定理的证明，所有定义和定理证明包括在 BV、Common、Compiler、DFA、J、JVM 六个理论文件夹中。Jinja 语义等同框架(包括类型安全)的核心理论如图 3.2 所示。

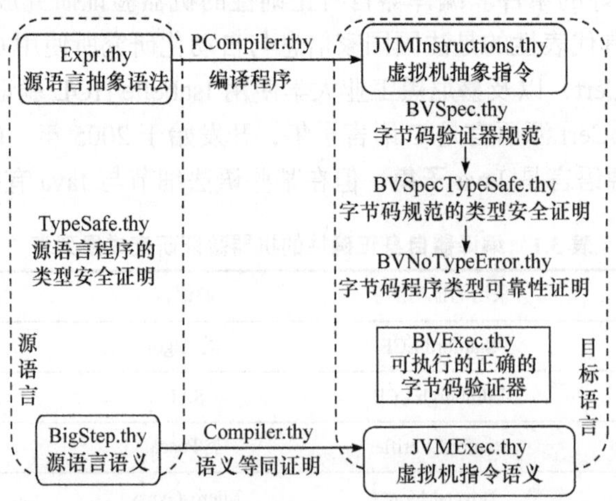

图 3.2 Jinja 语义等同框架(包括类型安全)的核心理论

建立在 Jinja 项目基础上，Lochbihler[70]设计了一个能够定义线程的语义框架

JinjaThreads(图 3.3)，将 Java 内存模型(Java memory model，JMM)规范与运行时操作语义联合在一起进行分析，机器证明交错语义和 JMM 的类型安全、DRF(data race free)保证，分析值凭空出现的问题等，并将编译器的正确性验证扩展到支持线程。整个开发秉承 Jinja 编译器的实现，具有良好的模块性。何炎祥等[71, 72]以 Jinja 为基础，研究 Java 语言子集编译到 Android Dalvik 虚拟机字节码的机器验证，用新的 DalvikVM 理论文件夹取代 JVM。由于寄存器架构的 Dalvik 虚拟机不同于栈架构的 Java 虚拟机，大量规范描述需要重新定义，并构造和证明新的定理。这些修改主要包含在 Common、Compiler、BV 理论文件夹中。

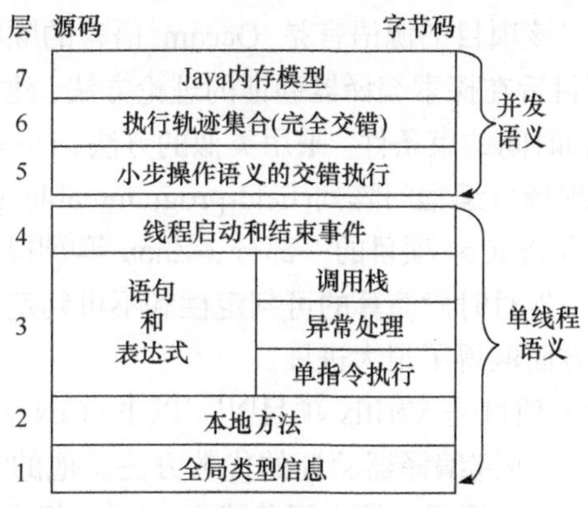

图 3.3　带有内存模型的 JinjaThreads 语义栈

(2) CompCert C 语言验证编译器。

CompCert 多遍编译和中间语言(图 3.4)包括前端和后端两部分。前端将 C 语言子集 Clight 翻译成 Cminor，后端进行优化，将 Cminor 翻译成 PowerPC 汇编码。严格地讲，为了对优化算法进行验证，CompCert 结合了编译后的代码验证。

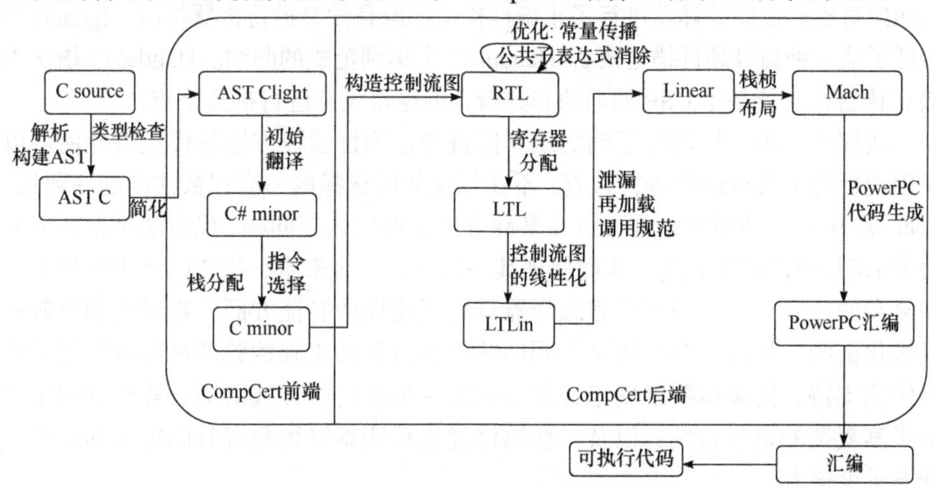

图 3.4　CompCert 多遍编译和中间语言

建立在 CompCert2.0 基础上，Beringer 等证明了在共享内存交互情况下的编译优化。目前，CompCert 已成功应用于工业开发，是最成功的 C 语言验证编译器。甘元科等[73, 74]采用 Coq 实现了一个可信编译器 L2C，将同步数据流语言 Lustre 编译到 Clight。

2. 构造即正确

20 世纪 90 年代初期的 ProCos 项目[75,76]采用不同于 CompCert 和 Jinja 编译器验证项目的方法，即定义程序转换规则，源语言程序按照转换规则逐步求精到可执行的目标语言程序。该项目的源语言是 Occam 语言的顺序子集，目标机器是 Transputer。ProCos 项目旨在探索编译器验证的理论方法，建立所有开发阶段的正确性，包括显式并行和时间约束条件。采用类似的方法，He 等[77]研究了将 Occam 子集编译到适合用于现场可编程门阵列(field-programmable gate Array, FPGA)硬件的范式。此外，作为 ProCos 项目的一部分，Zhou 等[78]提出规范和验证实时系统的时段演算，并进一步对时段演算的可判定性和不可判定性进行研究[79, 80]，在机械化自动证明研究方面取得了很大进展。

ProCos 项目的后继项目是 Verifix 项目[81]。以 ProCos 为基础，Sampaio[82]使用项重写系统 OBJ[83]，研究编译器验证的代数方法。他的工作建立在 Back 和 Morris 的基础上。Sampaio 等深入研究了范式方法[84]。范式代表不可继续归约的目标代码。编译被视为一种程序求精，是程序到范式的归约。归约包括一系列语义等同的转换。语义等同的中心概念是程序的排序关系，代表代数语义的转换法用来证明归约定理。归约定理可以作为重写规则执行编译任务，自动地完成编译，可以保证编译转换的语义等同。与 Sampaio 的方法一致，Duran 等[85]对类似 Java 的面向对象语言的编译器进行了正确性构造，但是没有进行机器检测。Ignacio[86]验证了从一种高级硬件描述语言 Handel-C 子集到范式的归约。Handel-C 语法类似 C 语言，支持基于 CSP 的通信和并行，但是也没有进行机器检查。

从理论上讲，构造即正确的编译器自身正确性验证方法的代数特性使可以使用项重写工具对证明进行检查，不能保证初始选择的一套代数法则的一致性。Back 和 Wright 的研究也许可以在某种程度上解决这一问题。代数法则是在证明助手 HOL 中推理得到的，从而保证其一致性。综合来看，代数的逐步求精方法在复杂的命令式高级编程语言编译器自身正确性的验证方面，难以得到有效的机械化证明。另外，基于语义等同的编译器自身的正确性验证可以得到更好的机械化支持，但是需要准确定义源语言和目标语言的形式语义。实际编程语言由于其复杂的语言特性，以及一些编译优化算法难以得到有效的定义和证明，开发难度很大。

3.2.3　编译后代码的正确性验证

1. 携带证明的代码

鉴于编译器自身正确性验证的困难性，一些研究者对编译后的程序代码进行验证。一个具有影响力的成果是使用携带证明的代码(proof-carrying code, PCC)技术[87]，以及利用 PCC 技术实现的认证编译器[88]。认证编译器验证原理如图 3.5 所示。C 源程序经 Compiler 工具翻译成优化的 DEC Alpha 汇编程序，同时生成每个函数对应的类型规范，以及表示循环不变式的代码注解作为认证器的输入。认证包括三个子系统，即 VCG(VCGen)、证明器和证明检查器。VCGen 使用类型规范和代码注解，为每个函数生成代表安全属性的谓词公式(安全谓词)；证明器工具对安全谓词进行证明，如果成功，则输出对应的证明，否则给出反例，代表汇编程序类型系统的潜在冲突；安全谓词和证明作为输入，由证明检查器工具进一步检查。这个研究的一个附带成果是发现了寄存器分配和代码调度的正确性准则。

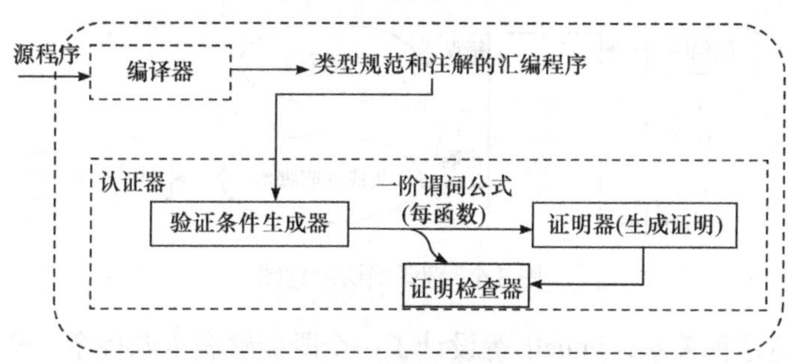

图 3.5　认证编译器验证原理图

为了运用 PCC 技术，需要修改传统的编译器，使编译器在产生目标代码的同时，能够生成函数的类型规范和代码注解。函数的类型规范声明每个函数的参数和返回值寄存器的类型。代码注解声明循环体入口处活跃寄存器的类型，因此源程序级的类型信息传递到目标代码级，通过认证器验证目标代码至少保留源程序的类型信息，从而保证编译后代码的类型安全和内存安全。由于语义规范的变化，修改后的编译器包括数组越界检查。VCG 是注解的 DEC Alpha 汇编语言符号解释器。它为每个函数生成代表安全属性的一阶谓词公式，由于它运行在函数的基础之上，因此能够高效实现。在认证阶段，当且仅当产生的汇编程序按照类型规范是类型安全和内存安全的，每个安全谓词才可能具有相应的证明。

证明器是基于 Nelson-Oppen 架构实现的工具。该证明器保证能够自动证明所有安全谓词。证明检查器将安全谓词和证明都作为输入，用来检查证明，最终确定编译器的输出是类型安全和内存安全的。证明检查器实现的是一个通用的简单类型化λ演算的类型检查器，即LF。证明器产生的证明被编码为LF表达式，安全谓词编码为 LF 类型，因此可以验证每步证明的合法性。这个出具证明的编译器只需要保证工具 VCG 和证明检查器的正确性。陈意云等[89, 90]通过构造扩展数据流图，设计实现了从 C 语言子集源程序到携带类型注解的 x86 目标代码的认证编译器，能处理公共子表达式消除等优化操作。

2. 翻译确认

编译后代码的正确性验证领域另一个有影响力的成果是Pnueli等[91]提出的翻译确认。翻译确认示意图如图 3.6 所示。源程序经编译器翻译成目标程序。源程序和目标程序都作为分析器的输入。如果该工具分析出目标程序正确实现了源程序，则生成证明，并交给证明检查器作进一步证明检查，否则给出反例。在 Pnueli 实现的翻译确认中，源程序是同步语言 SIGNAL。该语言主要用于安全攸关的反应式系统的工业开发，目标语言是 C 语言。

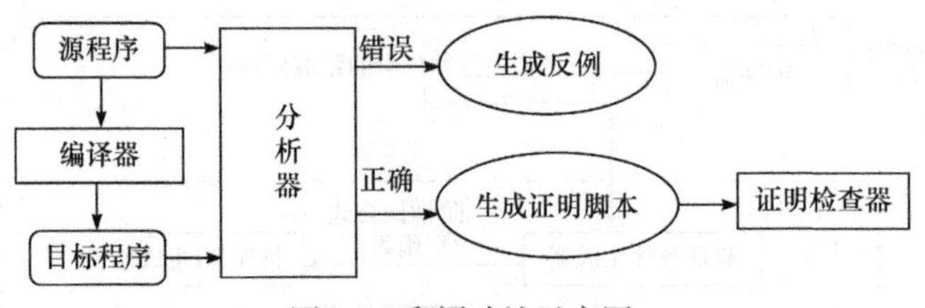

图 3.6　翻译确认示意图

为了表达这种关系，Pnueli 等设计了一个既能够表示源程序，又能表示目标程序的语义框架，称为同步变迁系统(synchronous transition systems，STS)。源程序和目标程序是 STS 的两个模型。在这个统一框架下，基于求精映射的思想，Pnueli 等提出时钟化的求精映射关系，归纳证明源程序和目标程序可观察行为之间的语义包含关系。进一步，为了自动化处理整个过程，Pnueli 等采用 Lamport 等对时序逻辑进行模拟求精的思想，将求精映射表示为语法概念，使主要证明部分能够通过计算推得，实现完整的自动化。这个自动化的工具称为 CVT(code validation tool)。

Pnueli 等[92]给出了同步语言 SIGNAL 到目标 C 语言的翻译确认。虽然 STS 是非常通用的，但是正确实现定义为模拟求精可能更适合建立 SIGNAL 同步语言到 C 之间的正确实现关系。翻译确认的思想是基于模拟的，而不是严格意义上证明构造的技术。与 PCC 相比，Pnueli 提出的语法上的基于模拟的证明方法可以保证验证的完全自动化。在 PCC 中，正确性证明的关键部分是手工完成的。此外，翻译确认的基本思想以不同的实现和证明方式，运用在操作系统微内核 seL4 的源程序到 ARM 机器码的编译验证[93]中。

3.2.4　Jinja 编译器分析

1. 源和目标程序的统一框架和编译

Jinja 编译器的源语言是 Java 语言子集，目标机器是 JVM。由 Jinja 到目标机器指令的翻译可以通过两遍变换完成，因此设计了中间语言 J_1，即第一遍将变量名变换为相应的序号，得到 J_1 程序，第二遍将 J_1 翻译为 JVM 指令。

在 Jinja 编译器的统一框架中，程序是类的列表，类是类名和类定义组成的二元组，类定义是由父类名，成员变量列表，成员方法列表组成的三元组，成员变量是变量名和变量类型组成的二元组，成员方法是方法名、形参类型列表、返回值类型和方法体组成的四元组，即

```
type_synonym fdecl = vname × ty
type_synonym 'm mdecl = mname × ty list × ty × 'm
type_synonym 'm class = cname × fdecl list × 'm mdecl list
type_synonym 'm cdecl = cname × 'm class
type_synonym 'm prog   = 'm cdecl list
```

其中，vname、mname 和 cname 都是 String 类型；ty 是值 Unit 的类型，如 Void、Boolean、Integer、NT、Class cname；类型变量'm 代表方法体。

因此，Jinja 源程序、J_1 中间语言程序，以及 JVM 目标虚拟机程序可以分别形式化为 J_prog、J_1_prog 和 jvm_prog，即

```
//Jinja 源程序
            type_synonym expr = vname exp
            type_synonym J_mb = vname list × expr
            type_synonym J_prog = J_mb prog
//J1
            type_synonym expr1 = nat exp
//中间语言程序
            type_synonym J1_prog = expr1 prog
//JVM
            type_synonym bytecode = instr list
//目标虚拟机程序
            type_synonym ex_entry = pc × pc × cname × pc × nat
            type_synonym ex_table = ex_entry list
            type_synonym jvm_method = nat × nat × bytecode × ex_table
            type_synonym jvm_prog = jvm_method prog
```

其中，bytecode 和 ex_table 分别是抽象指令 instr 列表和异常表项 ex_entry 列表；每个异常表项描述产生异常的起止指令 pc、异常类型、处理异常的指令 pc；expr 和 $expr_1$ 的区别在于 exp 中类型变量的类型，前者是字符串型 vname，后者是自然数 nat，expr 和 $expr_1$ 分别定义 Jinja 源语言和 J_1 中间语言支持的抽象语法，包括创建对象、引用类型造型运算、字面值表达式、加和乘二元运算、本地变量访问和赋值、成员变量访问和赋值、方法调用、具有本地变量声明的块、顺序结构、条件、循环、抛出异常、异常处理块等。

```
datatype 'a exp
  = new cname
  | Cast cname "('a exp)"
  | Val val
  | BinOp "('a exp)" bop "('a exp)" ("_ «_» _" [80,0,81] 80)
  | Var 'a
  | LAss 'a "('a exp)" ("_:=_" [90,90]90)
  | FAcc "('a exp)" vname cname ("_·_{_}" [10,90,99]90)
  | FAss "('a exp)" vname cname "('a exp)" ("_·_{_} := _" [10,90,99,90]90)
  | Call "('a exp)" mname "('a exp list)" ("_·_'(_')" [90,99,0] 90)
  | Block 'a ty "('a exp)" ("'{_:_; _}")
```

此外，由于 Jinja 源语言是基于表达式的语言，它将 Java 语言的赋值和循环语句等视为计算值为 Unit 的表达式。为了处理 TryCatch 作为复合表达式的子表达式出现的情况，例如(Var "a")·"age"{"My_class"}:= (TryCatch ((Var "a")·"f"([])) NullPointer "e" (Var "e"))，异常表项还包括一个特殊的自然数值 d，代表异常处理器期望的操作数栈大小，因此当异常产生时，异常处理器将操作数栈大小减小到 d，而不是像 JVM 一样将操作数栈清空，然后将异常引用推到栈顶。

抽象指令 instr 定义的定义为

```
datatype instr = Load nat
               | Store nat
               | Push val
               | New cname
               | Getfield vname cname
               | Putfield vname cname
               | Checkcast cname
               | Invoke mname nat
               | Return
```

```
| Pop
| IAdd
| Goto int
| CmpEq
| IfFalse int
| Throw
```

为了翻译源语言和中间语言，定义翻译函数 compM、compC 和 compP。它们分别翻译函数体、类和程序，即

```
definition compM :: ('a ⇒ 'b) ⇒ 'a mdecl ⇒ 'b mdecl where
  compM f ≡ λ(M, Ts, T, m). (M, Ts, T, f m)

definition compC :: ('a ⇒ 'b) ⇒ 'a cdecl ⇒ 'b cdecl where
  compC f ≡ λ(C,D,Fdecls,Mdecls). (C,D,Fdecls, map (compM f) Mdecls)

definition compP :: ('a ⇒ 'b) ⇒ 'a prog⇒ 'b prog where
  compP f ≡ map (compC f)
```

利用这三个函数，由 Jinja 到 J_1 的翻译，以及由 J_1 到目标虚拟机的翻译分别定义为 $compP_1$ 和 $compP_2$，即

```
definition compP₁ :: J_prog ⇒ J₁_prog where
  compP₁ ≡ compP (λ(pns,body). compE₁ (this#pns) body)

definition compMb₂ :: expr₁ ⇒ jvm_method where
  compMb₂≡λbody.
  let ins = compE₂ body @ [Return];
      xt = compxE₂ body 0 0
  in (max_stack body, max_vars body, ins, xt)
definition compP₂ :: J₁_prog ⇒ jvm_prog where
  compP₂ ≡ compP compMb₂
```

使用函数组合运算符，组合 $compP_1$ 和 $compP_2$ 这两个编译函数，可以得到由 Jinja 源语言程序到目标程序的翻译为 J2JVM，即

```
definition J2JVM :: J_prog ⇒ jvm_prog where
  J2JVM ≡ compP₂ ∘ compP₁
```

在 $compP_1$ 和 $compP_2$ 的定义中，$compE_1$、$compE_2$ 和 $compxE_2$ 分别编译源语

言和中间语言，以及生成异常表。其类型分别为

```
primrec compE1 :: vname list ⇒ expr ⇒ expr1
  and compEs1 :: vname list ⇒ expr list ⇒ expr1 list
primrec compE2 :: expr1 ⇒ instr list
  and compEs2 :: expr1 list ⇒ instr list

primrec compxE2 :: expr1 ⇒ pc ⇒ nat ⇒ ex_table
  and compxEs2 :: expr1 list ⇒ pc ⇒ nat ⇒ ex_table
```

compE$_1$ Vs e 的第一个参数 Vs 搜集编译到当前表达式 e 时所有声明了的变量名，初始设为(this#pns)，即 this 变量和所有形参名，即

```
compE1 Vs (new C) = new C
compE1 Vs (Cast C e) = Cast C (compE1 Vs e)
compE1 Vs (Val v) = Val v
compE1 Vs (e1 «bop» e2) = (compE1 Vs e1) «bop» (compE1 Vs e2)
compE1 Vs (Var V) = Var(last_index Vs V)
compE1 Vs (V:=e) = (last_index Vs V):= (compE1 Vs e)
compE1 Vs (e·F{D}) = (compE1Vs e)·F{D}
compE1 Vs (e1·F{D}:=e2) = (compE1 Vs e1)·F{D} := (compE1 Vs e2)
compE1 Vs (e·M(es)) = (compE1 Vs e)·M(compEs1 Vs es)
compE1 Vs {V:T; e} = {(size Vs):T; compE1 (Vs@[V]) e}
compE1 Vs (e1;;e2) = (compE1 Vs e1);;(compE1 Vs e2)
compE1 Vs (if (e) e1 else e2) = if (compE1 Vs e) (compE1 Vs e1) else (compE1 Vs e2)
compE1Vs (while (e) c) = while (compE1 Vs e) (compE1 Vs c)
compE1 Vs (throw e) = throw (compE1 Vs e)
compE1 Vs (try e1 catch(C V) e2) = try(compE1Vs e1) catch(C (size Vs)) (compE1 (Vs@[V]) e2)

compEs1 Vs []   = []
compEs1 Vs (e#es) = compE1 Vs e # compEs1 Vs es
```

生成目标指令的翻译较为直接，因此 compE$_2$ e 的定义为

```
compE2 (new C) = [New C]
compE2 (Cast C e) = compE2 e @ [Checkcast C]
compE2 (Val v) = [Push v]
compE2 (e1 «bop» e2) =
    compE2 e1 @ compE2 e2 @ (case bop of Eq ⇒ [CmpEq] Add ⇒ [IAdd])
```

```
compE2 (Var i) = [Load i]
compE2 (i:=e) = compE2 e @ [Store i, Push Unit]
compE22 (e·F{D}) = compE2 e @ [Getfield F D]
compE2 (e1·F{D} := e2) = compE2 e1 @ compE2 e2 @ [Putfield F D, Push Unit]
compE2 (e·M(es)) = compE2 e @ compEs2 es @ [Invoke M (size es)]
compE2 ({i:T; e}) = compE2 e
compE2 (e1;;e2) = compE2 e1 @ [Pop] @ compE2 e2
compE2 (if (e) e1 else e2) = (let cnd = compE2 e; thn = compE2 e1; els = compE2 e2;
                              test = IfFalse (int(size thn + 2));
                              thnex = Goto (int(size els + 1))
                          in cnd @ [test] @ thn @ [thnex] @ els)
compE2 (while (e) c) = (let cnd = compE2 e; bdy = compE2 c;
                          test = IfFalse (int(size bdy + 3));
                          loop = Goto (-int(size bdy + size cnd + 2))
                       in cnd @ [test]@ bdy @ [Pop] @ [loop] @ [Push Unit])
compE2 (throw e) = compE2 e @ [instr.Throw]
compE2 (try e1 catch(C i) e2) =
   (let catch = compE2 e2 in compE2 e1 @ [Goto (int(size catch)+2), Store i] @ catch)

compEs2 [] = []
compEs2 (e#es) = compE2 e @ compEs2 es
```

$compxE_2$生成异常表，由于异常表项中的起止指令 pc 和异常处理器 pc 都是绝对地址，因此 $compxE_2$将当前指令计数作为一个参数，最后一个参数是操作数栈的大小。$compxE_2$从左至右遍历表达式，将每个 TryCatch 结构翻译为一个异常表项。$compxE_2$的定义为

```
compxE2 (new C) pc d = []
compxE2 (Cast C e) pc d = compxE2 e pc d
compxE2 (Val v) pc d = []
compxE2 (e1 «bop» e2) pc d =
compxE2 e1 pc d @ compxE2 e2 (pc + size(compE2 e1)) (d+1)
compxE2 (Var i) pc d = []
compxE2 (i:=e) pc d = compxE2 e pc d
compxE2 (e·F{D}) pc d = compxE2 e pc d
ompxE2 (e1·F{D} := e2) pc d =
compxE2 e1 pc d @ compxE2 e2 (pc + size(compE2 e1)) (d+1)
```

```
compxE2 (e·M(es)) pc d = compxE2 e pc d @ compxEs2 es (pc + size(compE2 e)) (d+1)
compxE2 ({i:T; e}) pc d = compxE2 e pc d
compxE2 (e1;;e2) pc d = compxE2 e1 pc d @ compxE2 e2 (pc+size(compE2 e1)+1) d
compxE2 (if (e) e1 else e2) pc d = (let pc1 = pc + size(compE2 e) + 1; pc2 = pc1 + size(compE2 e1)+1
                          in compxE2 e pc d @ compxE2 e1 pc1 d @ compxE2 e2 pc2 d)
compxE2 (while (b) e) pc d = compxE2 b pc d @ compxE2 e (pc+size(compE2 b)+1) d
compxE2 (throw e) pc d = compxE2 e pc d
compxE2 (try e1 catch(C i) e2) pc d = (let pc1 = pc + size(compE2 e1)
                          in compxE2 e1 pc d @ compxE2 e2 (pc1+2) d @
                          [(pc,pc1,C,pc1+1,d)])

compxEs2 [] pc d   = []
compxEs2 (e#es) pc d = compxE2 e pc d @ compxEs2 es (pc+size(compE2 e)) (d+1)
```

因此，假定 Jinja 源程序的一个方法体是(pns,body)，该程序到目标程序的翻译过程是：首先调用 $compP_1$ 获得 body'，其中变量名变换为相应的序号。以这种方式，翻译源程序中的每个方法，从而将源程序翻译转换为中间语言程序。然后，对于中间语言程序的每个方法体 body'，由函数 max_vars 归纳计算所需的最大寄存器(本地变量)个数，max_stack 归纳计算得到所需的最大操作数栈大小，调用 $compE_2$ 将 J_1 程序方法体中的语句翻译成指令，调用 $compxE_2$ 生成异常表。最后，添加一条方法返回指令。

例如，Jinja 源程序 Test 和翻译得到的目标机器指令程序为

```
//Jinja 源程序 Test 的定义
definition A_Class :: J_mb class where
  A_Class ==   (Object, [(a, Integer)],[])"

definition Test_Class ::J_mb clas where
 Test_Class == (Object, [], [(main, [], Void,([],(Block a (Class A)
                              (TryCatch (a := (new A)) OutOfMemory e (Var e)))))])
definition Test :: J_prog where
 Test == [(Test, Test_Class), (A, A_Class)]
//使用 J2JVM Test 翻译得到的目标机器指令程序
[(Test, Object, [], [(main, [], Void, 1, 2, [New A, Store 1, Push Unit, Goto 3, Store 2, Load 2, Return],
                  [(0, 3, OutOfMemory, 4, 0)])]),
                  (A, Object, [(a, Integer)], [])]
```

2. 语义定义

Jinja 值类型 val 的定义为

```
datatype val = Unit | Null | Bool bool | Intg int | Addr addr
```

Jinja 源语言是基于表达式的命令式语言，语句是值为 Unit 的表达式。为了使整个形式化定义是可执行的，地址值的类型 addr 等同于自然数类型。

Jinja 源和目标程序都是面向对象的，程序状态包括对象的状态。为了刻画这类指针程序的状态，将堆 heap 形式化为地址到对象的映射(偏函数)。对象由类名和成员变量组成，每个成员变量由其成员变量名、声明该成员变量的类名及其值组成。本地变量是变量名到值的映射。于是，Jinja 程序状态 state 是堆 heap 和本地变量 locals 组成的二元组。由于 J_1 程序不再具有变量名，状态 $state_1$ 是由堆 heap 和本地变量值列表组成的二元组，即

```
type_synonym  locals = vname ⇀ val
type_synonym  fields = vname × cname ⇀ val
type_synonym  obj = cname × fields
type_synonym  heap   = addr ⇀ obj
type_synonym  state  = heap × locals
type_synonym  state1 = heap × (val list)
```

目标虚拟机的状态由异常标识、堆和栈帧列表组成，栈帧由操作数栈、本地变量、类名、方法名，以及当前程序计数组成，其中操作数栈和本地变量的类型都是值列表 val list，即

```
type_synonym  pc = nat
type_synonym  frame = val list × val list × cname × mname × pc
type_synonym  jvm_state = addr option × heap × frame list
```

为定义面向对象程序的语义，继续定义以下子类关系、成员变量查找、成员方法查找等函数和谓词。

(1) 子类关系。

直接子类关系定义为一个归纳集合，即

```
inductive_set  subcls1 :: 'm prog ⇒ (cname × cname) set
 and  subcls1' :: 'm prog ⇒ [cname, cname] ⇒ bool (_ ⊢ _ ≺ ¹ _ [71,71,71] 70)
  for P :: 'm prog  where
  P ⊢ C ≺¹ D ≡ (C,D) ∈ subcls1 P
| subcls1I: ⟦class P C = Some (D,rest); C ≠ Object⟧ ⟹ P ⊢ C ≺¹ D
```

其中，class ≡ map_of，因此 D 是 C 的直接超类名；命令 inductive_set 以归纳方式

定义了一个集合，该集合中的元素是程序 P 中任意一对直接父子类名组成的元组。

于是，子类关系定义为直接子类关系的自反传递闭包，即

```
abbreviation
  subcls :: 'm prog ⇒ [cname, cname] ⇒ bool (_ ⊢ _ ≼* _   [71,71,71] 70)
  where P ⊢ C ≼* D ≡ (C,D) ∈ (subcls1 P)*
```

(2) 成员变量查找。

成员变量查找决定一个对象具有哪些成员变量。成员变量包括本类中声明的变量和从父类中继承的变量，可以使用归纳谓词 inductive 定义，即

```
inductive
  Fields :: ['m prog, cname, ((vname × cname) × ty) list] ⇒ bool (_ ⊢ _ has'_fields _
  [51,51,51] 50)
  for P :: 'm prog    where
  has_fields_rec: ⟦ class P C = Some(D,fs,ms); C  ≠  Object; P ⊢ D has_fields FDTs;
                         FDTs' = map (λ(F,T). ((F,C),T)) fs @ FDTs ⟧
                     ⟹ P ⊢ C has_fields FDTs'"
  |  has_fields_Object:⟦class P Object = Some(D,fs,ms); FDTs = map (λ(F,T). ((F,Object),T)) fs ⟧
                         ⟹ P ⊢ Object has_fields FDTs"
```

其中，map 函数通过将 λ 运算作为参数，将形如(F,T)的成员变量声明转换为((F,C),T)，从而在 FDTs 和 FDTs'中包括声明该成员变量的类名。

使用归纳谓词 Fields 和确定性描述符 THE，可以得到定义 fields，即

```
definition fields :: 'm prog ⇒ cname ⇒ ((vname × cname) × ty) list where
  fields P C ≡ THE FDTs. P ⊢ C has_fields FDTs
```

给定程序 P 和类名 C，定义 fields 可以得到类 C 在程序 P 中的成员变量 FDTs。

Jinja 源语言抽象语法 new C 的大步操作语义规则使用归纳谓词 Fields 得到类 C 具有的成员变量。在定义目标机器抽象指令执行效果的递归函数中，New C 使用定义 fields 得到类 C 具有的成员变量。

(3) 成员方法查找。

成员方法查找决定哪些成员方法对于一个对象是可见的，包括定义的方法和从父类中继承的方法，也使用归纳谓词 inductive 定义。

```
inductive
  Methods :: ['m prog, cname, mname ⇀ (ty list × ty × 'm) × cname] ⇒ bool (_ ⊢ _ sees'_
  methods _ [51,51,51] 50)   for P :: 'm prog   where
  sees_methods_Object: ⟦ class P Object = Some(D,fs,ms); Mm = map_option (λm.
  (m,Object)) ∘ map_of ms ⟧
```

```
                    ⟹ P ⊢ Object sees_methods Mm''
| sees_methods_rec: ⟦ class P C = Some(D,fs,ms); C ≠ Object; P ⊢ D sees_methods Mm;
                    Mm' = Mm ++ (map_option (λm. (m,C)) ∘ map_of ms) ⟧
                    ⟹ P ⊢ C sees_methods Mm'
```

其中，Mm 和 Mm'是映射，由方法名映射到参数类型、返回值类型、方法体，以及定义该方法的类名；基本步 sees_methods_Object 定义 Object 对象的方法；在归纳步 sees_methods_rec 中，按类继承层次关系向上递归查找直接父类对象所见的方法 Mm；由于 Mm 代表父类方法的映射，(map_option (λm. (m,C)) ∘ map_of ms) 代表子类方法映射，因此如果父类和子类具有同名方法，结果为子类定义的方法，即子类覆盖父类的方法。

不同于 Java 语言，Jinja 实现的方法覆盖机制仅要求父子类中的方法名相同，且不支持方法重载。

使用谓词 Methods，可以给出 Method 和 method，即

```
definition Method :: 'm prog ⇒ cname ⇒ mname ⇒ ty list ⇒ ty ⇒ 'm ⇒ cname ⇒ bool
        (_ ⊢ _ sees _: _→_ = _ in _ [51,51,51,51,51,51,51] 50) where
  P ⊢ C sees M: Ts→T = m in D ≡ ∃Mm. P ⊢ C sees_methods Mm ∧ Mm M = Some((Ts,T,m),D)
  definition method :: 'm prog ⇒ cname ⇒ mname ⇒ cname × ty list × ty × 'm   where
    method P C M  ≡  THE (D,Ts,T,m). P ⊢ C sees M:Ts → T = m in D
```

Jinja 源语言抽象语法 Call 的大步操作语义规则使用定义 Method。在定义目标机器抽象指令执行效果的递归函数中，Invoke M n 使用定义 method。

Jinja 大步操作语义定义为归纳谓词 eval，其类型为

```
inductive
  eval :: J_prog ⇒ expr ⇒ state ⇒ expr ⇒ state ⇒ bool (_ ⊢ ((1⟨_,/_⟩) ⇒/ (1⟨_,/_⟩)) [51,0,0,0,0] 81)
and evals :: J_prog ⇒ expr list ⇒ state ⇒ expr list ⇒ state ⇒ bool (_ ⊢ ((1⟨_,/_⟩) [⇒]/ (1⟨_,/_⟩))
[51,0,0,0,0] 81)
for P :: J_prog
```

因此，P⊢⟨e,(h,l)⟩⇒⟨e',(h',l')⟩表示程序 P 在当前堆是 h，本地变量是 l 的状态下，执行表达式 e，e 计算到 e'，堆更新为 h'，本地变量更新为 l'。例如，方法调用 e·M(ps) 的大步操作语义规则为

```
⟦ P ⊢ ⟨e,s0⟩ ⇒ ⟨addr a,s1⟩;   P ⊢ ⟨ps,s1⟩ [⇒] ⟨map Val vs,(h2,l2)⟩;
    h2 a = Some(C,fs);   P ⊢ C sees M:Ts→T = (pns,body) in D;
    length vs = length pns;   l2' = [this↦Addr a, pns[↦]vs];
    P ⊢ ⟨body,(h2,l2')⟩ ⇒ ⟨e',(h3,l3)⟩ ⟧
  ⟹ P ⊢ ⟨e·M(ps),s0⟩ ⇒ ⟨e',(h3,l2)⟩"
```

该语义规则定义的是，如果 e 计算到一个地址值 addr a，状态由 s_0 转换到状态 s_1；在状态 s_1 下，方法参数列表计算到值列表 map Val vs，状态由 s_1 转换到状态(h_2, l_2)；在堆 h_2 中，地址 a 存储的对象是(C, fs)，类 C 可见名为 M 的方法，其参数列表类型是 Ts，返回值类型是 T，形参名列表是 pns，方法体是 body；l_2 更新到 l_2'，即 this 映射到地址值 Addr a，pns 映射到 vs，列表 vs 和 pns 的大小相同，body 在状态(h_2, l_2')下计算到 e'，新的状态是(h_3, l_3)；e·M(ps)计算到 e'，状态变换为(h_3, l_2)。

完整的语义计算可分为正常计算和异常计算两大类。J_1 程序的语义定义基本上类似源程序。

为了定义目标虚拟机程序的语义，首先定义每条指令的执行函数 exec_instr，即

```
primrec
  exec_instr :: [instr, jvm_prog, heap, val list, val list, cname, mname, pc, frame list] ⇒ jvm_state
```

因此，exec_instr i P h stk loc C M pc frs 表示在当前操作数栈为 stk，本地变量为 loc、其余栈帧为 frs 的机器状态下，执行程序 P 中方法 M 的指令计数为 pc 的指令 i。例如，方法调用的执行效果定义为

```
exec_instr (Invoke M n) P h stk loc C₀ M₀ pc frs =
  (let ps = take n stk;
       r = stk!n
       in (case r of Null ⇒ (⌊addr_of_sys_xcpt NullPointer⌋,h,   (stk, loc, C₀ M₀, pc)#frs)
                    | _ ⇒ let C = fst(the(h(the_Addr r)));
                                (D,Ts,T,mxs,mxl₀,ins,xt) = method P C M;
                                f' = ([],[r]@(rev ps)@(replicate mxl₀ undefined),D,M,0)
                              in (None, h, f'#(stk, loc, C₀ M₀, pc)#frs)))"
```

该执行效果表示，取操作数栈中前 n 个值赋给 ps，ps 代表实参。取操作数栈中第 n 个值赋给 r，方法 M 作用在 r 引用的对象上。如果 r 不引用对象，则将异常标识设为空指针异常，计算结束；否则，取得 r 引用对象的类名是 C，通过 method P C M 查找。M 在类 D 中定义，它的形参类型列表是 Ts，返回值是 T，操作数栈和本地变量容量分别是 mxs 和 mxl_0，指令列表是 ins，异常表是 xt。创建新的栈帧，该栈帧的操作数栈为空，本地变量列表按顺序存放 this 值 r、实参 ps 的逆序和 mxl_0 个未定义值 undefined，程序计数 pc 为 0，异常标识是 None。

使用 exec_instr，目标虚拟机程序的单步执行函数定义为

```
fun exec :: jvm_prog × jvm_state => jvm_state option where
  exec (P, xp, h, []) = None
```

```
  | exec (P, None, h, (stk,loc,C,M,pc)#frs) = (let
      i = instrs_of P C M ! pc;
      (xcpt', h', frs') = exec_instr i P h stk loc C M pc frs
    in Some(case xcpt' of None ⇒ (None,h',frs') | Some a ⇒ find_handler P a h ((stk,loc,
    C,M,pc)#frs)))
  | exec (P, Some xa, h, frs) = None
```

其中，find_handler 查找匹配的异常处理器，如果在当前栈帧中未找到，则向上层调用栈帧继续查找，直至最外层栈帧，即

```
primrec find_handler :: jvm_prog ⇒ addr ⇒ heap ⇒ frame list ⇒ jvm_state where
  find_handler P a h [] = (Some a, h, [])
 | find_handler P a h (fr#frs) =
       (let (stk,loc,C,M,pc) = fr in
        case match_ex_table P (cname_of h a) pc (ex_table_of P C M) of
          None ⇒ find_handler P a h frs
       | Some pc_d ⇒ (None, h, (Addr a # drop (size stk - snd pc_d) stk, loc, C, M, fst pc_d)#frs))
```

利用函数式定义 exec_instr，程序单步指令的关系式语义计算规则 exec_1 为

```
inductive_set exec_1 :: jvm_prog ⇒ (jvm_state × jvm_state) set
        and exec_1' :: jvm_prog ⇒ jvm_state ⇒ jvm_state ⇒ bool (_ ⊢/ _ -jvm→1/ _ [61,61,61] 60)
        for P :: jvm_prog where
  P ⊢ σ -jvm→1 σ' ≡ (σ,σ') ∈ exec_1 P
| exec_1I:   exec (P,σ) = Some σ' ⟹ P ⊢ σ -jvm→1 σ'
```

因此，任意程序的执行 exec_all 是该单步执行状态转换关系的自反传递闭包，即

```
definition exec_all :: jvm_prog ⇒ jvm_state ⇒ jvm_state ⇒ bool ((_ ⊢/ _ -jvm→/ _) [61,61,61]60)where
  exec_all_def1: P ⊢ σ -jvm→  σ' ↔ (σ,σ')  ∈  (exec_1 P)*
```

3. 语义等同证明

语义等同分两步证明，首先证明 Jinja 程序编译到 J_1 程序的正确性，然后证明 J_1 程序编译到目标虚拟机指令程序的正确性。联合这两步的正确性证明，能够证明 Jinja 到目标虚拟机指令程序的编译是语义保持的。

Jinja 程序编译到 J_1 程序的正确性前提是源程序的良定义性，由 wwf_J_prog 定义，即

```
abbreviation wwf_J_prog :: J_prog ⇒ bool where
```

```
wwf_J_prog == wf_prog wwf_J_mdecl
```

其中，wf_prog 通过 wf_fdecl、wf_mdecl、wf_cdecl 和 wf_syscls 定义。

```
//成员变量的良定义
definition wf_fdecl :: 'm prog ⇒ fdecl ⇒ bool where
  wf_fdecl P ≡ λ(F,T). is_type P T
//成员方法的良定义
definition wf_mdecl :: 'm wf_mdecl_test ⇒ 'm wf_mdecl_test where
  wf_mdecl wf_md P C ≡ λ(M,Ts,T,mb).
  (∀T∈set Ts. is_type P T) ∧ is_type P T ∧ wf_md P C (M,Ts,T,mb)
//类的良定义
definition wf_cdecl :: 'm wf_mdecl_test ⇒ 'm prog ⇒ 'm cdecl ⇒ bool where
  wf_cdecl wf_md P ≡ λ(C,(D,fs,ms)).
  (∀f∈set fs. wf_fdecl P f) ∧ distinct_fst fs ∧
  (∀m∈set ms. wf_mdecl wf_md P C m) ∧ distinct_fst ms ∧
  (C ≠ Object ⟶
   is_class P D ∧ ¬ P ⊢ D ≼* C ∧
   (∀(M,Ts,T,m)∈set ms.
      ∀D' Ts' T' m'. P ⊢ D sees M:Ts' → T' = m' in D' ⟶
                             P ⊢ Ts' [≤] Ts ∧ P ⊢ T ≤ T'))
//系统类的良定义
definition wf_syscls :: 'm prog ⇒ bool where
  wf_syscls P ≡ {Object} ∪ sys_xcpts ⊆ set(map fst P)
//程序的良定义
definition wf_prog :: 'm wf_mdecl_test ⇒ 'm prog ⇒ bool where
  wf_prog wf_md P ≡ wf_syscls P ∧ (∀c∈set P. wf_cdecl wf_md P c) ∧ distinct_fst P
```

其中，wf_fdecl、wf_mdecl、wf_cdecl 和 wf_syscls 分别为成员变量、成员方法、类和系统类的良定义。

wf_fdecl 要求每个成员变量的类型必须是程序 P 的合法类型。合法类型由 is_type 定义，每个类中的每个成员变量满足 wf_fdecl，并且成员变量名唯一。每个类中的方法满足 wf_mdecl，并且方法名唯一。对于每个非 Object 类 C，如果它的直接超类是 D，那么 D 是程序 P 的合法类(由 is_class 定义)，并且 D 不是 C 的子类(因此不存在 C-D-C 的循环继承层次关系)。对于类 C 中的每个方法(M, Ts, T, m)，如果 D'中定义的方法(M, Ts', T', m')对 D 对象是可见的，那么 T 是 T'的子类型，Ts'中的每个类型是对应 Ts 中每个类型的子类型。子类型 widen 关系由子类

关系定义，即

```
inductive widen :: 'm prog ⇒ ty ⇒ ty ⇒ bool (_ ⊢ _ ≤ _    [71,71,71] 70)
  for P :: 'm prog where
  widen_refl[iff]: P ⊢ T ≤ T
| widen_subcls: P ⊢ C ≼* D ⟹ P ⊢ Class C ≤ Class D
| widen_null[iff]: P ⊢ NT ≤ Class C
```

因此，Jinja 的方法覆盖要求特定的返回值类型，但是允许更泛的参数类型，而不是相同的参数类型。wf_mdecl 要求每个方法的形参类型和返回值类型必须是程序 P 的合法类型，并且方法体是良定义的。源程序方法体的良定义为

```
definition wwf_J_mdecl :: J_prog ⇒ cname ⇒ J_mb mdecl ⇒ bool where
  wwf_J_mdecl P C ≡ λ(M,Ts,T,(pns,body)).
  length Ts = length pns ∧ distinct pns ∧ this ∉ set pns ∧ fv body ⊆ {this} ∪ set pns
```

其中，fv 为在递归类型 expr 上定义的一个递归函数，例如 fv(Var V) = {V}、fv({V:T; e}) = fv e - {V}、fv(LAss V e) = {V} ∪ fv e 等，因此 fv body⊆{this}∪set pns 可以保证源程序不使用未在方法体 Block 表达式中声明的变量。

因此，源程序的良定义 wwf_J_prog 为

```
abbreviation wwf_J_prog :: J_prog ⇒ bool where
  wwf_J_prog == wf_prog wwf_J_mdecl
```

在 wwf_J_prog P 为前提的条件下，Jinja 程序编译到 J_1 程序的语义等同定理构造为状态的前向模拟关系。由于 Jinja 源程序和 J_1 程序状态描述相近，模拟关系的构造相对简单。源程序中本地变量 l 是变量名到值的映射，J_1 程序中的本地变量 ls 是值列表，而编译递归函数 $compE_1$ 的参数 Vs 是所有声明的变量名列表，那么 Vs、l 和 ls 之间在编译前肯定满足某种关系。在这个假定条件下，Vs 与编译后的 l'和 ls'之间也必须满足该关系。直觉上，这种关系应该是 l 等同于变量名列表到值列表的一一映射，即 l =[Vs[↦]ls]，但是需要考虑未初始化的变量在 l 中映射为 None 的问题，因此不能直接将它们等同，而是使用 $\subseteq_m$ 运算排除那些未被初始化的变量，$\subseteq_m$ 运算定义为

```
definition
  map_le :: ('a ⇀ 'b) ⇒ ('a ⇀ 'b) ⇒ bool (infix ⊆m 50) where
  (m₁ ⊆m m₂) ⟷ (∀a ∈ dom m₁. m₁ a = m₂ a)
```

除了满足 l $\subseteq_m$[Vs[↦]ls]外，其他需要满足的条件是 fv e⊆set Vs，以及 size Vs + max_vars e ≤ size ls。因此，语义等同定理构造为 $eval_1$_eval，即

```
theorem assumes wf: wwf_J_prog P
shows eval1_eval: P ⊢ ⟨e,(h,l)⟩ ⇒ ⟨e',(h',l')⟩
  ⟹ (⋀Vs ls. ⟦ fv e ⊆ set Vs;   l ⊆m [Vs[↦]ls]; size Vs + max_vars e ≤ size ls ⟧
        ⟹ ∃ls'. compP1 P ⊢1 ⟨compE1 Vs e,(h,ls)⟩ ⇒ ⟨fin1 e',(h',ls')⟩ ∧ l' ⊆m [Vs[↦]ls'])
and evals1_evals: P ⊢ ⟨es,(h,l)⟩ [⇒] ⟨es',(h',l')⟩
  ⟹ (⋀Vs ls. ⟦ fvs es ⊆ set Vs;   l ⊆m [Vs[↦]ls]; size Vs + max_varss es ≤ size ls ⟧
        ⟹ ∃ls'. compP1 P ⊢1 ⟨compEs1 Vs es,(h,ls)⟩ [⇒] ⟨compEs1 Vs es',(h',ls')⟩ ∧
              l' ⊆m [Vs[↦]ls'])
```

因此，定理 $eval_1$_eval 陈述的状态前向模拟关系是，如果源程序 P 的表达式 e 由初始状态<h,l>到达终态⟨h', l'⟩，e 转换到 e'，满足 fv e ⊆ set Vs、l ⊆ m[Vs[↦]ls]和 size Vs + max_vars e ≤ size ls，那么存在 ls'，使编译后的程序 $compP_1$ P，由初始状态⟨h, ls⟩转换到状态(h', ls')，$compE_1$ Vs e 计算到值 fin_1 e'，并且满足 l' ⊆ m[Vs[↦]ls']。其中，fin_1定义为

```
primrec fin1:: expr ⇒ expr1 where
  fin1(Val v) = Val v | fin1(throw e) = throw(fin1 e)
```

定理 $eval_1$_eval 在 eval 定义的大步操作语义规则 P⊢⟨e,(h,l)⟩⇒⟨e',(h',l')⟩上进行归纳证明。归纳证明的思想是，对复合表达式(如顺序表达式 e_1;;e_2，方法调用表达式 e·M(es)等)，假定对应的子表达式 e_1 和 e_2，以及 e 和 es 的计算对于 $eval_1$_eval 定理成立的条件下，证明整个表达式的计算满足上述定理。复合表达式中方法调用和异常捕获处理的编译证明较为复杂，其中方法调用涉及方法查找、异常处理涉及在异常表项中查找是否有对应的异常处理语句，以及向上层调用方法抛出异常等，需要构造辅助定理，即

```
lemma eval1_preserves_len: P ⊢1 ⟨e0,(h0,ls0)⟩ ⇒ ⟨e1,(h1,ls1)⟩ ⟹ length ls0 = length ls1
  and evals1_preserves_len: P ⊢1 ⟨es0,(h0,ls0)⟩ [⇒] ⟨es1,(h1,ls1)⟩ ⟹ length ls0 = length ls1
lemma sees_wf_mdecl:
  ⟦wf_prog wf_md P; P ⊢ C sees M:Ts→T = m in D ⟧ ⟹ wf_mdecl wf_md P D (M,Ts,T,m)
lemma sees_method_compP:
  P ⊢ C sees M: Ts→T = m in D ⟹ compP f P ⊢ C sees M: Ts→T = (f m) in D
```

源程序方法调用表达式编译前后语义等同性证明的前提、假定，以及待证明结论如下，即

P_1: fv e·M (es) ⊆ set Vs

P_2: l ⊆m [Vs [↦] ls]

P_3: size Vs + max_vars e·M (es) ≤ size ls

IH_1: P ⊢ ⟨e,(h, l)⟩⇒⟨Val (Addr a),(h_1, l_1)⟩

IH_2: fv e ⊆ set ?Vs ⟹ l ⊆m [V?s [↦] ls] ⟹ |?Vs| + max_vars e≤size ls⟹

∃ls'. compP₁ P ⊢i ⟨compE1 ?Vs e,(h, ?ls)⟩ ⇒ ⟨fin₁ (addr a),(h1, ls')⟩ ∧ l_1 ⊆m [?Vs [↦] ls']

IH_3: P ⊢ ⟨es,(h_1, l_1)⟩ [⇒] ⟨map Val vs,(h_2, l_2)⟩

IH_4: fvs es ⊆ set ?Vs ⟹l_1 ⊆m [?Vs [↦] ?ls] ⟹ size ?Vs + max_varss es≤size ?ls⟹

∃ls'. compP1 P ⊢i ⟨compEs₁ ?Vs es,(h_1, ?ls)⟩ [⇒] ⟨compEs₁ ?Vs (map Val vs),(h_2, ls')⟩ ∧ l_2 ⊆m [?Vs [↦] ls']

IH_5: h_2 a = ⌊(C, fs)⌋

IH_6: P ⊢ C sees M: Ts→T = (pns, body) in D

IH_7: length vs = length pns

IH_8: l_2' = [this ↦ Addr a, pns [↦] vs]

IH_9: P ⊢ ⟨body,(h_2, l_2')⟩⇒⟨b',(h_3, l_3)⟩

IH_{10}: fv body ⊆ set ?Vs ⟹ l2' ⊆m [?Vs [↦] ?ls] ⟹

size ?Vs + max_vars body ≤ size ?ls ⟹

∃ls'. compP₁ P ⊢i ⟨compE1 ?Vs body,(h_2, ?ls)⟩ ⇒ ⟨fin1 b',(h_3, ls')⟩∧l_3 ⊆m [?Vs [↦] ls']

C：∃ls'. compP₁ P ⊢₁⟨compE₁ Vs e·M (es),(h, ls)⟩ ⇒ ⟨fin₁ b',(h_3, ls')⟩ ∧ l_2 ⊆m [Vs [↦] ls']

源程序方法调用表达式语句编译前后语义等同性归纳证明过程如下，由 IH_6 和定理 sees_method_compP，可得

//归纳证明源语言方法调用表达式编译前后语义等同

case (Call e h l a h_1 l_1 es vs h_2 l_2 C fs M Ts T pns body D l_2' b' h_3 l_3)

//证明过程

由 P_1 和 fv e·M(es) = fv e ∪ fvs es，可得 f_1：fv e ⊆ set Vs。

由 max_vars(e·M(es)) = max (max_vars e) (max_varss es)和 P_3 得 v_1：size Vs + max_vars e≤ size ls。

于是，由 f_1,P_2,v_1,IH_2，存在 ls_1，使得

(1) compP₁ P ⊢₁ ⟨compE₁ Vs e,(h, ls)⟩ ⇒ ⟨fin₁ (Val(Addr a)),(h_1, ls_1)⟩。

(2) l_1 ⊆m [Vs [↦]ls_1]。

由定理 eval₁_preserves_len 可得

(3) size ls = size ls_1。

由 P_1 和 fv e·M(es) = fv e ∪ fvs es，可得 f_2：fv es ⊆ set Vs。

由 max_vars(e·M(es)) = max (max_vars e) (max_varss es)、P_3 和(3)得 v_2：size Vs + max_varss es≤ size ls_1。

于是，由 f_2,(2),v_2,IH_4，存在 ls_2，可得

(4) $compP_1$ P $\vdash_1$ ⟨$compEs_1$ Vs es,(h_1, ls_1)⟩ [⇒] ⟨$compEs_1$ Vs (map Val vs),(h_2, ls_2)⟩。

(5) $l_2 \subseteq_m$ [Vs [↦] ls_2]。

同理，由定理 $eval_1$_preserves_len，可得

(6) size ls_1 = size ls_2。

令?Vs = this # pns, ?ls= Addr a # vs @ replicate (max_vars body) undefined

由 wwf_J_prog P、IH_6 和定理 sees_wf_mdecl，可得

(7) size Ts = size pns。

(8) fv body ⊆ set ?Vs。

sees：$compP_1$ P ⊢ C sees M: Ts→T = ($compE_1$?Vs body) in D

由 IH_8 可得 lm: $l_2' \subseteq_m$ [?Vs [↦] ?ls]。

由 IH_7 可知 v_3：size ?Vs + max_vars body ≤ size ?ls。

由(8)，lm，v_3，IH_{10}，可知存在 ls_3，使得

(9) $compP_1$ P $\vdash_1$ ⟨$compP_1$ (this # pns) body,(h_2, ?ls)⟩ ⇒ ⟨fin_1 b',(h_3, ls_3)⟩。

(10) $l_3 \subseteq_m$ [this # pns [↦] ls_3]。

由(7)和 IH_7，可得

(11) size vs = size Ts。

因此，由(1),(4), IH_5,sees,(11), (9)和 J_1 方法调用表达式的计算规则可得

$compP_1$ P $\vdash_1$ ⟨$compE_1$ Vs e·M (es),(h, ls)⟩ ⇒ ⟨fin_1 b',(h_3, ls_2)⟩，并且 $l_2 \subseteq_m$ [Vs [↦]ls_2]，即存在 ls_2,使得 $compP_1$ P $\vdash_1$ ⟨$compE_1$ Vs e·M (es),(h, ls)⟩ ⇒ ⟨fin_1 b',(h_3, ls_2)⟩ ∧$l_2 \subseteq_m$ [Vs [↦]ls_2]。

源程序方法调用表达式语句编译前后语义等同性归纳证明的代码如下，即

```
have PROP ?P e h l (addr a) h₁ l₁ Vs ls by fact
 with Call.prems
 obtain ls₁ where 1: ?Post e h l (addr a) h₁ l₁ Vs ls ls₁
   size ls = size ls₁
   by(auto intro!:eval₁_preserves_len)
 have PROP ?Ps es h₁ l₁ (map Val vs) h₂ l₂ Vs ls₁ by fact
 with 1 Call.prems
 obtain ls₂ where 2: "?Posts es h₁ l₁ (map Val vs) h₂ l₂ Vs ls₁ ls₂
   size ls₁ = size ls₂
```

```
  by(auto intro!:evals1_preserves_len)
let ?Vs = this#pns
let ?ls = Addr a # vs @ replicate (max_vars body) undefined
have mdecl: P ⊢ C sees M: Ts→T = (pns, body) in D by fact
have fv_body: fv body ⊆ set ?Vs and wf_size: size Ts = size pns
  using wf mdecl
  by(auto dest!:sees_wf_mdecl simp:wf_mdecl_def)
have mdecl1: compP1 P ⊢ C sees M: Ts→T = (compE1 ?Vs body) in D
  using sees_method_compP[OF mdecl, of   λ(pns,e). compE1 (this#pns) e] by(simp)
have [simp]: l2' = [this ↦ Addr a, pns [↦] vs] by fact
have Call_size: size vs = size pns by fact
have PROP ?P body h2 l2' b' h3 l3 ?Vs ?ls by fact
with 1 2 fv_body Call_size Call.prems
obtain ls3 where 3: ?Post body h2 l2' b' h3 l3 ?Vs ?ls ls3 by(auto)
have hp: h2 a = Some (C, fs) by fact
from 1 2 3 hp mdecl1 wf_size Call_size show ?case
  by(fastforce simp add: comp_def intro!: Call1 dest!:evals_final)
```

非复合表达式的证明相对简单。例如，值表达式 Val v 编译后的表达式仍是 Val v，因此语义等同关系很容易证明，可以在其语义规则上通过证明方法 fastforce 自动得证。

接下来，证明 J_1 程序翻译到目标虚拟机程序的正确性，J_1 程序的执行等同于目标虚拟机指令的执行序列，因此语义保持定理构造为

```
lemma comp2_correct:
assumes method: P1 ⊢ C sees M:Ts→T = body in C
      and eval: "P1 ⊢1 ⟨body,(h,ls)⟩ ⇒ ⟨e',(h',ls')⟩"
  shows compP2 P1 ⊢ (None,h,[([],ls,C,M,0)]) -jvm→ (exception e',h',[])
```

其中，exception 的定义为

```
fun exception :: 'a exp ⇒ addr option where
  exception (Throw a) = Some a   | exception e = None
```

定理 $comp_2$_correct 直观地陈述了编译前后的语义等同性，即在给定 J_1 程序的 P_1 中，类 C 具有方法(M, Ts, T, (n, body))，在状态(h, ls)下执行方法体 body，到达终态(h', ls')。翻译得到的目标机器指令程序应该以(None,h,[([],ls,C,M,0)])为初始状态开始执行，到达终态(exception e',h',[])。但是，该定理不能在 Isabelle/HOL 中进行归纳证明。

为了证明 comp$_2$_correct，需要先构造一个辅助定理 Jcc，陈述任意 J_1 表达式的计算与机器状态之间的等同关系，从而在 J_1 程序执行的大步操作语义规则上进行归纳证明。在陈述定理 Jcc 之前，需要一些辅助定义和定理，即

```
definition before :: jvm_prog ⇒ cname ⇒ mname ⇒ nat ⇒ instr list ⇒ bool
  ((_,_,_,_/ ⊳ _) [51,0,0,0,51] 50) where
  P,C,M,pc ⊳ is ↔ prefix is (drop pc (instrs_of P C M))
definition pcs :: ex_table ⇒ nat set where
  pcs xt  ≡  U(f,t,C,h,d) ∈ set xt. {f ..< t}
definition beforex :: jvm_prog ⇒ cname ⇒ mname ⇒ ex_table ⇒ nat set ⇒ nat ⇒ bool
               ((2_,/_,/_ ⊳/ _ /'/ _,/_) [51,0,0,0,0,51] 50) where
  P,C,M ⊳ xt / I,d ↔ (∃xt0 xt1. ex_table_of P C M = xt0 @ xt @ xt1 ∧ pcs xt0 ∩ I = {} ∧pcs xt ⊆ I ∧
     (∀pc∈I. ∀C pc' d'. match_ex_table P C pc xt1 = [(pc',d')] → d' ≤ d))
definition caught :: jvm_prog ⇒ pc ⇒ heap ⇒ addr ⇒ ex_table ⇒ bool where
  caught P pc h a xt ↔ (∃entry ∈ set xt. matches_ex_entry P (cname_of h a) pc entry)
definition
  handle :: jvm_prog ⇒ cname ⇒ mname ⇒ addr ⇒ heap ⇒
        val list ⇒ val list ⇒ nat ⇒ frame list ⇒ jvm_state where
  handle P C M a h vs ls pc frs = find_handler P a h ((vs,ls,C,M,pc) # frs)
lemma beforeM:
  P ⊢ C sees M: Ts→T = body in D ⟹ compP2 P,D,M,0 ⊳ compE2 body @ [Return]
lemma beforexM:
  P ⊢ C sees M: Ts→T = body in D ⟹ compP2 P,D,M ⊳ compxE2 body 0 0/{..<size(compE2 body)},0
lemma handle_Cons:
 ⟦ P,C,M ⊳ xt/I,d; d ≤ size vs; pc ∈ I; ∀x∈set xt. ¬ matches_ex_entry P (cname_of h xa) pc x ⟧ ⟹
  handle P C M xa h (v # vs) ls pc frs = handle P C M xa h vs ls pc frs
lemma handle_append:
 ⟦ P,C,M ⊳ xt/I,d; d ≤ size vs; pc ∈ I; pc ∉ pcs xt ⟧ ⟹
  handle P C M xa h (ws @ vs) ls pc frs = handle P C M xa h vs ls pc frs
```

于是，定理 Jcc 可以构造为

```
lemma fixes P1 defines [simp]: P ≡ compP2 P1
shows Jcc:
  P1 ⊢1 ⟨e,(h0,ls0)⟩ ⇒ ⟨ef,(h1,ls1)⟩ ⟹ (⋀C M pc v xa vs frs I.
    ⟦ P,C,M,pc ⊳ compE2 e; P,C,M ⊳ compxE2 e pc (size vs)/I,size vs;
       {pc..<pc+size(compE2 e)} ⊆ I ⟧ ⟹
```

```
    (ef = Val v ⟶
     P ⊢ (None,h₀,(vs,ls₀,C,M,pc)#frs) -jvm→
           (None,h₁,(v#vs,ls₁,C,M,pc+size(compE₂ e))#frs))
    ∧
    (ef = Throw xa ⟶
     (∃pc₁. pc ≤ pc₁ ∧ pc₁ < pc + size(compE₂ e) ∧
      ¬ caught P pc₁ h₁ xa (compxE₂ e pc (size vs)) ∧
       P ⊢ (None,h₀,(vs,ls₀,C,M,pc)#frs) -jvm→ handle P C M xa h₁ vs ls₁ pc₁ frs)))
and P₁ ⊢₁ ⟨es,(h₀,ls₀)⟩ [⇒] ⟨fs,(h₁,ls₁)⟩ ⟹ (⋀C M pc ws xa es' vs frs I.
    ⟦ P,C,M,pc ⊳ compEs₂ es; P,C,M ⊳ compxEs₂ es pc (size vs)/I,size vs;
     {pc..<pc+size(compEs₂ es)} ⊆ I ⟧ ⟹
    (fs = map Val ws ⟶
     P ⊢ (None,h₀,(vs,ls₀,C,M,pc)#frs) -jvm→
          (None,h₁,(rev ws @ vs,ls₁,C,M,pc+size(compEs₂ es))#frs)) ∧
    (fs = map Val ws @ Throw xa # es' ⟶
     (∃pc₁. pc ≤ pc₁ ∧ pc₁ < pc + size(compEs₂ es) ∧
      ¬ caught P pc₁ h₁ xa (compxEs₂ es pc (size vs)) ∧
      P ⊢ (None,h₀,(vs,ls₀,C,M,pc)#frs) -jvm→ handle P C M xa h₁ vs ls₁ pc₁ frs)))
```

定理 Jcc 可以区分正常执行和抛出异常两种情况。正常执行时，如果 J_1 计算到某个值 v，那么编译后的虚拟机指令的执行将值 v 放在操作数栈栈首，程序计数相应变化。抛出异常时，该异常未由当前方法的异常处理器捕获，则继续在上层栈帧中查找是否有匹配的异常处理。定理 Jcc 能够在 J_1 程序的大步操作语义规则上进行归纳证明，共 43 个 case 分析。利用定理 Jcc，容易证明定理 $comp_2$_correct。

最后，构造编译正确性定理 comp_correct 为

```
theorem comp_correct:
assumes wwf: wwf_J_prog P
    and method: P ⊢ C sees M:Ts→T = (pns,body) in C
    and eval: P ⊢ ⟨body,(h,[this#pns [↦] vs])⟩ ⇒ ⟨e',(h',l')⟩
    and sizes: size vs = size pns + 1 size rest = max_vars body
  shows J2JVM P ⊢ (None,h,[([],vs@rest,C,M,0)]) -jvm→ (exception e',h',[])
```

使用已证明的定理 $comp_1$_correct 和 $comp_2$_correct，comp_correct 得证。

4. 目标虚拟机的类型系统

JVM 对字节码指令的执行依赖以下条件成立。

(1) 所有的字节码指令在执行之前，操作数栈、本地变量、堆中数据值的类型正确。

(2) 不存在从空操作数栈中取值的指令。从操作数栈中取值的指令不超出静态确定的操作数栈容量，从本地变量中取值的指令不超出静态确定的本地变量容量，即没有上溢和下溢。

(3) 程序计数器不超出方法体代码范围。

(4) 除了 this 和方法形参外，所有其他本地变量的读操作之前，必须先写入值，对应源语言级的确定性赋值。

因此，JVM 在执行字节码指令之前，先进行字节码验证。字节码验证器可以确保以上这些条件在运行的任何时刻都是满足的。这是对字节码的抽象解释，它作用在值的类型上，而不是值。Jinja 项目刻画目标虚拟机的类型系统，并实现一个正确的字节码验证器。

字节码方法体由一系列字节码指令组成。指令不包含变量名，以及变量声明时的类型信息。为了刻画目标虚拟机的类型系统，对于一个指令序列，在每条指令执行前，可以指定各存储位置上的值应该满足的类型大小关系。在每条指令执行后，可以指定各存储位置上的值是什么类型。这些类型也应符合该指令的所有后继指令在执行前需要满足的类型关系。称每条指令在运行时的类型信息为状态类型。方法类型是方法体所有指令的状态类型列表。为了指定状态类型的大小关系，可以采用数据流分析的思想。此时，数据流分析的不是通常意义上的值，而是类型。因此，按照数据流分析机制可以建立状态类型的半格结构和数据流函数。数据流函数刻画类型规则，半格结构中的偏序关系体现为类型规则中的类型大小关系。

状态类型 ty_i'刻画操作数栈和本地变量所存储值的类型信息，由于本地变量可能还没有初始化，类型未知，因此每个本地变量的类型是 ty err，每个初始化本地变量的类型是 OK ty，否则是 Err。不可到达指令视为合法指令，它的类型是 None。字节码验证器在进行数据流分析时，对于还未到达指令的类型，初始化为 None。因此，ty_i'的定义为

```
type_synonym tyl = ty err list
type_synonym tys = ty list
type_synonym tyi = tys × tyl
type_synonym tyi' = tyi option
```

因此，方法类型 ty_m 为

```
type_synonym tym = tyi' list
```

状态类型 ty_i'的半格结构建立在类型 ty err-半格结构上。Jinja 项目首先建立了一个基于 Kildall 算法的数据流分析框架。半格结构 sl 和 err-半格结构 esl 的定义

分别为

```
type_synonym 'a binop = 'a ⇒ 'a ⇒ 'a
type_synonym 'a sl = 'a set × 'a ord × 'a binop
type_synonym 'a ebinop = 'a ⇒ 'a ⇒ 'a err
type_synonym 'a esl = 'a set × 'a ord × 'a ebinop
```

因此，它们的区别在于并运算。ebinop 建模了集合中两个元素的并运算不存在的情况。在理论文件 SemiType.thy 中，定义 ty err-半格结构为

```
definition esl :: 'c prog ⇒ ty esl where
  esl P ≡ (types P, subtype P, sup P)
```

因此，给定程序 P，err-半格的集合是程序 P 中的所有合法类型。类型的大小关系是子类型关系，并运算是两个类型的最小公共子类型。

状态类型 ty_i'的半格结构 sl 的定义为

```
definition stk_esl :: 'c prog ⇒ nat ⇒ tys esl where
  stk_esl P mxs ≡ upto_esl mxs (SemiType.esl P)

definition loc_sl :: 'c prog ⇒ nat ⇒ tyₗ sl where
  loc_sl P mxl ≡ Listn.sl mxl (Err.sl (SemiType.esl P))

definition sl :: 'c prog ⇒ nat ⇒ nat ⇒ tyᵢ' err sl where
  sl P mxs mxl ≡ Err.sl(Opt.esl(Product.esl (stk_esl P mxs) (Err.esl(loc_sl P mxl))))
```

其中，Listn. thy、Err. thy、Opt. thy 和 Product. thy 为定义泛数据流分析框架的理论文件。

从 sl 的定义看出，它定义的半格结构的类型参数是 ty_i' err，而不是 ty_i'。这是因为字节码验证器进行数据流分析时，需要指出类型错误。当错误产生时，数据流分析得出的状态类型是 Err。该半格结构在理论文件 JVM_SemiType.thy 中定义。

接下来，定义两个核心类型规则，即数据流函数。它们规定指令执行前需要满足的条件，称为可应用性和执行后的效果。两个定义分别是 app 和 eff，即

```
definition app :: instr ⇒ 'm prog ⇒ nat ⇒ ty ⇒ nat ⇒ nat ⇒ ex_table ⇒ tyᵢ' ⇒ bool where
  app i P mxs Tᵣ pc mpc xt t = (case t of None ⇒ True |
                         Some τ⇒ appᵢ (i,P,pc,mxs,Tᵣ, τ) ∧ xcpt_app i P pc mxs xt
                              τ ∧ (∀(pc', τ') ∈ set (eff i P pc xt t). pc' < mpc))

definition eff :: instr ⇒ 'm prog ⇒ pc ⇒ ex_table ⇒ tyᵢ' ⇒ (pc × tyᵢ') list where
    eff i P pc et t = (case t of None ⇒ []
                          | Some τ ⇒ (norm_eff i P pc τ) @ (xcpt_eff i P pc τ et))
```

其中，mpc 为指令数目；norm_eff 调用递归函数 eff_i，norm_eff 和 xcpt_eff 分别定义正常和异常执行的效果，记录指令执行后的新状态类型和所有后继指令计数。

因此，对于一条程序计数为 pc 的指令 i，如果它是不可到达的，那么它是可应用的；如果按照 app_i 和 xcpt_app 的定义，指令 i 在正常和异常情况下都是可应用的，并且它的所有后继指令计数都小于 mpc，那么它是可应用的。递归函数 app_i 和 eff_i 的类型分别为

```
fun appᵢ :: instr × 'm prog × pc × nat × ty × tyᵢ ⇒ bool
fun effᵢ :: instr × 'm prog × tyᵢ ⇒ tyᵢ
```

例如，方法调用指令的可应用性和效果分别为

```
appᵢ_Invoke:
    appᵢ (Invoke M n, P, pc, mxs, Tᵣ, (ST,LT)) =
    (n < length ST  ∧
    (ST!n  ≠  NT ⟶
      (∃C D Ts T m. ST!n = Class C  ∧  P ⊢ C sees M:Ts  →  T = m in D  ∧
                       P ⊢ rev (take n ST) [≤] Ts)))
effᵢ_Invoke:
   effᵢ (Invoke M n, P, (ST,LT)) =
   (let C = the_class (ST!n); (D,Ts,Tᵣ,b) = method P C M
    in (Tᵣ # drop (n+1) ST, LT))
```

由状态类型的半格和流函数，现在可以定义什么是良类型的目标虚拟机方法。首先，使用 app 和 eff，指令良类型 wt_instr 的定义为

```
definition  wt_instr :: ['m prog,ty,nat,pc,ex_table,instr,pc,tyₘ] ⇒ bool
  (_,_,_,_,_ ⊢ _,_ :: _ [60,0,0,0,0,0,0,61] 60) where
  P,T,mxs,mpc,xt ⊢ i,pc :: τs ≡
     app i P mxs T pc mpc xt (τs!pc)  ∧
     (∀(pc', τ') ∈  set (eff i P pc xt (τs!pc)). P ⊢ τ'  ≤' τs!pc')
```

因此，一条程序计数为 pc 的指令 i 相对于一个方法类型τs 是良类型的，当指令 i 按照 app 的定义是可应用的，并且通过 eff 计算得到的所有后继指令的状态类型都小于或等于τs 对应位置的类型。这种状态类型的小于等于关系记为 P⊢τ≤'τ'，体现在状态类型的半格结构 sl 的偏序关系中。

于是，使用 wt_instr，方法的良类型 wt_method 可以定义为

```
definition wt_method :: ['m prog,cname,ty list,ty,nat,nat,instr list, ex_table,tyₘ] ⇒ bool where
  wt_method P C Ts Tᵣ mxs mxl₀ is xt τs ≡
  0 < size is  ∧  size τs = size is  ∧
```

```
check_types P mxs (1+size Ts+mxl₀) (map OK τs) ∧
wt_start P C Ts mxl₀ τs ∧
(∀pc < size is. P,Tr,mxs,size is,xt ⊢ is!pc,pc :: τs)
```

对于程序 P 中类 C 的一个方法体(mxs, mxl_0, is, xt)。该方法形参类型的列表是 Ts，返值类型是 T_r，一个方法类型τs 是良类型的，指令列表不为空；τs 中的状态类型数目等于指令数目；τs 中所有状态类型形成的集合是状态类型半格结构 sl 的集合的子集；初始状态类型 Some ([],OK (Class C)#map OK Ts@replicate mxl_0 Err)小于等于τs!0；所有指令是良类型的。

然后，使用定义 wt_method，目标虚拟机程序的良类型定义 wf_jvm_prog 为

```
definition wf_jvm_prog_phi :: tyP ⇒ jvm_prog ⇒ bool (wf'_jvm'_prog⇘_⇙ where
  wf_jvm_prog⇘Φ⇙ ≡
    wf_prog (λP C (M,Ts,Tr,(mxs,mxl₀,is,xt)). wt_method P C Ts Tr mxs mxl₀ is xt (Φ C M))

definition wf_jvm_prog :: jvm_prog ⇒ bool where
  wf_jvm_prog P ≡ ∃Φ. wf_jvm_prog⇘Φ⇙ P
```

因此，一个目标虚拟机程序是良类型的，当它是良定义的，并且存在函数Φ，其类型是 ty_P，即

type_synonym ty_P = mname ⇒ cname ⇒ ty_m

对于 P 中每个类 C 的每个方法 M，Φ C M 返回一个良类型，即每个方法都是良类型的。

接下来，证明该类型系统的可靠性。类型可靠性也称类型安全性，指良类型的程序运行不会出错。Jinja 按照证明类型系统可靠性的标准方法，证明两个重要性质，即 subject reduction 和 progress。subject reduction 性质指语义计算结果值类型的更特定性，通过定义值与类型的一致性关系来刻画。一个最基本的一致性关系是 conf 和 confs，即

```
definition conf :: 'm prog ⇒ heap ⇒ val ⇒ ty ⇒ bool (_,_ ⊢ _ :≤ _   [51,51,51,51] 50) where
  P,h ⊢ v :≤ T   ≡ ∃T'. typeof⇘h⇙ v = Some T' ∧ P ⊢ T' ≤ T
abbreviation confs :: 'm prog ⇒ heap ⇒ val list ⇒ ty list ⇒ bool (_,_ ⊢ _ [:≤] _ [51,51,51,51]
  50) where
  P,h ⊢ vs [:≤] Ts ≡ list_all2 (conf P h) vs Ts
```

使用 conf 继续定义对象的一致性关系，记为 P,h⊢obj √，定义为 h 中每个对象的每个成员变量值的类型都是其声明类型的子类型；堆的一致性关系，记为 P⊢h √，定义为堆中每个对象的一致性，并且系统异常对象在 h 中都预分配了空间；

本地变量的一致性关系，记为 P,h⊢ l (:≤) E，定义为每个本地变量值的类型是类型环境 E 记录的声明类型的子类型。

类型为 ty err 的值与类型之间的一致性关系由 confT 和 confTs 定义，分别记为 $P,h \vdash v :\leq_T E$ 和 $P,h \vdash vs[:\leq_T]$ Ts，即

```
definition confT :: 'c prog ⇒ heap ⇒ val ⇒ ty err ⇒ bool (_,_ ⊢ _ :≤T _ [51,51,51,51] 50) where
  P,h ⊢ v :≤T E ≡ case E of Err ⇒ True | OK T ⇒ P,h ⊢ v :≤ T
abbreviation confTs :: 'c prog ⇒ heap ⇒ val list ⇒ tyl ⇒ bool (_,_ ⊢ _ [:≤T] _ [51,51,51,51] 50) where
  P,h ⊢ vs [:≤T] Ts ≡ list_all2 (confT P h) vs Ts
```

最后，定义目标虚拟机程序运行时的语义值 σ 与通过 Φ C M 得到的方法类型之间的一致关系定义为 correct_state，记为 P,Φ⊢σ √，即

```
definition correct_state :: [jvm_prog,tyP,jvm_state] ⇒ bool (_,_ ⊢ _ √  [61,0,0] 61) where
  correct_state P Φ ≡ λ(xp,h,frs). case xp of
     None ⇒ (case frs of [] ⇒ True
                              | (f#fs) ⇒ P⊢ h√ ∧
                                          (let (stk,loc,C,M,pc) = f
                                           in ∃Ts T mxs mxl0 is xt τ.
                                                (P ⊢ C sees M:Ts→T = (mxs,mxl0,is,xt) in C) ∧
                                                Φ C M ! pc = Some τ ∧
                                                conf_f P h τ is f ∧ conf_fs P h Φ M (size Ts) T fs))
  | Some x ⇒ frs = []
```

其中，conf_f P h τ is f 定义栈帧 f 的一致性，即

```
definition conf_f   :: jvm_prog ⇒ heap ⇒ tyi ⇒ bytecode ⇒ frame ⇒ bool where
  conf_f P h ≡ λ(ST,LT) is (stk,loc,C,M,pc).
  P,h ⊢ stk [:≤] ST ∧ P,h ⊢ loc [:≤T] LT ∧ pc < size is
```

现在着手构造 subject reduction 定理，即

```
theorem [rule_format]:
      ⟦ wf_jvm_prog⇘Φ⇙ P; P ⊢ σ -jvm→σ' ⟧ ⟹ P,Φ ⊢ σ √  → P,Φ ⊢ σ' √
```

该定理陈述，如果程序 P 是良类型的，从当前状态σ执行，可以达到新的状态σ'，如果σ相对 Φ 是一致的，那么σ'相对 Φ 也是一致的。为了证明这个 subject reduction 定理，构造并证明如下辅助定理，即

```
lemma [rule_format]:
      ⋀σ. ⟦ wf_jvm_prog⇘Φ⇙ P; P,Φ ⊢ σ √⟧ ⟹ P ⊢ σ -jvm→1 σ' → P,Φ ⊢ σ' √
```

于是，主要通过 subject reduction 定理得证。Jinja 还构造了初始状态的一致性定理，即

```
lemma shows ⟦ wf_jvm_prog⇘Φ⇙ P; P ⊢ C sees M:[]→T = m in C ⟧
  ⟹ P,Φ ⊢ start_state P C M  √
```

其中，程序的初始状态 start_state 定义为

```
definition start_state :: jvm_prog ⇒ cname ⇒ mname ⇒ jvm_state where
  start_state P C M = (let (D,Ts,T,mxs,mxl₀,b) = method P C M in
      (None, start_heap P, [([], Null # replicate mxl₀ undefined, C, M, 0)]))
```

因此，类型安全定理 typesafe 陈述为

```
theorem typesafe:
assumes welltyped: wf_jvm_prog⇘Φ⇙ P
assumes main_method: P ⊢ C sees M:[]→T = m in C
shows P ⊢ start_state P C M -jvm→σ ⟹ P,Φ ⊢ σ  √
```

使用初始状态的一致性定理和 subject reduction 定理，定理 typesafe 得证。

progress 定理的构造较为容易，即

```
theorem progress: ⟦ xp=None; frs≠[] ⟧ ⟹ ∃σ'. P ⊢ (xp,h,frs) -jvm→₁ σ'
```

定理 progress 陈述了如果当前没有异常产生，栈帧不为空，那么程序总会在当前状态(xp, h, frs)下继续单步执行，到达一个新的状态σ'。progress 定理主要使用一个简单的等式 exec_1 P = {(σ,σ'). exec (P,σ) = Some σ'}证明。

除了 subject reduction 和 progress 定理，为了刻画程序不会出错的概念，Jinja 定义了一个 defensive 的虚拟机，即在执行每条指令前，先检查当前状态。如果未通过检查，则指示类型错误 TypeError。其核心定义包括如下内容，即

```
datatype 'a type_error = TypeError | Normal 'a
definition check :: jvm_prog ⇒ jvm_state ⇒ bool where
  check P σ = (let (xcpt, h, frs) = σ in
          (case frs of [] ⇒ True | (stk,loc,C,M,pc)#frs' ⇒
            P ⊢ C has M  ∧
            (let (C',Ts,T,mxs,mxl₀,ins,xt) = method P C M; i = ins!pc in
             pc < size ins  ∧  size stk  ≤  mxs  ∧
            check_instr i P h stk loc C M pc frs')))
definition exec_d :: jvm_prog ⇒ jvm_state ⇒ jvm_state option type_error where
  exec_d P σ = (if check P σ then Normal (exec (P, σ)) else TypeError)

inductive_set exec_1_d :: jvm_prog ⇒ (jvm_state type_error × jvm_state type_error) set
    and exec_1_d' :: jvm_prog ⇒ jvm_state type_error ⇒ jvm_state type_error ⇒ bool
          (_ ⊢ _ -jvmd→₁ _ [61,61,61]60) for P :: jvm_prog where
```

```
P ⊢ σ -jvmd→₁ σ' ≡ (σ,σ') ∈ exec_1_d P
| exec_1_d_ErrorI: exec_d P σ = TypeError ⟹ P ⊢ Normal σ -jvmd→₁ TypeError
| exec_1_d_NormalI: exec_d P σ = Normal (Some σ') ⟹ P ⊢ Normal σ -jvmd→₁ Normal σ'
```

```
definition exec_all_d :: jvm_prog ⇒ jvm_state type_error ⇒ jvm_state type_error ⇒ bool
  (_ ⊢ _ -jvmd→ _ [61,61,61]60) where
 exec_all_d_def1: P ⊢ σ -jvmd→ σ' ↔ (σ,σ') ∈ (exec_1_d P) *
```

因此，类型可靠性定理可以显式陈述为“良类型的程序运行不会出错”，即

```
locale start =
  fixes P and C and M and σ and T and b
  assumes wf: wf_jvm_prog P
  assumes sees: P ⊢ C sees M:[]→T = b in C
  defines σ≡ Normal (start_state P C M)
corollary (in start) shows P ⊢ σ -jvmd→ σ' ⟹ σ' ≠ TypeError
```

利用 subject reduction 定理和初始状态一致性定理，该类型可靠性定理得证。

5. 正确的字节码验证器

利用状态类型的半格结构和流函数，Jinja 可以实现一个可执行的字节码验证器。该验证器按照指令的执行顺序，在当前状态下经计算得到的状态类型传播到所有后继指令，与后继指令的原有状态类型进行并运算，运算结果为对应指令的当前状态类型。当有分支转移指令，例如循环和异常处理时，一条指令的后继指令可能有多条。如果并操作造成原有状态的更新，则该后继指令需要再次被运算，直到所有的指令状态类型不再被更新，达到固定状态。因此，字节码验证过程是一个计算状态类型固定点的过程。

首先，Jinja 定义了基于 Kildall 算法的数据流分析框架，即

```
type_synonym 's step_type = nat ⇒ 's ⇒ (nat × 's) list
definition kildall :: 's ord ⇒ 's binop ⇒ 's step_type ⇒ 's list ⇒ 's list   where
  kildall r f step τs = fst(iter f step τs (unstables r step τs))
```

其中，r、f 和 step 为半格结构的偏序关系、并运算和流函数。

使用 app 和 eff 可以继续定义适用于目标虚拟机字节码验证的流函数，即

```
definition err_step :: nat ⇒ (nat ⇒ 's ⇒ bool) ⇒ 's step_type ⇒ 's err step_type where
 err_step n app step p t = (case t of
   Err ⇒ error n
 | OK τ ⇒ if app p τ then map_snd OK (step p τ) else error n)
```

```
definition exec :: jvm_prog ⇒ nat ⇒ ty ⇒ ex_table ⇒ instr list ⇒ tyi' err step_type where
  exec G maxs rT et bs ≡
    err_step (size bs) (λpc. app (bs!pc) G maxs rT pc (size bs) et) (λpc. eff (bs!pc) G pc et)
```

于是，字节码验证过程可以定义为 kiljvm，即

```
definition kiljvm :: jvm_prog ⇒ nat ⇒ nat ⇒ ty ⇒ instr list ⇒ ex_table ⇒ tyi' err list ⇒ tyi' err list
where
  kiljvm P mxs mxl Tr is xt ≡
    kildall (JVM_SemiType.le P mxs mxl) (JVM_SemiType.sup P mxs mxl) (exec P mxs Tr xt is)
```

其中，JVM_SemiType.le 和 JVM_SemiType.sup 分别代表 ty_i'半格结构的偏序关系和并运算。

通过提供初始状态类型，字节码验证器实现为 wt_kildall，即

```
definition wt_kildall :: jvm_prog ⇒ cname ⇒ ty list ⇒ ty ⇒ nat ⇒ nat ⇒ instr list ⇒ ex_table ⇒ bool
where
  wt_kildall P C' Ts Tr mxs mxl0 is xt ≡
   0 < size is  ∧  (let first = Some ([],[OK (Class C')]@(map OK Ts)@(replicate mxl0 Err));
        start   = OK first#(replicate (size is - 1) (OK None));
        result = kiljvm P mxs (1+size Ts+mxl0) Tr is xt    start
    in ∀n < size is. result!n ≠ Err)
```

于是，对良定义程序 P 的所有方法进行字节码验证，可以定义为 $wf\_jvm\_prog_k$，即

```
definition wf_jvm_progk :: jvm_prog ⇒ bool where
  wf_jvm_progk P ≡ wf_prog (λP C' (M,Ts,Tr,(mxs,mxl0,is,xt)). wt_kildall P C' Ts Tr mxs mxl0 is xt) P
```

接下来，证明这个字节码验证器的正确性和完备性。正确性陈述为定理 wt_kil_correct 是，对于一个字节码方法，如果 wt_kildall 返值为真，那么总存在一个方法类型，使 wt_method 为真，即该方法的确是良类型的，即

```
locale start_context = JVM_sl +
  fixes p and C
  assumes wf: f_prog p P
  assumes C: is_class P C
  assumes Ts: set Ts ⊆ types P
  fixes first :: tyi' and start
  defines [simp]: first ≡ Some ([],OK (Class C) # map OK Ts @ replicate mxl0 Err)
  defines [simp]: start ≡ OK first # replicate (size is – 1) (OK None)
```

```
theorem (in start_context) wt_kil_correct:
  assumes wtk: wt_kildall P C Ts Tr mxs mxl0 is xt
  shows ∃τs. wt_method P C Ts Tr mxs mxl0 is xt τs
```

完备性陈述是正确性的逆，如果字节码方法是良类型的，即 wt_method 为真，那么 wt_kildall 返回值总为真，即所有良类型的字节码方法都能通过字节码验证器的检查，即

```
theorem (in start_context) wt_kil_complete:
  assumes wtm: wt_method P C Ts Tr mxs mxl0 is xt τs
  shows wt_kildall P C Ts Tr mxs mxl0 is xt
```

这两个定理的证明都依赖状态类型半格结构中流函数的单调性、有界性和类型保持。

结合以上正确性和完备性定理，可知该字节码验证器是可靠的。它认同所有良类型的字节码程序，即

```
theorem jvm_kildall_correct:
  wf_jvm_progk P = wf_jvm_prog P
```

6. 源语言的类型系统和类型保持的编译

在已经证明编译器语义保持的基础上，Jinja 编译器项目考虑“是否这个验证了的编译器可能产生是类型不正确的程序”的问题，因此进一步证明“良类型的源程序编译到了良类型的虚拟机目标程序”。证明语义等同和证明良类型保持是两个不同范畴的证明任务。同时，这个考虑也具有实际意义。类型系统总是对语言施加一定限制，Java 源语言的类型系统和字节码类型系统之间存在不匹配的情况。例如，早期 JDK(Java development kit)版本能够编译 try…finally 块到语义相同的字节码指令，但是在某些情况下不能通过字节码验证。这是编译器和字节码验证器对“变量是否被确定性赋值”的不同处理造成的。

为了证明良类型在编译前后是保持的，首先定义源程序的类型系统。Jinja 源语言(可能是非常复杂的 expr 表达式)的类型系统是一套类型规则。类型规则形如 P,E⊢e :: T，其中 P 代表程序；E 代表类型环境，是变量名到其类型的映射。类型规则由归纳谓词 WT 定义，即

```
inductive WT :: [J_prog,env, expr , ty ] ⇒ bool     ("_,_ ⊢ _ :: _" [51,51,51]50)
  and WTs :: [J_prog,env, expr list, ty list] ⇒ bool   ("_,_ ⊢ _ [::] _" [51,51,51]50)
for P :: J_prog
```

例如，对于造型表达式和方法调用表达式，类型规则分别定义为

```
WTCast:
  ⟦ P,E ⊢ e :: Class D;   is_class P C;   P ⊢ C ≼* D ∨ P ⊢ D ≼* C ⟧
```

```
    ⟹ P,E ⊢ Cast C e :: Class C

WTCall:
    ⟦ P,E ⊢ e :: Class C;   P ⊢ C sees M:Ts → T = (pns,body) in D;
     P,E ⊢ es [::] Ts';   P ⊢ Ts' [≤] Ts ⟧
    ⟹ P,E ⊢ e·M(es) :: T
```

类型规则 WTCast 表示，如果表达式 e 由类型规则能够指定为 Class D 类型，C 是程序 P 中的一个合法类，C 是 D 的子类，或者 D 是 C 的子类，那么 Cast C e 能够指定为类型 Class C，即 Cast C e 是良类型的。类型规则 WTCall 表示，如果表达式 e 由类型规则能够指定为 Class C 类型，那么类 D 中定义的方法(M, Ts, T, (pns, body))在类 C 中是可见的。如果参数表达式列表的类型由类型规则指定为 Ts', 并且 Ts'中的每个类型是 Ts 中对应类型的子类型，那么 e.M(es)能够指定为类型 T，即 e.M(es)是良类型的。

使用良定义 wf_prog，Jinja 源程序的良类型定义 wf_J_prog 为

```
abbreviation wf_J_prog :: J_prog ⇒ bool where
  wf_J_prog == wf_prog wf_J_mdecl
```

其中，wf_J_mdecl 使用类型规则定义源程序方法体的良类型，即

```
definition wf_J_mdecl :: J_prog ⇒ cname ⇒ J_mb mdecl ⇒ bool where
  wf_J_mdecl P C ≡ λ(M,Ts,T,(pns,body)).
  length Ts = length pns  ∧
  distinct pns  ∧
  this ∉ set pns  ∧
  (∃T'. P,[this↦Class C,pns[↦]Ts] ⊢ body :: T'  ∧  P ⊢ T' ≤ T)  ∧
  𝒟 body ⌊{this}  ∪  set pns⌋
```

其中，谓词$\mathcal{D}$指确定性赋值。

中间语言 J_1 的类型系统，以及中间语言程序的良类型 wf_J_1_prog 与源语言类似。

在定义类型系统后，Jinja 编译器项目通过证明 subject reduction 和 progress 两个性质证明了源语言的类型安全，即

```
corollary TypeSafety:
  ⟦ wf_J_prog P; P,E ⊢ s  √; P,E ⊢ e::T; 𝒟 e ⌊dom(lcl s)⌋;
     P ⊢ ⟨e,s⟩  →* ⟨e',s'⟩; ¬(∃e'' s''. P ⊢ ⟨e',s'⟩  →  ⟨e'',s''⟩) ⟧
  ⟹ (∃v. e' = Val v  ∧  P,hp s' ⊢ v :≤  T)  ∨
       (∃a. e' = Throw a  ∧  a  ∈  dom(hp s'))
```

根据目标虚拟机的类型系统，类型保持的编译陈述为定理 wt_J2JVM，即

theorem wt_J2JVM: wf_J_prog P ⟹ wf_jvm_prog (J2JVM P)

与编译器语义保持的证明相同，定理 wt_J2JVM 的证明也分成两步，即 Jinja 源程序编译到 J_1 中间语言程序的类型保持和 J_1 程序编译到目标虚拟机程序的类型保持，分别陈述为定理 $compP_1$_pres_wf 和 wt_$comP_2$，即

lemma $compP_1$_pres_wf: wf_J_prog P ⟹ wf_J_1_prog ($compP_1$ P)

theorem wt_$compP_2$: wf_J_1_prog P ⟹ wf_jvm_prog ($compP_2$ P)

尽管 J_1 程序的类型规则与 Jinja 源程序的类型规则保持非常类似，为了证明定理 $compP_1$_pres_wf，仍然需要构建两个主要辅助定理，即

lemma $compE_1$_pres_wt:

⋀Vs Ts U. ⟦ P,[Vs[↦]Ts] ⊢ e :: U; size Ts = size Vs ⟧ ⟹ compP f P,Ts $\vdash_1$ compE1 Vs e :: U

and ⋀Vs Ts Us. ⟦ P,[Vs[↦]Ts] ⊢ es [::] Us; size Ts = size Vs ⟧ ⟹ compP f P,Ts $\vdash_1$ $compEs_1$ Vs es [::] Us

lemma D_$compE_1$':

assumes $\mathcal{D}$ e ⌊set(V#Vs)⌋" and "fv e ⊆ set(V#Vs)" and "distinct(V#Vs)

shows $\mathcal{D}$ ($compE_1$ (V#Vs) e) ⌊{..length Vs}⌋

利用这些辅助定理，$compP_1$_pres_wf 可以得证。

定理 wt_$compP_2$ 的证明更为困难，一个证明技巧是引入类型编译的概念，给 $expr_1$ 表达式加对应指令的类型注解。于是，给定一个中间语言程序的方法体，利用递归函数 compT 得到它的方法类型 ty_i' list，即

primrec compT :: ty list ⇒ nat hyperset ⇒ ty list ⇒ $expr_1$ ⇒ ty_i' list **and**
  compTs :: ty list ⇒ nat hyperset ⇒ ty list ⇒ $expr_1$ list ⇒ ty_i' list
definition $compT_a$ :: ty list ⇒ nat hyperset ⇒ ty list ⇒ $expr_1$ ⇒ ty_i' list **where**
  $compT_a$ E A ST e = compT E A ST e @ [after E A ST e]

使用 $compT_a$，函数 compTP 为程序中的每个方法计算得到一个方法类型，即

```
definition compTP :: J₁_prog ⇒ tyP where
  compTP P C M = (
  let (D,Ts,T,e) = method P C M;
      E = Class C # Ts;
      A = ⌊{..size Ts}⌋;
      mxl = 1 + size Ts + max_vars e
  in (TC0.tyi' mxl [] E A # TC1.compTa P mxl E A [] e))
```

对于良类型的中间语言程序，如果能证明它经过类型编译得到的每个方法类

型都是良类型的，那么就可以证明中间语言程序到目标虚拟机程序的类型保持性。因此，在定理 wt_compP$_2$ 的证明脚本中，应用 rule_tac 证明方法，显式给出定理 exI 中机制变量 x 的值，即 rule_tac x=compTP P in exI，使用该证明技巧，wt_compP$_2$ 得证。最后，将定理 compP$_1$_pres_wf 和 wt_compP$_2$ 作为引入规则，应用 Isabelle/HOL 的标准证明方法 blast，定理 wt_J2JVM 得证。

3.2.5　CompCert 编译器后端分析

1. 程序和程序变换的通用定义

CompCert 编译器后端始于 Cminor，经指令选择(变换为 CminorSel 程序)、构造控制流图(变换为 RTL 程序)、基于控制流图的常量传播优化、基于控制流图的公共子表达式消除、寄存器分配(变换为 LTL 程序)、控制流图的线性化(变换为 LTLin 程序)、spilling 和 reloading(变换为 Linear 程序)、栈帧布局(变换为 Mach 程序)、最后生成 PowerPC 汇编语言程序。这些中间语言的程序使用通用定义，即

```
Inductive typ : Type := | Tint : typ   | Tfloat : typ.
Record signature : Type := mksignature {
  sig_args: list typ;
  sig_res: option typ
}.
Record program (F V: Type) : Type := mkprogram {
  prog_funct: list (ident * F);
  prog_main: ident;
  prog_vars: list (ident * list init_data * V)
}.
```

程序变换定义为

```
Variable transf: A -> B.
Definition transf_program (l: list (ident * A)) : list (ident * B) :=
  List.map (fun id_fn => (fst id_fn, transf (snd id_fn))) l.
Definition transform_program (p: program A V) : program B V := mkprogram
    (transf_program p.(prog_funct)) p.(prog_main) p.(prog_vars).

Variable transf_partial: A -> res B.
Definition prefix_funct_name (id: ident) : errmsg := MSG "In function " :: CTX id :: MSG ": " :: nil.
Definition transform_partial_program (p: program A V) : res (program B V) :=
  do fl <- map_partial prefix_funct_name transf_partial p.(prog_funct);
  OK (mkprogram fl p.(prog_main) p.(prog_vars)).
```

因此，可以通过提供具体的翻译函数 transf 或 transf_partial 对源语言函数进行翻译，transform_program 或 transform_partial_program 完成中间语言程序之间的翻译变换。

2. 程序状态和安全程序的前向模拟

值 val 是 Vundef、整数值 Vint n、小数值 Vfloat f、地址值 Vptrb δ，其中 b 是内存块号，δ 是块内偏移。数组变量的值是内存地址。

除 PPC 语言外，CompCert 后端语言的程序状态都具有三种类别，即函数体内语句执行的正常状态 State，调用状态 Callstate，以及返回状态 Returnstate，即

```
Inductive state: Type :=
  | State: forall (f: function)
      (s: stmt)  (k: cont)  (sp: val)  (e: env)  (m: mem),  state
  | Callstate: forall (f: fundef)
      (args: list val)  (k: cont)  (m: mem),  state
  | Returnstate: forall (v: val)
      (k: cont)  (m: mem), state.
```

如图 3.7 所示，状态在三种类别之间相互转换。

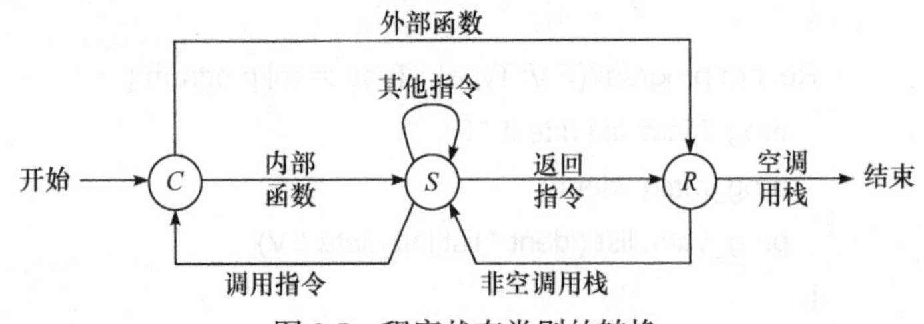

图 3.7 程序状态类别的转换

中间语言的小步操作语义采用标签转换系统描述为形如 $G\vdash S\xrightarrow{t}S'$ ()的转换关系 step，即

```
Variable step: genv -> state -> trace -> state -> Prop
```

这里，G 为全局环境，由块号到函数定义的映射组成，该参数在程序执行过程中不会发生改变；S 和 S'为单步执行前后的状态；t 为轨迹，表示单步执行产生的事件，例如调用外部函数，其他情况下，t 为空。程序的执行建模为初始状态到终止状态的一系列转换。记 $G\vdash S\xrightarrow{t}{}^{+}S'$ 为一步或多步转换(传递闭包)，记 $G\vdash S\xrightarrow{t}{}^{*}S'$ 为 0 步、1 步或多步转换(自反传递闭包)。记 $G\vdash S\xrightarrow{T}\infty$ 表示始于状态 S 的无限转换。小步操作语义可以显式给出程序由初始状态到达终止状态之间的所有状态。

对于每遍变换，CompCert 提出并证明安全程序的前向模拟。CompCert 将程序的行为定义为 program_behavior，即

```
Inductive program_behavior: Type :=
  | Terminates: trace -> int -> program_behavior
  | Diverges: trace -> program_behavior
  | Reacts: traceinf -> program_behavior
  | Goes_wrong: trace -> program_behavior.

Definition not_wrong (beh: program_behavior) : Prop :=
  match beh with
  | Terminates _ _ => True
  | Diverges _ => True
  | Reacts _ => True
  | Goes_wrong _ => False
  end.
```

由程序执行的初始状态、终止状态，以及初始状态到终止状态之间的一系列状态转换，定义 program_behaves 为

```
Inductive program_behaves (ge: genv): program_behavior -> Prop :=
  | program_terminates: forall s t s' r,
      initial_state s ->
      star ge s t s' ->
      final_state s' r ->
      program_behaves ge (Terminates t r)
  | program_diverges: forall s t s',
      initial_state s ->
      star ge s t s' -> forever_silent ge s' ->
      program_behaves ge (Diverges t)
  | program_reacts: forall s T,
      initial_state s ->
      forever_reactive ge s T ->
      program_behaves ge (Reacts T)
  | program_goes_wrong: forall s t s',
      initial_state s ->
      star ge s t s' ->
      nostep ge s' ->
```

```
        (forall r, ~final_state s' r) ->
          program_behaves ge (Goes_wrong t)
    | program_goes_initially_wrong:
        (forall s, ~initial_state s) ->
          program_behaves ge (Goes_wrong E0).
```

如果将程序 S 的行为 B 记为 S⇓B，那么前向模拟能够定义为对源程序 S 的所有行为 B，目标程序 C 也具有这些行为 B，即

$$\forall B.\ S\Downarrow B \Rightarrow C\Downarrow B$$

这个定义表明，如果源程序出错，那么目标程序也具有相同的出错行为。但是，编译后的程序可能因为优化变换而不具有源程序可能的出错行为。例如，当源代码具有除 0 运算的死代码，那么执行死代码消除后的目标代码不再具有这一行为。显然，上述语义保持定理需要添加限制条件，即源程序不具有出错行为，这样的程序称为安全程序。安全程序前向模拟的语义保持定义为

$$\forall B \notin Wrong.\ S\Downarrow B \Rightarrow C\Downarrow B$$

在这个语义保持定义下，当程序 C 是确定性时，即满足 $C\Downarrow B_1 \wedge C\Downarrow B_2 \Rightarrow B_1=B_2$，C 不可能产生更多的行为。因此，安全程序的前向模拟语义保持蕴含后向模拟关系，即对于目标程序 C 的所有安全行为，源程序 S 也具有这些行为。安全程序的前向模拟语义保持可以刻画一种标准的语义保持互模拟属性。

为了表达安全程序的前向模拟语义保持，对每种后端语言，定义谓词 initial(P, S)和 final(S, n)，前者表示程序 P 的初始状态是 S，后者表示终止状态是 S，并具有返回值 n。设变换前后两个语言 L_1 和 L_2 对应的程序分别是 P_1 和 P_2，全局环境分别是 G_1 和 G_2。CompCert 证明语义保持的基本思想是，构建 L_1 程序的所有状态 S_1 和 L_2 程序的所有状态 S_2 之间的关系，记为 $S_1 \sim S_2$，然后证明该关系是前向模拟。

(1) 两个程序的初始状态和终止状态分别满足以下两个条件。条件 1，如果 $initial(P_1, S_1)$，$initial(P_2, S_2)$，那么 $S_1 \sim S_2$。条件 2，如果 $final(S_1, n)$，$S_1 \sim S_2$，那么 $final(S_2, n)$

(2) 假定 $S_1 \sim S_2$，在 G_1 环境下，始于状态 S_1 的所有转换，与在 G_2 环境下始于状态 S_1 的所有转换满足表 3.2 所示的模拟关系之一。其中，Opt 模拟表示如果 $S_1 \sim S_2$，G_1 环境下由状态 S_1 经单步转换到达状态 S_1'，那么存在 S_2'，使在 G_2 环境下，由状态 S_2 经单步转换到达状态 S_2' 或状态不转换。

Star 模拟和 Opt 模拟关系都使用一个度量，即 $|S_1'| < |S_1|$。这是因为，在简单定义的 Star 模拟关系下，如果源程序非终止，例如 CminorSel 程序死循环将是无限循环的状态转换，称为 infinite stuttering，但是 CminorSel 程序变换后程序的状

态转换可能发生阻塞而不再改变。例如，RTL 控制流图中对应的死循环将存在节点 n，它映射到指令 Inop n，即 n↦Inop n，即第 n 个结点的下一个结点仍然是 n。显然，语义保持不可能成立。为了排除这个问题，CompCert 采取的方法是，在状态上添加类型为$\mathcal{M}$的度量作为限制条件，$\mathcal{M}$满足 well-founded 次序。CompCert 后端变换及模拟关系如表 3.3 所示。

表 3.2　CompCert 语义保持模拟关系

Lock-step 模拟	如果 $S_1 \sim S_2$，G_1 环境下由状态 S_1 经单步转换到达状态 S_1'，那么存在 S_2'，使在 G_2 环境下，由状态 S_2 经单步转换到达状态 S_2'：$G \vdash S_2 \xrightarrow{t} S_2'$，并且 $S_1' \sim S_2'$
Plus 模拟	如果 $S_1 \sim S_2$，G_1 环境下由状态 S_1 经单步转换到达状态 S_1'，那么存在 S_2'，使在 G_2 环境下，由状态 S_2 经 1 步或多步转换到达状态 S_2'：$G \vdash S_2 \xrightarrow{t}{}^{+} S_2'$，并且 $S_1' \sim S_2'$
Star 模拟	如果 $S_1 \sim S_2$，G_1 环境下由状态 S_1 经单步转换到达状态 S_1'，那么存在 S_2'，使在 G_2 环境下，由状态 S_2 经 1 步或多步转换到达状态 S_2'：$G \vdash S_2 \xrightarrow{t}{}^{+} S_2'$，并且 $S_1' \sim S_1'$；$\lvert S_1' \rvert < \lvert S_1 \rvert$，并且存在 S_2'，使在 G_2 环境下，由状态 S_2 经 0 步，1 步或多步转换到达状态 S_2'：$G \vdash S_2 \xrightarrow{t}{}^{*} S_2'$，并且 $S_1' \sim S_2'$
Opt 模拟	如果 $S_1 \sim S_2$，G_1 环境下由状态 S_1 经单步转换到达状态 S_1'，那么存在 S_2'，使在 G_2 环境下，由状态 S_2 经单步转换到达状态 S_2'：$G \vdash S_2 \xrightarrow{t} S_2'$，并且 $S_1' \sim S_2'$；$\lvert S_1' \rvert < \lvert S_1 \rvert$，并且 $t = \epsilon$，$S_1' \sim S_2$

表 3.3　CompCert 后端变换及模拟关系

源语言	目标语言	功能	语义保持的模拟关系
Cminor	CminorSel	指令选择	Lock-step 模拟
CminorSel	RTL	控制流图构建	Star 模拟
RTL	RTL	常量传播优化	Lock-step 模拟
RTL	RTL	公共子表达式删除	Lock-step 模拟
RTL	LTL	寄存器分配	Lock-step 模拟，但类型重构和着色使用确认的验证器方法
LTL	LTL	branch tunneling	Opt 模拟
LTL	LTLin	控制流图的线性化	Plus 模拟，但 enumeration 使用确认的验证器方法
LTLin	Linear	spill/reload, materialization of calling conventions	Star 模拟
Linear	Mach	layout of activation records	第一步证明使用 Plus 模拟 第二步证明使用 Lock-step 模拟
Mach	PPC	PowerPC generation	Opt 模拟

可以证明，假定条件 1 和条件 2 成立，在 Lock-step 模拟、Plus 模拟、Star 模拟、Opt 模拟之一成立的条件下，对于 P_1 程序的任何安全行为，P_2 具有相同的

行为，即$\forall B \notin Wrong.P_1 \Downarrow B \Longrightarrow P_2 \Downarrow B$。这个泛化的模拟框架定义在 Smallstep.v 文件中。安全程序前向模拟定理如下，即

```
//Star 模拟的假定和定理
Variable measure: state1 -> nat.
Hypothesis simulation:
forall st1 t st1', step1 ge1 st1 t st1' ->
  forall st2, match_states st1 st2 ->
  (exists st2', plus step2 ge2 st2 t st2' /\ match_states st1' st2')
  \/ (measure st1' < measure st1 /\ t = E0 /\ match_states st1' st2)%nat.
Lemma simulation_star_preservation: forall beh, not_wrong beh ->
  program_behaves step1 initial_state1 final_state1 ge1 beh ->
  program_behaves step2 initial_state2 final_state2 ge2 beh.

//Lock-step 模拟的假定和定理
Variable measure: state1 -> nat.
Hypothesis simulation:
  forall st1 t st1', step1 ge1 st1 t st1' ->
  forall st2, match_states st1 st2 ->
  exists st2', step2 ge2 st2 t st2' /\ match_states st1' st2'.
Lemma simulation_step_preservation: forall beh,
not_wrong beh ->
  program_behaves step1 initial_state1 final_state1 ge1 beh ->
  program_behaves step2 initial_state2 final_state2 ge2 beh.

//Plus 模拟的假定和定理
Hypothesis simulation:
  forall st1 t st1', step1 ge1 st1 t st1' ->
  forall st2, match_states st1 st2 ->
  exists st2', plus step2 ge2 st2 t st2' /\ match_states st1' st2'.
Lemma simulation_plus_preservation: forall beh,
not_wrong beh ->
  program_behaves step1 initial_state1 final_state1 ge1 beh ->
  program_behaves step2 initial_state2 final_state2 ge2 beh.

//Opt 模拟的假定和定理
```

```
Variable measure: state1 -> nat.
Hypothesis simulation:
  forall st1 t st1', step1 ge1 st1 t st1' ->
  forall st2, match_states st1 st2 ->
  (exists st2', step2 ge2 st2 t st2' /\ match_states st1' st2')
  \/ (measure st1' < measure st1 /\ t = E0 /\ match_states st1' st2)%nat.
Lemma simulation_opt_preservation: forall beh,
not_wrong beh ->
  program_behaves step1 initial_state1 final_state1 ge1 beh ->
program_behaves step2 initial_state2 final_state2 ge2 beh.
```

除了这种验证编译器的证明，考虑在 Coq 中直接编码某些优化变换的困难性，为实现高效的优化变换算法，CompCert 提出验证的确认器方法，即先使用 OCaml 进行编码，然后在 Coq 中检查该外部不安全 OCaml 代码运行结果的正确性。如表 3.3 所示，寄存器分配和控制流图线性化的正确性证明都结合了这种验证的确认器方法。CompCert 旨在获得一个完全验证的编译器，因此验证的确认器本身必须证明是正确的。

例如，在由 RTL 到 LTL 变换的过程中，在活性分析之后，进行类型重构和着色。类型重构是指对 RTL 中的每个伪寄存器，基于它们在函数体内的使用，为它指派 int 或 float 类型。这个类型指派用于寄存器分配，确保正确种类的机器寄存器分配给每个伪寄存器。类型重构在 RTLtypingaux.ml 中使用 OCaml 进行编码，可以得到一个类型环境 infer_type_environment f instrs，即

```
let infer_type_environment f instrs = try
    env := PTree.empty;
    set_types f.fn_params f.fn_sig.sig_args;
    type_pass1 f.fn_sig.sig_res instrs;
    type_pass2 instrs;
    let e = !env in
    env := PTree.empty;
    Some(typeof e)
with Type_error msg -> Printf.eprintf "Error during RTL type inference: %s\n" msg; None
```

然后，在 Coq 中编码类型检查器 type_function。type_function 通过调用 check_regs、check_params_norepet、check_instrs 和 check_successor 检查 infer_type_environment 得到类型环境，即

```
Parameter infer_type_environment: function -> list (node * instruction) -> option regenv.
```

```
Definition type_function (f: function): res regenv :=
  let instrs := PTree.elements f.(fn_code) in
  match infer_type_environment f instrs with
  | None => Error (msg "RTL type inference error")
  | Some env => if check_regs env f.(fn_params) f.(fn_sig).(sig_args)
        && check_params_norepet f.(fn_params)
        && check_instrs f env instrs
        && check_successor f f.(fn_entrypoint)
        then OK env
        else Error (msg "RTL type checking error")
  end.
```

CompCert 在 RTL 级构建了一个非常简单的 int/float 类型系统。一个 RTL 函数 f 相对于一个类型环境 env 是良类型的，记为 wt_function env f。通过证明由 type_function 得到的 env 是良类型的，可以证明 type_function 的正确性，即

```
Lemma type_function_correct: forall f env,
  type_function f = OK env -> wt_function f env.
```

为实现图着色，在 Coloringaux.ml 中以 OCaml 编码，着色的结果是由伪寄存器到位置的映射，graph_coloring 的定义为

```
let graph_coloring (f: coq_function) (g: graph) (env: regenv) (regs: Regset.t) : (reg -> loc) =
  init();
  Array.fill start_points 0 num_register_classes 0;
  let mapping = build g env (spill_costs f) in
  List.iter assign_color (nodeOrder []);
  init();
  fun r ->
    try location_of_node (getAlias (Hashtbl.find mapping r))
    with Not_found -> R IT1
```

然后，在 Coq 中编码检查器 check_coloring，即

```
Parameter graph_coloring: function -> graph -> regenv -> Regset.t -> (reg -> loc).
Definition check_coloring_1 (g: graph) (coloring: reg -> loc) := SetRegReg.for_all
   (fun r1r2 =>
      if Loc.eq (coloring (fst r1r2)) (coloring (snd r1r2)) then false else true)
   g.(interf_reg_reg).
Definition check_coloring_2 (g: graph) (coloring: reg -> loc) := SetRegMreg.for_all
```

```
    (fun r1mr2 => if Loc.eq (coloring (fst r1mr2)) (R (snd r1mr2)) then false else true)
    g.(interf_reg_mreg).
    Definition check_coloring_3 (rs: Regset.t) (env: regenv) (coloring: reg -> loc) := Regset.for_all
      (fun r => let l := coloring r in andb (loc_is_acceptable l) (same_typ (env r) (Loc.type l)))
      rs.
Definition check_coloring (g: graph) (env: regenv) (rs: Regset.t) (coloring: reg -> loc) :=
  andb (check_coloring_1 g coloring)
      (andb (check_coloring_2 g coloring)
            (check_coloring_3 rs env coloring)).
Definition regalloc
      (f: function) (live: PMap.t Regset.t) (live0: Regset.t) (env: regenv) :=
    let g := interf_graph f live live0 in
    let rs := all_interf_regs g in
    let coloring := graph_coloring f g env rs in
    if check_coloring g env rs coloring
    then Some (alloc_of_coloring coloring env rs)
    else None.
```

check_coloring 调用 check_coloring_1、check_coloring_2、check_coloring_3，检查由 graph_coloring 得到的着色是正确着色。不过，CompCert 并没有证明 check_coloring 的正确性。

程序优化变换的正确性证明是 CompCert 项目的研究重心，验证的优化包括常量传播、公共子表达式消除、基于图着色的寄存器分配等。本节阐述安全程序的前向模拟语义保持和验证的确认器方法。4.4 节进一步分析常量传播和公共子表达式消除优化变换的实现和证明。

在 CompCertSSA 项目中，Barthe 等使用 OCaml 对 Cytron 等提出的算法进行外部编码，生成最小 SSA 形式。这些外部编码存在于 Dominator.ml、Domiance.ml、ExternSSAgen.ml 等 OCaml 文件中，主要相关代码为

```
//OCaml 代码
let genSSA_V2 f live =
  let (succ,pred) = succ_and_pred f in
  let entry = entry f in
  let size = size f in
  let (idom,is_dead,_) = Dominator.dominator succ pred entry size in
  let pred i = List.filter (fun j -> not (is_dead j)) (pred i) in
  let domf = Dominance.dominance_frontier size pred idom is_dead in
```

```
  let var_defs = var_defs f entry in
  let is_live x i = Regset.mem (positive_of_int x) (live (positive_of_int i)) in
  let phi_nodes = place_phi_nodes size var_defs (fun i -> domf.(i)) is_live in
  let children = Dominator.make_children idom in
  let params = List.map int_of_positive f.fn_params in
  let (rename_def,rename_def_phi,max_index) = rename_V2 size entry params f.fn_code
            (all_vars f) children pred succ phi_nodes in
  let ptmap_to_ptree m = Ptmap.fold
                  (fun n i -> PTree.set (positive_of_int n) (positive_of_int i))
                  m PTree.empty in
  let def_phi = Ptmap.fold
              (fun n m -> PTree.set (positive_of_int n) (ptmap_to_ptree m))
              rename_def_phi PTree.empty in
  let def = ptmap_to_ptree rename_def in   (max_index, def, def_phi)
let genSSA f live = let (max, def, phi) = genSSA_V2 f live in ((max, def), phi)
```

在 SSAValid.v 中，编写代码 typecheck_function，并通过证明由 RTL 到 SSA 变换前后的语义保持，证明 typecheck_function 检查器的正确性，主要相关代码为

```
//Coq 代码
Parameter extern_gen_ssa : RTL.function -> (node -> Regset.t) -> ( nat * (PTree.t index) *
   (PTree.t (PTree.t index))).
Definition transf_function (f: RTL.function) : res SSA.function :=
  do live <- get_option (analyze f) "Bad live analysis" ;
  let '(size, def, def_phi) := extern_gen_ssa f (fun pc => (Lin f pc (Lout live))) in
  typecheck_function f size def def_phi (fun pc => (Lin f pc (Lout live))).
Definition typecheck_function (f: RTL.function) (max_indice:nat)
  (def:PTree.t index) (def_phi:PTree.t (PTree.t index))
  (live:node -> Regset.t) : res SSA.function :=
  let G := entry_Gamma f in
  let preds := (make_predecessors (RTL.fn_code f) RTL.successors_instr) in
    if check_function_inv f preds then
      (match fold_left (update_ctx    preds def def_phi (RTL.fn_code f) live)
          (fn_dfs f) (OK (G,PTree.empty _,nil)) with
          | Error msg => Error msg
          | OK (G,new_code,juncpoints) =>
```

```
do phi_code <- fold_left (build_phi_block preds live def_phi G) juncpoints (OK
    (PTree.empty _));
      let fwo := (mkfunction (RTL.fn_sig f)
        (List.map (fun r => (r,dft_pos)) (RTL.fn_params f))
         (RTL.fn_stacksize f) new_code phi_code max_indice RTL.fn_entrypoint f)
      ) in if check_unique_def fwo && check_code_at_phipoints fwo then OK fwo
       else Errors.Error (msg "")
  end)
 else Error (msg "")

Lemma transf_final_states:
  forall st1 st2 r,
  match_states st1 st2 -> RTL.final_state st1 r -> SSA.final_state st2 r.
Lemma transf_initial_states:
  forall st1, RTL.initial_state prog st1 ->
exists st2, SSA.initial_state tprog st2 /\ match_states st1 st2.
Theorem transl_step_correct:
  forall s1 t s2, RTL.step ge s1 t s2 ->
    forall s1', match_states s1 s1' -> exists s2',
        Smallstep.plus SSA.step tge s1' t s2' /\ match_states s2 s2'.
Theorem transf_program_correct:
  forward_simulation (RTL.semantics prog) (SSA.semantics tprog).
```

以类似的方式，全局值编号(global value numbering，GVN)的计算也由外部OCaml 编码，然后在 Coq 中检查 GVN 的合法性，并构造该检查器的正确性定理。

3.3　操作系统微内核验证

2014 年，第一个验证的操作系统微内核 seL4 开源发布，这是一个持续了约 20 年开发的研究成果[94,95]。seL4 作为 L4 操作系统验证家族的第三代，致力于形式化验证可潜在应用于强调安全和关键性任务的操作系统内核程序，提供最基本，也是最重要的操作系统服务，即线程、进程间通信、虚拟内存、中断、授权机制等。整个系统可分为两部分，即安全的操作系统微内核源程序和该源程序到 ARM 机器码的翻译确认。

3.3.1 安全的操作系统微内核源程序

在工程上，操作系统开发人员更倾向于从底层细节出发，通过有效管理硬件而获得高性能。形式化方法的实践者更愿意采取一种自顶向下的开发方法，设计始于硬件的高度抽象。seL4 团队采取一个折中方法，即始于一个由函数式编程语言 Haskell 编写的可执行规范。seL4 的设计如图 3.8 所示。

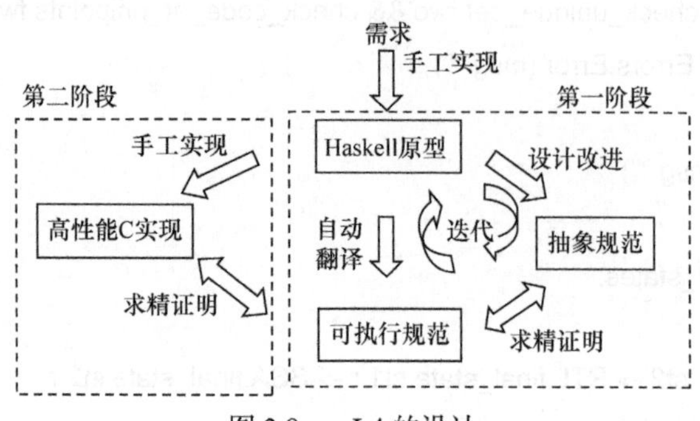

图 3.8　seL4 的设计

在这个设计中，操作系统的需求由人工实现为可执行的 Haskell 代码，称为 Haskell 原型。该原型体现管理低层硬件细节算法的设计和实现。一方面，该代码可以通过硬件模拟器导出为二进制码，用于测试。另一方面，它能自动导入 Isabelle/HOL，成为可执行规范。在用 Haskell 原型的同时，可手工半独立地开发高层的功能性抽象规范。该抽象规范定义微内核系统各项操作的功能，并通过嵌入在 Isabelle/HOL 中的 Hoare 逻辑对其功能的正确性进行陈述。这些正确性定理包括低层内存不变式、类型不变式、数据结构不变式，以及算法不变式等。抽象规范与可执行规范之间的求精证明建立了高层(抽象)与低层(具体)之间的对应关系，即抽象规范中的所有 Hoare 逻辑属性对可执行规范来讲也是成立的。这意味着，如果抽象模型中的安全属性可以通过 Hoare 逻辑得到证明，那么该安全属性在可执行规范中也是成立的。Haskell 原型、可执行规范，以及抽象规范这三部分之间的交互不断迭代，最终达到会聚，得到一个安全的 Haskell 微内核代码。

虽然 Haskell 原型是可执行的模型，但是它并不满足高性能的需求。此外，Haskell 运行时与该操作系统微内核相比要庞大得多，难以验证它的正确性。seL4 团队使用 C 编程语言手工实现这个模型，从而允许更多优化，达到高性能的 C 实现。因此，必须建立高性能的 C 实现与可执行的规范之间的求精关系，证明它不会产生比可执行规范更多的行为。seL4 项目按照 C99 标准，为 C 编程语言的大型子集定义的确定的和可信的形式语义。

求精证明奠定的主要属性是通用功能正确性。在形式定义通用状态机的功能正确性之后，抽象规范、可执行规范，以及高性能 C 实现都可以在这个通用状态机框架内得到实例化。证明建立的求精关系是一种前向模拟(图 3.9)。为了证明具体的状态机 M2 是对抽象状态机 M1 的求精，只需要证明，对于 M2 中的每个从初始状态 s 到可能的状态集 s'的状态转换，在 M1 中都存在对应的状态转换，从一个抽象状态 σ 到抽象状态集 σ'。其中，对应的状态转换指的是，若 s 和 σ 之间存在某种关系 R，那么对于 s'中的每个具体状态，在 σ'中都存一个抽象状态，使这两个状态之间也存在关系 R。seL4 的求精关系在该前向模拟的基本思想上进行了加强，并在证明技术上做了细微改变。

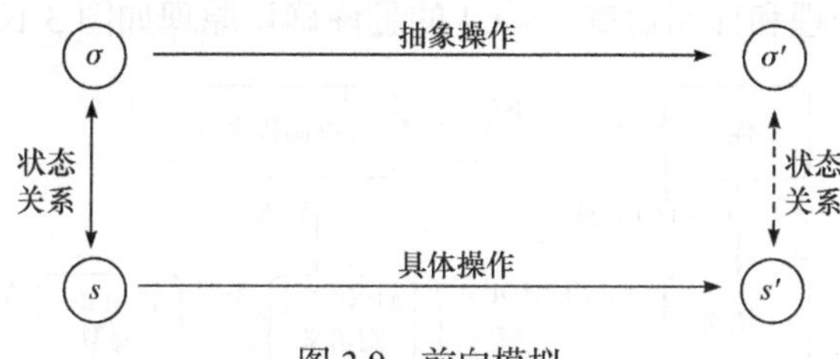

图 3.9　前向模拟

seL4 团队于 2009 年完成这个操作系统微内核源程序的正确性验证，即没有死锁、活锁、空指针使用、缓冲区溢出、算术异常，以及未初始化变量的使用，并进行详尽的性能测试。seL4 代码和证明量估算如表 3.4 所示。在第一阶段，开发者团队开始设计和编码具有有限功能的 Haskell 原型，从而获得可执行规范。验证者团队致力于验证框架和通用证明库的开发。在第二阶段，验证者团队开发抽象规范，并证明抽象规范和可执行规范之间的求精关系。开发者团队进一步完善 Haskell 原型和 C 高性能实现。在第三阶段，将求精扩展到可执行规范与高性能 C 实现之间的关系上，并完成证明。完成 Hasekll 原型花费了 2 人年，完成抽象规范花费了 4 人月，完成可执行规范花费了 3 人月，完成 C 实现花费了 2 人月。证明共花费了 20 人年，其中 9 人年用于形式语言框架、证明工具、证明自动化，以及定理证明器的扩展和理论库上。另外，11 人年用于 seL4 的特定证明上。因此，获得第一个高性能的安全操作系统微内核 C 源程序。

表 3.4　seL4 代码和证明量估算

指标	Haskell/C loc(line of code)	Isabelle loc	Invariants	Proof loc
抽象规范	—	4900	75	
可执行规范	5700	13000	80	110000
高性能 C 实现	8700	15000	0	55000

3.3.2　微内核源程序到 ARM 机器码的翻译确认

已经获得安全的操作系统微内核高性能 C 源程序，待解决的问题是如何保证该源程序编译后二进制代码的安全。seL4 团队初始考虑使用验证的 C 优化编译器 CompCert 进行编译，但是效果不太理想。CompCert 使用 Coq 中对 C 语言标准的解释不同于 seL4 使用 Isabelle/HOL 对 C 语言的解释，而调和这些语义并不容易。Coq 的底层逻辑与 Isabelle/HOL 的底层逻辑并不是直接兼容的。因此，seL4 团队采用 Pnueli 翻译确认的基本思想，即将源程序和目标程序转化由一个中间语言描述的统一形式。该中间语言由简单的控制流机制和标准算术操作组成。这些算术操作为 C 语言、CPU 指令集，以及 SMT 的位向量理论共有。这非常适合利用 SMT 求解器进行分析处理和证明检查。seL4 的翻译确认原理如图 3.10 所示。

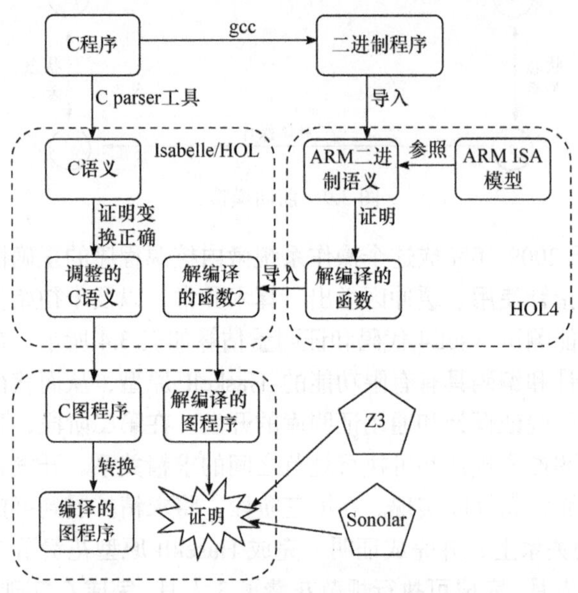

图 3.10　seL4 的翻译确认的正确性证明

在图 3.10 的左边上半部，将高性能 C 源程序作为输入，利用 Norrish 开发的 C parser 工具，自动生成相应的语义(C 语义)。C parser 工具是一个通用操作语义框架，在其上定义 Hoare 逻辑，以及 VCG。C parser 工具可以视为由 Schirmer 开发的命令式语言泛框的一个实例，包括 C99 标准的较大子集，以及一些架构和编译器特定的假定，如数据布局等。接下来，C 语义在 Isabelle/HOL 内进一步调整，转换成调整的 C 语义。

在图 3.10 的右边，以 gcc 编译高性能 C 源程序生成的 ARM 机器码作为输入，参照剑桥 ARM ISA(instruction set architecture，指令集架构)规范，获得以定理证明助手 HOL4 定义的 ARM 二进制码语义。剑桥 ARM ISA 规范开始于 2000 年的一系列硬件验证项目，之后该项目将重心转移到软件验证。

该规范非常详尽且庞大，不限于在定理证明助手中进行大规模程序的交互式推理。Myreen 等开发了自动工具 decompiler，使非常复杂的 ISA 规范的机器码验证成为可能。利用该工具，从二进制码中抽取的函数称为解编译的函数。每个函数描述二进制代码在 ISA 规范上的运行效果，二进制码中的循环变为递归。同时，decompiler 参照剑桥 ARM ISA 规范，证明抽取到的每个函数都是正确的。由于 Isabelle/HOL 和 HOL4 的底层逻辑几乎相同，解编译的函数可以容易地导入 Isabelle/HOL 中，成为解编译的函数 2(decompiled functions 2)。

在图 3.10 的左边下半部，调整的 C 语义和解编译的函数 2 导入 seL4 团队开发的基于 SMT 的证明工具中。该证明工具首先将这两个输入分别转换为更简单的控制流图程序，称为 C 图程序和解编译的图程序。既然 C 源程序和经 gcc 编译后的二进制程序都以控制流图程序表示，并且它们在转换过程中尽可能接近，它们之间的求精关系可以使用基于 SMT 的证明工具，如 Z3 或者 Sonolar，证明编译后的二进制码是源码的求精。

在安全可信的操作系统微内核 seL4 中，功能性的正确性属性与模型检查、静态分析，以及由类型安全的语言所写的内核相比，更强大、更准确。seL4 的成功开发创建了一种快速的设计和实现操作系统内核的方法学。它融合了传统的操作系统技术和形式化方法，在获得更高安全性的同时，兼顾了性能。安全可信的操作系统微内核 seL4 已经应用在几个安全攸关的工业开发中，如波音公司的无人驾驶小鸟直升机项目。

3.4　硬件设计验证

鉴于大规模集成电路的高额成本，以及它们在许多安全攸关领域的应用，硬件设计的验证显得越来越重要。相比软件，硬件设计的特性更易于自动验证，在工业界也得到更多的应用。这可能归因于硬件的行为没有软件行为那么复杂。硬件设计验证传统上采用模拟技术，学术界和工业界一直也在研究使用定理证明技术保证硬件电路设计可靠的正确性[96]。形式化的硬件验证技术在机器证明的支持下，能够克服传统模拟技术无法模拟所有模式的问题。

早期的研究使用布尔代数或者命题逻辑对数字设备的行为进行推理基本的组合电路。但是，布尔代数并不能描述实际应用中的一般电路问题，如顺序电路，因此一阶逻辑很自然地替换了布尔代数的角色。同时，弗洛伊德-霍尔逻辑在软件验证领域的研究成果也极大地促进了研究者力图在硬件验证领域寻找类似的方法。因此，大多数一阶逻辑的硬件验证技术类似于 Hoare 风格的验证，或者采用 Floyd 的流程图方法，一些可能融合传统硬件模拟技术。电路中每个组件的行为用谓词转换器进行建模，是描述输入和输出行为随时间而变化的函数。电路图像程序流程图一样加上谓词。正确性证明通过在时间、电路图的结构上同时归纳完成。验证条件由名为 STP 的证明工具证明。这种方法也适合并发系统。在这种方法中，断言和硬件表述捆绑在一起，不能提供系统的抽象，而且使用函数表示输入和输出的行为也会限制这种方法的建模能力。例如，它不能建模双向开关的行为。此外，这种方法需要不断地手工调整证明步骤。

一阶逻辑的限制性变体最初由 Boyer 和 Moore 开发，初始目标是对其中的计算进行推理。其产生的工业级产品 ACL2 已经用于工业级电路设计的验证。这个逻辑也称 Boyer-Moore 计算逻辑，是一种具有相等无量词的一阶逻辑。另一个工业级的硬件设计验证技术是基于高阶逻辑的硬件设计验证技术，接下来分别予以概述。

3.4.1 基于 Boyer-Moore 计算逻辑的硬件设计验证

ACL2 实现了 Boyer 和 Moore 当初创立计算逻辑公司的梦想，即形式化验证技术能够用于工业级的产品开发中。运用 ACL2 完成的具有里程碑意义的一些验证包括摩托罗拉数字信号处理器的验证、AMD(Advanced Micro Devices) K5 微处理器的浮点小数除法的正确性验证[97]、AMD K7 的浮点乘、除和开方算法的正确性验证、美国罗克韦尔柯林斯国际公司的 AAMP7G 微处理器的认证[98]等。ACL2 也对美国处理器设计子公司 Centaur 技术公司的工作流进行了集成。

ACL2 能够与其他非定理证明的技术相结合，应用于数字电路的验证。例如，Sammane 等[99]结合符号模拟技术，设计 TheoSim 对片上网络体系结构进行初步验证。Hunt[100]设计了 EMOD 硬件描述语言，嵌入在 ACL2 逻辑中，对威盛凌珑处理器的设计进行了验证。Sawada 等[101]对 SixthSense 模型检查器进行了研究。与模拟技术的结合会损害完整性，而与模型检查器的结合会影响可伸缩性，即当验证大规模集成电路时，状态转换检查呈指数倍增长。

ACL2 主要致力于定理的自动化证明，具有很强的启发式推理能力。强大的自动化功能使 ACL2 的使用更为方便，不需要用户过多的干预。但是，无量词的一阶语言会减弱它的表述力，限制其工业级应用。

3.4.2 基于高阶逻辑的硬件设计验证

Mike 开创了使用高阶逻辑进行硬件验证的先河。Kaivola 使用 HOL Light 对 Intel 处理器浮点小数算法进行了验证。Harrison[102,103]和 O'Leary 等[104]使用 HOL Light 进行电路设计的正确性验证。Tverdyshev[105]将 Isabelle/HOL 用于门级电路控制单元硬件平台的验证。Deng 使用 PVS 定理证明系统对 FPGA 的设计进行了验证。Berg 等[106]对 VAMP 处理器中的浮点单元进行了验证。Braibant[107]使用 Coq 开发了一个理论库，用于硬件电路的建模和验证。为了降低高阶逻辑在工业上应用的困难性，Shiraz 等[108]使用 HOL4 开发了用于硬件验证的通用理论库，形式化了许多通用电路的结构和行为规范，并验证了它们之间的关系。这个硬件设计验证的 HOL 库存的形式化可以为自动化电路验证提供便利。

基于 Boyer-Moore 计算逻辑的硬件设计验证技术使用的是 ACL2。它更侧重于自动证明。与高阶的交互式定理证明相比，自动定理证明难以处理大型电路设计的验证问题。这是大量变量和中间节点的产生，计算成指数倍增长造成的。具有更高表述力的高阶逻辑能克服这些不足，但是需要用户介入。这种困难性限制了高阶定理证明在工业界的使用，工程师宁愿选择更易于使用的工具。通用理论库的建立应该有助于复杂电路设计的验证，在一定程度上降低这种困难性。

3.5 本章小结

本章讨论机械化的定理证明在数学和计算机两大领域的应用研究成果。首先，讨论一些具有影响力的数学定理的证明，包括开普勒猜想、四色定理、质数定理等。然后，分析编译器和操作系统微内核的验证，以及硬件设计验证等领域取得的重要成果，并针对两个典型应用 Jinja 编译器和 CompCert 编译器采用的机械化证明技术，以及相应的 Isabelle/HOL 编码和 Coq 编码进行了较为详细的讨论。

参考文献

[1] Wang H. Toward mechanical mathematics. IBM Journal of Research and Development, 1960, 4: 2-22.

[2] Wu W T. On the decision problem and the mechanization of theorem-proving elementary geometry. Science in China, 1978, 21(2): 23-36.

[3] Kapur D. Using Gröbner bases to reason about geometry problems. Journal of Symbolic Computing, 1986, 2(4): 399-408.

[4] 杨路, 张景中, 侯晓荣. 非线性代数方程组与定理机器证明. 上海: 上海科技教育出版社, 1996.

[5] 杨路, 夏壁灿. 不等式机器证明与自动发现. 北京: 科学出版社, 2008.

[6] Jutting L S, Benthem V. Checking Landau's "Grundlagen" in the automath system. Studies in Logic & the Foundations of Mathematics, 1994,133: 299-301.

[7] Harrison J. Theorem Proving with the Real Numbers, Distinguished Dissertations. Berlin: Springer, 1998.

[8] Milewski R. Fundamental theorem of algebra. Formaliz. Math.,2001, 9(3): 461-470.

[9] Geuvers H, Wiedijk F, Zwanenburg J. A constructive proof of the fundamental theorem of algebra without using rationals//Types for Proofs and Programs, LNCS,Berlin, 2002: 96-111.

[10] Cruz-Filipe L. A constructive formalization of the fundamental theorem of calculus//Types for Proofs and Programs, LNCS, Berlin, 2003: 108-126.

[11] Solovyev A. Formal computations and methods. Pittsburgh: University of Pittsburgh, 2012.

[12] Solovyev A, Hales T C. Formal verification of nonlinear inequalities with taylor interval approximations//NASA Formal Methods, LNCS 7871, Berlin, 2013: 383-397.

[13] Eberl M. Nine chapters of analytic number theory in Isabelle/HOL//Proceedings of 10th International Conference on Interactive Theorem Proving, Portland, 2019: 1-19.

[14] 王金双, 张兴元, 张毓森. 概率论在 Isabelle/HOL 中的形式化. 西安电子科技大学学报, 2007, 34(7): 197-200.

[15] 马莎, 施智平, 李黎明, 等. 几何代数的高阶逻辑形式化. 软件学报, 2016, 27(3): 497-516.

[16] Grcar J F. Errors and corrections in the mathematical literature. Notices of the American Mathematical Society, 2013, 60(4): 418-432.

[17] Lakatos I, Worrall J, Zahar E. Proofs and refutations: the logic of mathematical discovery. Mathematical Gazette, 2015, 61(416): 174-146.

[18] Gonthier G, Asperti A, Avigad J, et al. A machine-checked proof of the odd order theorem// Interactive Theorem Proving, LNCS 7998, Berlin, 2013: 163-179.

[19] Hurd J. Verification of the Miller-Rabin probabilistic primality test. Journal of Logic & Algebraic Programming, 2001, 56(1): 3-21.

[20] Hölzl J. Markov chains and Markov decision processes in Isabelle/HOL. Journal of Automated Reasoning, 2017, 59(3): 345-387.

[21] Hales T C. The Jordan curve theorem, formally and informally. American Mathematical Monthly, 2007, 114(10): 882-894.

[22] Avigad J, Harrison J. Formally verified mathematics. Communications of the ACM, 2014, 57(4): 66-75.

[23] Hales T C. A proof of the Kepler conjecture. Annals of Mathematics, 2005, 162: 1065-1185.

[24] Hales T C, Mark A, Gertrud B, et al. A formal proof of the Kepler conjecture. Mathematics, 2015, 16(3): 47-58.

[25] Nipkow T, Bauer G, Schultz P. Flyspeck I: tame graphs//Proceedings of the 3rd International Joint Conference, Seattle, 2006: 21-35.

[26] Obua S, Nipkow T. Flyspeck II: the basic linear programs. Annals of Mathematics and Artificial Intelligence, 2009, 56: 245-272.

[27] Appel K, Haken W. Every planar map is four colorable. Bulletin of the American Mathematical Society,1976, 82: 711-712.

[28] Gonthier G. The four colour theorem: engineering of a formal proof//Proceedings of the 8th Asian Symposium on Computer Mathematics, Singapore, 2007: 333-339.

[29] Avigad J, Donnelly K, Gray D, et al. A formally verified proof of the prime number theorem. ACM Transactions on Computational Logic, 2007, 9(1,2): 1-23.

[30] Harrison J. Formalizing an analytic proof of the prime number theory. Journal of Automated Reasoning, 2009, 43(3): 243-261.

[31] Boyle M J, Resler D R, Winter L V. Do you trust your compiler. Computer, 1999, 32(5): 65-73.

[32] Yang X, Chen Y, Eide E, et al. Finding and understanding bugs in C compilers//Proceedings of the 32nd Conference on Programming Language Design and Implementation, San Jose, 2011:

283-294.

[33] 何炎祥, 吴伟, 刘陶, 等. 可信编译理论及其核心实现技术: 研究综述. 计算机科学与探索, 2011, 5(1): 1-22.

[34] 何炎祥, 吴伟. 可信编译构造理论与关键技术. 北京: 科学出版社, 2013.

[35] Susan S. High Integrity Compilation: A Case Study. New York: Prentice Hall, 1993.

[36] Milner R, Tofte M, Robert H, et al. The Definition of Standard ML. Cambridge: The MIT Press, 1990.

[37] Gosling J J, Steele G, Bracha G,et al. The Java Language Specification, Java SE 15. New York: Addison-Wesley, 2020.

[38] Lindholm T, Yellin F, Bracha G, et al. The Java Virtual Machine Specification, Java SE 15 Edition. New York: Springer, 2020.

[39] Li G. Formal verification of programs and their transformations. Logan: The University of Utah, 2010.

[40] McCarthy J, James P. Correctness of a compiler for arithmetic expressions//Proceedings of Symposia in Applied Mathematics, New York, 1967: 33-41.

[41] Blazy S, Dargaye Z, Leroy X. Formal verification of a C compiler front-end//Proceedings of the 14th International Symposium on Formal Methods, Hamilton, 2006: 460-475.

[42] Leroy X. A formally verified compiler back-end. Journal of Automated Reasoning, 2009, 43(4): 363-446.

[43] Leroy X. Formal verification of a realistic compiler compcert. Communication of the ACM, 2009, 1(52): 107-115.

[44] Barthe G, Demange D, Pichardie D. A formally verified SSA-based middle-end-static single assignment meets CompCert//Proceedings of the 21st European Symposium on Programming, Tallinn,2012: 47-66.

[45] Beringer L, Stewart G, Dockins R, et al. Verified compilation for shared-memory C// Proceedings of the 23rd European Symposium on Programming Languages and Systems, Grenoble, 2014: 107-127.

[46] Ševčík J, Vafeiadis V, Nardelli F Z, et al. Relaxed-memory concurrency and verified compilation//Proceedings of the 38th Symposium on Principles on Programming Languages, Austin, 2011, 46(1): 43-54.

[47] Safonov V O. Trustworthy Compilers. New York: Wiley, 2010.

[48] Burstall R M, Landin P J. Programs and their proofs: an algebraic approach. Machine Intelligence, 1968, 4: 17-43.

[49] Morris F L. Advice on structuring compilers and proving them correct//Proceedings of the 1st Symposium on Principles of Programming Languages, Massachusetts, 1973: 144-152.

[50] Thatcher J W, Wagner E G, Wright J B. More on advice on structuring compilers and proving them correc. Workshop on Semantics-Directed Compiler Generation, 1980, 9: 165-188.

[51] Diffe W. Mechanical verification of a compiler correctness proof. Palo Alto: Stanford University, 1972.

[52] Milner R, Weyhrauch R. Proving compiler correctness in a mechanized logic//Proceedings of

the 7th Annual Machine Intelligence Workshop, Edinburgh, 1972: 51-72.

[53] Milner R, Christopher S. A Theory of Programming Language Semantics. London: Chapman and Hall, 1976.

[54] Avra C. Machine assisted proofs of recursion implementation. Edinburgh: University of Edinburgh, 1979.

[55] Polak W. Compiler Specification and Verification. New York: Springer, 1981.

[56] Young W D. System Verification and CLI Stack. Amesterdam: Elsevier Science Publishers, 1993.

[57] Young W D. Verified compilation in micro-Gypsy//Proceedings of the 3rd Symposium on Software Testing, Analysis, and Verification, Florida,1989: 20-26.

[58] Moore J S. A mechanically verified language implementation. Journal of Automated Reasoning, 1988, 5(4): 461-492.

[59] Despeyroux J. Proof of translation in natural semantics//Proceedings of 1st Symposium on Logic in Computer Science, Cambridge, 1986: 16-18.

[60] Hannan J, Frank P. Compiler verification in LF//Proceedings of 7th Symposium on Logic in Computer Science, California, 1992: 407-418.

[61] Fabio S Q B. On observational equivalence and compiler correctness//Proceedings of International Conference on Computing and Information, Ontario, 1994: 17-34.

[62] Curzon P. A verified compiler for a structured assembly language//Proceedings of International Workshop on the HOL Theorem Proving System and its Applications, California, 1992: 253-262.

[63] String-Calvert D, William J. Mechanical verification of compiler correctness. New York: York University, 1998.

[64] Chlipala A. A certified type-preserving compiler from lambda calculus to assembly language// Conference on Programming Language Design and Implementation,San Diego, 2007: 54-65.

[65] Nipkow T, Oheimb D V. Java light is type-safe-definitely//Proceedings of 25th Symposium on Principles of Programming Languages, California,1998: 161-170.

[66] Klein G. Verified bytecode verifiers. Munich: Technical University of Munich, 2002.

[67] Klein G, Nipkow T. A machine-checked model for Java-like language, virtual machine and compiler. ACM Transactions on Programming Languages and Systems, 2006, 28(4): 619-695.

[68] Andreas L. A machine-checked, type-safe model of Java concurrency: language, virtual machine, memory model, and verified compiler. Karlsruhe: Karlsruhe Institute of Technology, 2012.

[69] Kildall G A. A unified approach to global program optimization//Proceedings of the 1st Symposium on Principles of Programming Languages, Massachusetts, 1973: 194-206.

[70] Lochbihler A. Java and the Java memory model-a unified, machine-checked formalisation// Proceedings of the 21st European Symposium on Programming, Tallinn, 2012: 497-517.

[71] 何炎祥，江南，李清安，等. 一个机器检测的 Micro-Dalvik 虚拟机模型. 软件学报，2015, 26(2): 364-379.

[72] 江南，何炎祥，张晓瞳. mJava 到 Micro-Dalvik 虚拟机的编译验证. 电子学报，2016, 44(7):

1619-1629.

[73] 刘洋, 甘元科, 王生原, 等. 同步数据流语言高阶运算消去的可信翻译. 软件学报, 2015, 26(2): 332-347.

[74] 尚书, 甘元科, 石刚, 等. 可信编译器 L2C 的核心翻译步骤及其设计与实现. 软件学报, 2017, 28(5): 1233-1246.

[75] Buth B, Buth K H, Fränzle M, et al. Provably correct compiler development and implementation// Proceedings of International Conference on Compiler Construction, Paderborn, 1992: 141-155.

[76] He J, Hoare C A R. Provably correct systems//Proceedings of Formal Techniques in Real-Time and Fault-Tolerant Systems, Lübeck, 1994: 288-335.

[77] He J, Page I, Bowen J P. A Provably Correct Hardware Implementation of Occam. Berlin: Springer, 1992.

[78] Zhou C C, Hoare C A R, Ravn A P. A calculus of durations. Information Processing Letters, 1991, 40(5): 269-276.

[79] Zhou C C, Hansen M R, Sestoft P. Decidability and undecidability results for duration calculus// Proceedings of 10th Symposium on Theoretical Aspects of Computer Science, Würzburg, 1993: 58-68.

[80] Hansen M R, Zhou C C. Duration calculus: logical foundations. Formal Aspects of Computing, 1997, 9(3): 283-330.

[81] Goerigk W, Dold A, Gaulz T, et al. Compiler correctness and implementation verification// The Verifix Approach, the 6th International Conference on Compiler Construction, Sweden, 1996: 65-73.

[82] Sampaio A. An Algebraic Approach to Compiler Design. Oxford: Oxford University, 1993.

[83] Goguen J A,Timothy W, Jose M, et al. Introducing OBJ. SRI International, Technical Report, SRI International, 1993.

[84] Hoare C A R, He J, Sampaio A. Normal form approach to compiler design. Acta Informatica, 1993, 30(8): 701-739.

[85] Duran A, Cavalcanti A, Sampaio A. An algebraic approach to the design of compilers for object-oriented languages. Formal Aspects of Computing, 2009, 22: 489-535.

[86] Ignacio P G. A verified compiler for Handel-C. New York: York University, 2009.

[87] George C N. Proof-carrying code//Proceedings of the 2nd Symposium on Principles on Programming Languages, San Francisco, 1997: 106-119.

[88] George C N, Lee P. The design and implementation of a certifying compiler//ACM Symposium on the Principles of Programming Languages, San Diego, 1998: 333-344.

[89] 胡荣贵, 陈意云, 郭帆, 等. 基于类型注解的认证编译器设计与实现. 计算机研究与发展, 2004, 41(1): 28-33.

[90] 田波, 陈意云, 王伟, 等. 一个出具证明编译器后端的设计与实现. 计算机工程, 2009, 7: 138-141.

[91] Pnueli A, Siegel M, Singerman E. Translation validation//Proceedings of the 4th Tools and Algorithms for Construction and Analysis of Systems, Lisbon, 1998: 151-166.

[92] Pnueli A, Shtrichman O, Siegel M.Translation Validation: From Signal to C. Berlin:Springer, 2000.

[93] Sewell T, Myreen M O, Klein G. Translation validation for a verified OS kernel. ACM SIGPLAN Notices, 2013, 48(6): 471-482.

[94] Klein G, Elphinstone K, Heiser G, et al. seL4: Formal verification of an OS kernel// Proceedings of the 22nd Symposium on Operating Systems Principles, Montana, 2009: 207-220.

[95] Klein G, Andronick J, Elphinstone K, et al. Comprehensive formal verification of an OS microkernel. ACM Transactions on Computer Systems, 2014, 32(1): 136-156.

[96] Gupta A. Formal hardware verification methods: a survey. Formal Methods in System Design, 1992, 1(2-3): 151-238.

[97] Moore J S, Lynch T, Kaufmann M. A mechanically checked proof of the correctness of the kernel of the AMD5K86 floating point division algorithm. IEEE Transactions on Computers, 1996, 47: 913-926.

[98] Russinoff D M. A mechanically checked proof of IEEE compliance of the floating point multiplication, division and square root algorithms of the AMD-K7™ processor. Journal of Computation & Mathematics, 1998, 1: 148-200.

[99] Sammane G A, Schmaltz J, Toma D, et al. TheoSim: combining symbolic simulation and theorem proving for hardware verification//Proceedings of the 17th Symposium on Integrated Circuits and System Design, Pernambuco, 2004: 60-65.

[100] Hunt W A. Verifying V I. A nano microprocessor components//Proceedings of the 10th Formal Methods in Computer-Aided Design, Lugano, 2010: 3-10.

[101] Sawada J, Sandon P, Paruthi V, et al. Hybrid verification of a hardware modular reduction engine//Proceedings of the 11th International Conference on Formal Methods in Computer-Aided Design, Texas, 2011: 207-214.

[102] Harrison J. Floating point verification in HOL light: the exponential function//Proceedings of the 3rd International Conference on Algebraic Methodology and Software Technology, Sydney, 1997: 246-260.

[103] Harrison J. Formal verification at Intel//Proceedings of the Logic in Computer Science, Ottawa, 2003: 45-54.

[104] O'Leary J, Zhao X D, Gerth R, et al. Formally verifying IEEE compliance of floating-point hardware. Intel Technology Journal, 1999, 1:1-10.

[105] Tverdyshev S. A verified platform for a gate-level electronic control unit//Proceedings of the 9th Formal Methods in Computer-Aided Design, Austin, 2009: 164-171.

[106] Berg C, Jacobi C. Formal Verification of the VAMP Floating Point Unit. Berlin: Springer, 2001.

[107] Braibant T. Coquet: A Coq library for verifying hardware//Proceedings of the 1st Certified Programs and Proofs, Kenting, 2011: 330-345.

[108] Shiraz S, Hasan O. A library for combinational circuit verification using the HOL theorem prover. IEEE Transactions on Computer-Aided Design of Integrated Circuits and Systems, 2018, 37: 512-516.

第 4 章　验证编译器的开发和实现

本章分析总结验证编译器研究领域采用的关键方法和技术，以实例讲解的形式详述验证编译器的开发和实现[1, 2]。首先，阐述简单算术表达式编译器，并扩展到简单命令式语言 IMP 编译器，以及 IMP 程序常量折叠和传播、活性分析和消除冗余赋值语句。然后，阐述基于寄存器传输语言(register transfer language, RTL)的常量传播和公共子表达式消除的优化变换。

4.1　简单算术表达式编译器的正确性

4.1.1　单遍编译算术表达式

本节讨论一个简单算术表达式编译器的正确性。该编译器的源语言由常量和代表数值的变量和加运算组成。目标机器是仅具有累加器的栈机。为使语义保持基本原理的阐述显得简洁清晰，假定目标机器指令 LOAD 的参数是变量名。

源语言和目标机器的抽象语法分别定义为 aexp 和 instr，即

```
type_synonym vname = string
datatype aexp = N int | V string | Plus aexp aexp
type_synonym val = int
datatype instr = LOADI val | LOAD vname | ADD
```

算术表达式的状态仅与变量有关，定义为变量名到值的函数 state。因此，算术表达式的语义可以定义为函数 aval，即

```
type_synonym state = vname ⇒ val
fun aval :: aexp ⇒ state ⇒ val where
  aval (N n) s = n |
  aval (V x) s = s x |
  aval (Plus a1 a2) s = aval a1 s + aval a2 s
```

目标程序在栈机上执行，栈装载变量的值，因此将栈定义为值列表。目标机器指令 LOAD 的参数是变量名，可以沿用源语言的 state 定义。单条指令的执行由 $exec_1$ 定义，多条指令的执行由 exec 定义，即

```
type_synonym stack = val list
```

```
fun exec1 :: instr ⇒ state ⇒ stack ⇒ stack where
  exec1 (LOADI n) _ stk = n # stk |
  exec1 (LOAD x) s stk = (s x) # stk |
  exec1 ADD _ stk = (hd(tl stk) + hd stk) # tl(tl stk)
fun exec :: instr list ⇒ state ⇒ stack ⇒ stack where
  exec [] _ stk = stk |
  exec (x # xs) s stk = exec xs s (exec1 x s stk)
```

因此，算术表达式编译到目标栈机指令可定义为递归函数 comp，即

```
fun comp :: aexp ⇒ instr list where
  comp (N n) = [LOADI n] |
  comp (V x) = [LOAD x] |
  comp (Plus a1 a2) = (comp a1) @ (comp a2) @ [ADD]
```

下面证明 comp 的正确性，可以陈述为

```
lemma exec (comp a) s stk = aval a s # stk
```

该定理表达执行编译后序的执行与算术表达式的语义是等同的。为了证明该定理，首先在算术表达式的抽象语法上应用归纳证明方法，生成三个证明子目标。然后，运用 simp 证明方法完成该定理的证明，即

```
lemma exec (comp a) s stk = aval a s # stk
 apply(induction a)
  apply simp
  apply simp
  apply simp
```

但是，Isabelle/HOL 的证明状态显示第三个子目标的证明失败，即

```
goal (1 subgoal):
 1. ⋀a1 a2.
      exec (comp a1) s stk = aval a1 s # stk ⟹
      exec (comp a2) s stk = aval a2 s # stk ⟹
      exec (comp a1 @ comp a2 @ [ADD]) s stk = (aval a1 s + aval a2 s) # stk
```

显然，由于当前没有针对 exec (xs_1@xs_2) s stk 的简化定理，证明无法继续往前推进，因此需要构造一个辅助定理 aux，即

```
lemma aux: exec (ins1 @ ins2) s stk = exec ins2 s (exec ins1 s stk)
```

利用辅助定理 aux，第三个子目标的证明推导为

```
exec (comp a1 @ comp a2 @ [ADD]) s stk
```

```
= exec (comp a2 @ [ADD]) s (exec (comp a1) s stk)            //辅助定理 aux
= exec [ADD] s (exec (comp a2) s (exec (comp a1) s stk))     //辅助定理 aux
= exec [ADD] s (exec (comp a2) s (aval a1 s # stk))
    //归纳假定 1: exec (comp a1) s stk = aval a1 s # stk
= exec [ADD] s (aval a2 s # (aval a1 s # stk))
    //归纳假定 2: exec (comp a2) s stk = aval a2 s # stk
= exec1 ADD s (aval a2 s # (aval a1 s # stk))                //exec 的定义
= (aval a1 s + aval a2 s) # stk                               //exec1 的定义
```

现在需要证明辅助定理 aux，即在栈机指令的抽象语法上进行归纳，并使用 arbitrary 泛化 stk，产生的两个子目标可以利用 simp 证明方法自动完成证明，即

```
lemma aux: exec (ins1@ins2) s stk = exec ins2 s (exec ins1 s stk)
  apply (induction ins1 arbitrary: stk)
  by(simp_all)
```

至此，简单算术表达式验证编译器的开发全部完成，完整 Isabelle/HOL 代码为

```
type_synonym vname = string
datatype aexp = N int | V vname | Plus aexp aexp
type_synonym val = int
type_synonym state = vname ⇒ val

primrec aval :: aexp ⇒ state ⇒ val where
aval (N n) s = n |
aval (V x) s = s x |
aval (Plus a1 a2) s = aval a1 s + aval a2 s

datatype instr = LOADI val | LOAD vname | ADD
type_synonym stack = val list

primrec exec1 :: instr ⇒ state ⇒ stack ⇒ stack   where
exec1 (LOADI n) _ stk = n # stk   |
exec1 (LOAD x) s stk = (s x) # stk   |
exec1 ADD _ stk = (hd(tl stk) + hd stk) # tl(tl stk)

primrec exec :: instr list ⇒ state ⇒ stack ⇒ stack   where
 exec [] _ stk = stk   |
```

```
  exec (x # xs) c stk = exec xs c (exec1 x c stk)

primrec comp :: aexp ⇒ instr list  where
  comp (N n) = [LOADI n]  |
  comp (V x) = [LOAD x]  |
  comp (Plus a1 a2) = (comp a1) @ (comp a2) @ [ADD]

lemma [simp]: exec (ins1@ins2) s stk = exec ins2 s (exec ins1 s stk)
  by(induction ins1 arbitrary: stk) simp_all

lemma exec (comp a) s stk = aval a s # stk
  by (induction a arbitrary: stk) simp_all
```

4.1.2 两遍编译算术表达式

在 4.1.1 节，目标机器 LOAD 的参数是变量名。变量名翻译为变量在算术表达式中出现的序号，类型为整型。因此，目标栈机的抽象语法可以定义为

```
type_synonym idx = int
datatype instr = LOADI val  |  LOAD idx  |  ADD
```

因此，目标程序的执行不能再沿用源语言中的语义状态定义，而是定义为由变量序号到值的函数 config，即

```
type_synonym config = idx ⇒ val
```

目标栈机的执行定义为

```
primrec exec1 :: instr ⇒ config⇒ stack ⇒ stack  where
  exec1 (LOADI n) _ stk   = n # stk  |
  exec1 (LOAD i) c stk = (c i) # stk  |
  exec1 ADD _ stk = (hd(tl stk) + hd stk) # tl(tl stk)
fun exec :: instr list ⇒ config ⇒ stack ⇒ stack where
  exec [] _ stk = stk |
  exec (x # xs) c stk = exec xs c (exec1 x c stk)
```

将源算术表达式翻译为新的栈机指令可以分两步完成。首先，将源算术表达式中的变量名变换为变量名对应的序号，得到一个中间算术表达式。然后，将中间算术表达式翻译到目标栈机指令。为了计算得到变量序号，需要一个编译环境。该编译环境收集出现在算术表达式中的变量名，实现为一个列表。变量名在列表中对应的序号即翻译变量名获得到的变量序号。为此，定义两个递归函数 index

和 env，即

```
primrec index :: 'a list ⇒ 'a ⇒ int where
  index [] y = 0|
  index (x#xs) y = (if x = y then 0   else index xs y + 1)
primrec env :: aexp ⇒ vname list ⇒ vname list where
  env (N n) vs = vs |
  env (V x) vs = (if (index vs x) = int(size vs) then (vs @ [x]) else vs) |
  env (Plus a1 a2) vs = env a2 (env a1 vs)
```

定义中间算术表达式 $aexp_1$ 及其语义计算 aval1，即

```
datatype aexp1 = N1 int | V1 idx | Plus1 aexp1 aexp1
primrec aval1 :: aexp1 ⇒ config ⇒ val where
  aval1 (N1 n) s = n   |
  aval1 (V1 i) s = s i   |
  aval1 (Plus1 a1 a2) s = aval1 a1 s + aval1 a2 s
```

因此，aexp 到 $aexp_1$ 的编译，以及 $aexp_1$ 到目标栈机指令的翻译可以分别定义为 $comp_1$，以及 $comp_2$，即

```
primrec comp1 :: aexp ⇒ vname list ⇒ aexp1 where
  comp1 (N n) vs = N1 n   |
  comp1 (V x) vs = V1 (index vs x) |
  comp1 (Plus a1 a2) vs = Plus1 (comp1 a1 vs) (comp1 a2 vs)

primrec comp2 :: aexp1 ⇒ instr list where
  comp2 (N1 n) = [LOADI n]   |
  comp2 (V1 i) = [LOAD i]   |
  comp2 (Plus1 a1 a2) = (comp2 a1) @ (comp2 a2) @ [ADD]
```

使用 $comp_1$ 和 $comp_2$，算术表达式 aexp 到目标栈机指令的翻译定义为 comp，即

```
definition comp:: aexp ⇒ instr list where
  comp e = comp2 (comp1 e (env e []))
```

例如，翻译算术表达式(Plus (Plus (V x) (V x)) (V y))得到的目标栈机指令为[LOAD 0, LOAD 0, ADD, LOAD 1, ADD]。

接下来，证明 comp 编译的正确性。与编译过程类似，正确性证明也分为两步。第一步证明源算术表达式编译到中间算术表达式的正确。第二步证明中间算术表达式编译到栈机指令的正确性。首先，讨论第一步的正确性，需要证明 $aval_1$ ($comp_1$ e vs) c = aval e s。这个看似非常明显的结果并不能直接在源算术表达式的抽

象语法上进行归纳而得到证明，需要满足一个前提条件 c (index vs x) = s x。它表达的是变量名序号在中间算术表达式状态中对应的值与变量名在源算术表达式状态中的值是相同的。同理，第二步的正确性 exec ($comp_2$ e) c stk = $aval_1$ e s # stk 也需要类似的前提条件。这两步的正确性证明分别是 $comp_1$_correct 和 $comp_2$_ correct，即

```
lemma assumes ass: ∀x. c (index vs x) = s x
  shows comp₁_correct: "aval₁ (comp₁ e vs) c = aval e s

lemma assumes ass: ⋀i. c i = s i
  shows comp₂_correct : exec (comp₂ e) c stk = aval₁ e s # stk
```

利用这两个定理，comp 编译的正确性证明如下，即

```
lemma assumes ass: ∀x vs. c (index vs x) = s x
  shows comp_correct: exec (comp e) c stk = aval e s # stk
using ass by (simp add: comp₁_comect comp₂_comect comp_def)
```

本节讨论的算术表达式编译器是一个非常简单的假想编译器，因此不讨论定理 comp_correct 前提条件的成立问题。

4.2 简单命令式语言 IMP 的验证编译器

4.2.1 IMP 的抽象语法

IMP 的抽象语法支持赋值、顺序、条件、循环四种基本结构。此外，空语句支持无 else 分支的条件语句。为了支持条件和赋值语句，需要定义布尔表达式。布尔表达式的抽象语法定义为 bexp，支持布尔常量值，非运算、与运算，以及算术表达式的小于比较运算，即

```
datatype bexp = Bc bool | Not bexp | And bexp bexp | Less aexp aexp
```

使用 aexp 和 bexp，IMP 的抽象语法可以定义为 com，即

```
datatype com
      = SKIP
      | Assign vname aexp          (_ ::= _ [1000, 61] 61)
      | Seq    com com             (_;;/ _  [60, 61] 60)
      | If     bexp com com        ((IF _/ THEN _/ ELSE _)  [0, 0, 61] 61)
      | While  bexp com            ((WHILE _/ DO _)  [0, 61] 61)
```

一个 IMP 程序是一条可能相当复杂的语句。例如，下面这段 C 或 Java 代码，即

```
s = 0;
x = 0;
while (x < 10) { s = s + x; x = x + 1; }
```

若使用上述定义的抽象语法 com，可以写为

```
s ::= N 0;;
x ::= N 0;;
WHILE Less (V x) (N 10) DO (s ::= Plus (V s) (V x) ;; x ::= Plus (V x) (N 1))
```

4.2.2 IMP 的大步操作语义

算术表达式 aexp 的语义计算可以由一个递归函数 aval 完成。aval a s 表示在当前状态 s 下，执行表达式 a，得到一个值 aval a s，其中状态是变量名到值的函数。类似地，布尔表达式 bexp 的语义计算定义为

```
fun bval :: bexp ⇒ state ⇒ bool where
  bval (Bc v) s = v |
  bval (Not b) s = (¬ bval b s) |
  bval (And b₁ b₂) s = (bval b₁ s ∧ bval b₂ s) |
  bval (Less a₁ a₂) s = (aval a₁ s < aval a₂ s)
```

如果继续运用类似的方式，可以将 com 的语义计算定义为一个递归函数 compute，即

```
fun compute :: com ⇒ state ⇒ state where
  compute SKIP s = s |
  compute (x ::= a) s = s(x := aval a s) |
  compute (c₁;;c₂) s = compute c₂ (compute c₁ s) |
  compute (IF b THEN c₁ ELSE c₂) s = (case (bval b s) of True ⇒ compute c₁ s |
                                                          False ⇒ compute c₂ s) |
  compute (WHILE b DO c) s =(case (bval b s) of True ⇒
    compute (WHILE b DO c) (compute c s) | False ⇒ s)
```

循环语句的语义等式表示，如果 WHILE 条件表达式 b 为真，那么循环体 c 将在状态 s 下执行，到达新的状态 compute c s，因此在该新状态状态下，继续下一次循环；如果 b 为假，则以当前状态停止执行。然而，由于循环语句的计算可能非终止，而高阶逻辑要求所有的函数必须是全函数，因此递归函数 compute 的定义是错误的。

基于规则的操作语义提供了一个解决途径，在大步操作语义中，程序的执行是程序 c、初始状态 s 和终止状态 s'之间的关系。在 Isabelle/HOL，关系是元组的

集合。一个三元组(c, s, s')就是这种关系中的一个元素，表达由状态 s 变换到状态 s'的语义规则。因此，可以使用 inductive 定义这个关系为 big_step，它的类型是 com ⇒state ⇒state ⇒bool。为了使用中缀方式书写这些规则，可以将 big_step 的类型定义为 com × state⇒state⇒bool，big_step 的定义为

```
inductive big_step :: "com × state ⇒ state ⇒ bool (infix ⇒ 55)   where
    Skip: (SKIP,s) ⇒ s |
    Assign: (x ::= a,s) ⇒ s(x := aval a s) |
    Seq: ⟦ (c1,s1) ⇒ s2;   (c2,s2) ⇒ s3 ⟧ ⟹ (c1;;c2, s1) ⇒ s3 |
    IfTrue: ⟦ bval b s;   (c1,s) ⇒ t ⟧ ⟹ (IF b THEN c1 ELSE c2, s) ⇒ t |
    IfFalse: ⟦ ¬bval b s;   (c2,s) ⇒ t ⟧ ⟹ (IF b THEN c1 ELSE c2, s) ⇒ t |
    WhileFalse: ¬bval b s ⟹ (WHILE b DO c,s) ⇒ s |
    WhileTrue:⟦ bval b s1;   (c,s1) ⇒ s2; (WHILE b DO c, s2) ⇒ s3 ⟧⟹
        (WHILE b DO c, s1) ⇒ s3
```

因此，抽象语法 com 的每个语法结构至少对应一条语义规则。条件和循环语句都具有两条语义规则，分别对应条件表达式为真和假的情况。

定理 exec 的证明展示了一个 IMP 程序的执行过程，即

```
schematic_goal exec:"(
    "s"::=N 0;;"x"::= N 0;;
    WHILE Less (V "x") (N 10)DO (
        "s"::= Plus (V"s") (V"x");;
        "x"::= Plus (V "x") (N 1)) ,S)⇒ ?t"
  apply(rule Seq)
   apply(rule Seq)
    apply(rule Assign)
 apply simp
   apply(rule Assign)
 apply simp
//以下证明脚本重复 10 遍，直至最后循环条件为假，再运用 WhileFalse 规则，结束程序的
//执行
 apply(rule While True)
  apply simp
 apply (rule Seq)
  apply (rule Assigh)
 apply simp
apply(rule Assign)
```

```
  apply simp
...//
apply(rule WhileFalse)
apply simp
   done
```

Isabelle/HOL 也提供代码生成器支持大步操作语义的执行。Isabelle/HOL 的命令 code_pred big_step 用来生成执行 big_step 操作语义的可执行代码，使用 value 或者 values 检查程序执行后的各变量的值。因此，可以使用如下命令执行上述 IMP 程序，即

```
values {map t ["s","x"] |t. ("s" ::= N 0;;
                  "x" ::= N 0;;
                  WHILE (Less (V "x") (N 10)) DO (
                     "s" ::= Plus (V "s") (V "x") ;;
                     "x" ::= Plus (V "x") (N 1)),λ_. 0)⇒ t}
```

执行结果为

```
"{[45, 10]}" :: "int list set"
```

4.2.3　IMP 的编译目标语言

IMP 的编译目标语言采用类似 JVM 的栈机为目标机器。除了 4.1 节的指令，需要增加跳转指令和写指令。为使语义保持基本原理的阐述显得简洁清晰，假定目标机器指令 LOAD 和 STORE 参数是变量名，而不是变量的内存地址。因此，目标语言的抽象语法 instr 定义为

```
 datatype instr =
   LOADI val | LOAD vname | ADD | STORE vname | JMP int | JMPLESS int | JMPGE int
```

其中，JMP 为无条件跳转指令；JMPLESS 和 JMPGE 比较栈顶的两个值的大小，执行条件跳转。

一个目标栈机程序是指令的集合。例如，IMP 程序对应的目标机器指令列表为

```
[LOADI 0, STORE "s", LOADI 0, STORE "x", LOAD "x", LOADI 3, JMPGE 9, LOAD "s",
LOAD "x", ADD, STORE "s", LOAD "x", LOADI 1, ADD, STORE "x", JMP (- 12)]
```

目标栈机的状态包括当前指令计数、栈、变量的取值，后两项可以沿用 stack 和 state 的定义，指令计数的类型是整型。因此，目标栈机的状态可以形式化为三元组 config，为了区别源 IMP 程序的状态，称目标栈机的状态为配置，即

```
type_synonym stack = val list
type_synonym config = int × state × stack
```

每条指令的执行效果可由函数 iexec 定义，即

```
fun iexec :: instr ⇒ config ⇒ config where
 iexec instr (i,s,stk) = (case instr of
  LOADI n ⇒ (i+1,s, n#stk) |
  LOAD x ⇒ (i+1,s, s x # stk) |
  ADD ⇒ (i+1,s, (hd2 stk + hd stk) # tl2 stk) |
  STORE x ⇒ (i+1,s(x := hd stk),tl stk) |
  JMP n ⇒ (i+1+n,s,stk) |
  JMPLESS n ⇒ (if hd2 stk < hd stk then i+1+n else i+1,s,tl2 stk) |
  JMPGE n ⇒ (if hd2 stk >= hd stk then i+1+n else i+1,s,tl2 stk))
```

其中，hd 取出列表的首元素；tl 返回除首元素外的列表；跳转指令中的参数是相对位置，JMP n 跳转到的指令计数是 i + 1 + n，而不是 i + n；JMPLESS 和 JMPGE 的语义定义在跳转指令计数上的定义与 JMP n 是一致的。

考虑证明 IMP 语言编译器正确性的复杂度高于算术表达式编译器的正确性证明，而函数式定义在某些证明中远没有关系式定义方便(如非终止问题)，因此可以将栈机程序的单步执行 $exec_1$ 定义为一个谓词，然后调用 iexec 进行执行，即

```
definition exec1 :: instr list ⇒ config ⇒ config ⇒ bool"  ((_/ ⊢ (_ →/ _)) [59,0,59] 60)  where
  xs ⊢ ms → ms' = (∃i s stk. ms = (i, s, stk) ∧ ms' = iexec ( xs !! i) (i,s,stk) ∧ 0 ≤ i ∧ i < size xs)
```

P⊢c → c'可以表示程序 P 由初始配置 c，执行一条指令后到达配置 c'。因此，程序的多步执行 exec 可以定义为单步执行的自反传递闭包，即

```
abbreviation exec :: instr list ⇒ config ⇒ config ⇒ bool ((_/ ⊢ (_ →*/ _)) 50) where
  exec xs ≡ star (exec1 xs)
```

使用命令 code_pred $exec_1$ 生成执行可执行代码后，可以使用 values 查看 4.2.2 节 IMP 程序对应的每条目标机器指令执行所产生的配置，即

```
values "{(i,map t ["x","s"],stk) | i t stk.
    [LOADI 0, STORE "s", LOADI 0, STORE "x",
     LOAD "x", LOADI 10, JMPGE 9, LOAD "s",
     LOAD "x", ADD, STORE "s", LOAD "x",
     LOADI 1, ADD, STORE "x", JMP (- 12)] ⊢(0,λ_. 0, []) →* (i,t,stk)}"
```

因此，由初始配置(0,λ_. 0,[])开始，第一条待执行的指令计数是 0，两个变量的初始值都是 0，栈为空。所有指令执行完毕后到达终止配置，下一条指令是 16，两个变

量的值分别更新为 10 和 45，栈为空，将两个变量映射的值 10 和 45 写为[10,45]，因此配置写为(16,[10, 45],[])。IMP 目标程序执行时的配置转换如图 4.1 所示。

初始配置: (0,[0,0],[])

指令计数	指令	执行后的状态			
0	LOADI 0,	(1, [0, 0], [0])			
1	STORE"s"	(2, [0, 0], [])			
2	LOADI 0	(3, [0, 0], [0])			
3	STORE"x"	(4, [0, 0], [])			
4	LOAD"x"	(5, [0, 0], [0])	(5, [1, 0], [1])	(5, [2, 1], [2])	… (5, [10, 45], [10])
5	LOADI 3	(6, [0, 0], [3, 0])	(6, [1, 0], [3, 1])	(6, [2, 1], [3, 2])	(6, [10, 45], [10,10])
6	JMPGE 9	(7, [0, 0], [])	(7, [1, 0], [])	(7, [2, 1], [])	(16, [10, 45], [])
7	LOAD"s"	(8, [0, 0], [])	(8, [1, 0], [0])	(8, [2, 1], [1])	
8	LOAD"x"	(9, [0, 0], [0, 0])	(9, [1, 0], [1, 0])	(9, [2, 1], [2, 1])	
9	ADD,	(10, [0, 0], [0])	(10, [1, 0], [1])	(10, [2, 1], [3])	
10	STORE"s"	(11, [0, 0], [])	(11, [1, 1], [])	(11, [2, 3], [])	
11	LOAD"x"	(12, [0, 0], [0])	(12, [1, 1], [1])	(12, [2, 3], [2])	
12	LOADI 1	(13, [0, 0], [1, 0])	(13, [1, 1], [1, 1])	(13, [2, 3], [1, 2])	
13	ADD	(14, [0, 0], [1])	(14, [1, 1], [2])	(14, [2, 3], [3])	
14	STORE"x"	(15, [1, 0], [])	(15, [2, 1], [])	(15, [3, 3], [])	
15	JMP(-12)	(4, [1, 0], [])	(4, [2, 1], [])	(4, [3, 3], [])	

图 4.1　IMP 目标程序执行时的配置转换

为了方便证明编译的正确性，构造辅助定理 exec1I，即

```
lemma exec1I [intro, code_pred_intro]:
  c' = iexec (P!!i) (i,s,stk) ⟹ 0 ≤ i ⟹ i < size P ⟹ P ⊢ (i,s,stk)→c'
```

4.2.4　编译及正确性证明

为了完成 IMP 命令式语言到目标栈机的翻译，首先定义算术表达式 acomp 和布尔表达式 bcomp 的编译。算术表达式的编译保持不变，沿用 4.1 节的定义。布尔表达式的编译函数除了将布尔表达式 bexp 作为参数，还具有布尔真值参数 f 和跳转偏移参数 n。在编译条件和循环语句时，该布尔真值参数为 False，跳转偏移参数是条件为真时需执行指令的计数+1。因此，bcomp 定义为

```
fun bcomp :: bexp ⇒ bool ⇒ int ⇒ instr list where
 bcomp (Bc v) f n = (if v=f then [JMP n] else []) |
 bcomp (Not b) f n = bcomp b (¬f) n |
 bcomp (And b1 b2) f n =
  (let cb2 = bcomp b2 f n;
        m = if f then size cb2 else (size cb2::int)+n;
     cb1 = bcomp b1 False m
```

```
  in cb₁ @ cb₂) |
bcomp (Less a₁ a₂) f n = acomp a₁ @ acomp a₂ @ (if f then [JMPLESS n] else [JMPGE n])
```

利用算术表达式的编译函数 acomp 和布尔表达式的编译函数 bcomp，可以定义 IMP 的编译函数 ccomp，即

```
fun ccomp :: com ⇒ instr list where
  ccomp SKIP = []  |
  ccomp (x ::= a) = acomp a @ [STORE x]  |
  ccomp (c₁;;c₂) = ccomp c₁ @ ccomp c₂  |
  ccomp (IF b THEN c₁ ELSE c₂) = (let cc₁ = ccomp c₁;
                                      cc₂ = ccomp c₂;
                                      cb = bcomp b False (size cc₁ + 1)
                                   in cb @ cc₁ @ JMP (size cc₂) # cc₂)  |
  ccomp (WHILE b DO c) = (let cc = ccomp c;
                              cb = bcomp b False (size cc + 1)
                           in cb @ cc @[JMP (-(size cb + size cc +1))])
```

例如，使用 ccomp 编译 4.1 节中的 IMP 循环程序，得到的目标栈机指令列表为

[LOADI 0, STORE "s", LOADI 0, STORE "x", LOAD "x", LOADI 3, JMPGE 9, LOAD "s", LOAD "x", ADD, STORE "s", LOAD "x", LOADI 1, ADD, STORE "x", JMP (- 12)]

现在证明 ccomp 的语义保持性质。首先，证明算术表达式编译的正确性。由于目标栈机的执行是关系，而不是函数，不能沿 4.1 节已证明的正确性定理，而需要重新构建。设执行前的初始栈机配置是(0, s, stk)，acomp 的正确性可以很自然地陈述为在目标栈机上执行编译后的算术表达式 a 完成后，指令计数将到达指令列表尾部，s 保持不变，aval a s 的计算结果将放在栈顶，即执行后的栈机配置是(size(acomp a), s, aval a s#stk)，因此算术表达式编译的正确性定理 acomp_correct 为

```
lemma acomp_correct[intro]:
  acomp a ⊢ (0,s,stk) →* (size(acomp a),s,aval a s#stk)
```

该定理在算术表达式的抽象语法上进行归纳，并泛化 stk，因此首先使用证明命令(induction a arbitrary: stk)。对应算术表达式的三个构造函数，可以产生三个证明子目标。前两个证明子目标利用 4.2.3 节构造的 exec1I 可以得证。对于第三个子目标，它的两个归纳假定为

```
IH₁：acomp a₁ ⊢ (0, s, ?stk) →* (size (acomp a₁), s, aval a₁ s # ?stk)
```

IH$_2$：acomp a$_2$ ⊢ (0, s, ?stk) →* (size (acomp a$_2$), s, aval a$_2$ s # ?stk)

其证明子目标为

1. acomp (Plus a$_1$ a$_2$) ⊢ (0, s, stk) →* (size (acomp (Plus a$_1$ a$_2$)), s, aval (Plus a$_1$ a$_2$) s # stk)

首先，由 acomp 的定义可得

acomp (Plus a$_1$ a$_2$) = acomp a$_1$ @ acomp a$_2$ @ [ADD]

然后，构造辅助定理。该定理陈述 s$_1$@s$_2$⊢σ→*σ''与 s$_1$⊢ σ→* σ'和 s$_2$ ⊢σ'→*σ''之间的传递关系。构造定理 exec_append_trans 为

```
lemma exec_append_trans[intro]:
  fixes i' i'' j'' :: int
  shows
  P ⊢ (0,s,stk)  →* (i',s',stk') ⟹
  size P ≤ i' ⟹
  P' ⊢ (i' - size P,s',stk')  →*(i'',s'',stk'') ⟹
  j'' = size P + i''⟹
  (P @ P') ⊢ (0,s,stk)  →* (j'',s'',stk'')
```

由 IH$_1$ 和 IH$_2$，利用 exec_append_trans 和 aval 的定义，第三个子目标可以得证。

参照定理 acomp_correct，构造布尔表达式编译 bcomp 的正确性定理。由于布尔表达式的编译结果只是生成相应的跳转指令，因此配置的后两个分量都保持不变。执行后栈机配置的指令计数依赖布尔表达式的运算结果。bcomp 的正确性定理 bcomp_correct 为

```
lemma bcomp_correct[intro]:
fixes n :: int
shows 0 ≤ n ⟹
    bcomp b f n ⊢ (0,s,stk)  →* (size(bcomp b f n) + (if f = bval b s then n else 0),s,stk)
```

定理 bcomp_correct 的证明在布尔表达式的抽象语法上进行归纳证明，利用辅助定理 exec1I、exec_append_trans、acomp_correct，产生的四个证明子目标都可以得证。

最后，证明 IMP 编译的正确性。如果源 IMP 程序 c 的执行由状态 s 转换到状态 s'，即(c, s) ⇒s'，那么编译 c 得到的程序 ccomp c 将由配置(0, s, stk) 转换到配置(size (ccomp c), s', stk)。因此，ccomp 的正确性定理可以陈述为

```
lemma ccomp_bigstep:
  (c,s) ⇒ t ⟹ (ccomp c) ⊢ (0,s,stk)  →* (size(ccomp c),t,stk)
```

在阐述 ccomp_bigstep 的证明之前，先列出包括 exec_append_trans 在内的所有主要辅助定理。IMP 编译正确性的主要辅助定理和证明为

```
//辅助定理 inth_append
lemma inth_append : 0 ≤ i ⟹
  (xs @ ys) !! i = (if i < size xs then xs !! i else ys !! (i - size xs))
  by (induction xs arbitrary: i) (auto simp: algebra_simps)

//辅助定理 iexec_shift
lemma iexec_shift: ((n+i',s',stk') = iexec x (n+i,s,stk)) = ((i',s',stk') = iexec x (i,s,stk))
  by(auto split:instr.split)

//辅助定理 exec1_appendL: 如果单步执行栈机程序 P，会由配置(i,s,stk)到达(i',s',stk')，那么
//执行栈机程序 P'@P，会由配置(size(P') + i,s,stk)到达(size(P')+i', s', stk')。
lemma exec1_appendL:   fixes i i' :: int
  shows P ⊢ (i,s,stk) → (i',s',stk') ⟹ P' @ P ⊢ (size(P')+i,s,stk) → (size(P')+i',s',stk')
  unfolding exec1_def by (auto simp del: iexec.simps simp add:inth_append iexec_shift)

//辅助定理 exec_appendL: 如果执行栈机程序 P，由配置(i,s,stk)到达(i',s',stk')，那么执行栈机
//程序 P'@P，会由配置(size(P') + i,s,stk)到达(size(P')+i', s', stk')。
lemma exec_appendL: fixes i i' :: int
  shows P ⊢ (i,s,stk) →* (i',s',stk') ⟹P' @ P ⊢ (size(P')+i,s,stk) →* (size(P')+i',s',stk')
  by (induction rule: exec_induct) (blast intro: star.step exec1_appendL)+

//辅助定理 exec_appendL_if:
//给定两个栈机程序 P 和 P'，如果执行栈机程序 P，由配置(i - size(P'),s,stk)到达(j,s',stk'),
//其中，size(P') <= i，那么执行栈机程序 P' @ P，将由配置(i,s,stk)到达(size(P') + j,s',stk')。
lemma exec_appendL_if: fixes i i' j :: int
  shows   size(P') <= i⟹ P ⊢ (i - size(P'),s,stk) →* (j,s',stk') ⟹ i' = size(P') + j ⟹ P' @ P ⊢
  (i,s,stk) →* (i',s',stk')
by (drule exec_appendL[where P'=P']) simp

//辅助定理 exec1_appendR
lemma exec1_appendR: P ⊢ c → c' ⟹ P@P' ⊢ c → c'
```

```
  by (auto simp: exec1_def inth_append)
//辅助定理 exec_appendR
lemma exec_appendR: P ⊢ c →* c' ⟹ P@P' ⊢ c →* c'
  by (induction rule: star.induct) (fastforce intro: star.step exec1_appendR)+

//辅助定理 exec_append_trans
lemma exec_append_trans:
  fixes i' i'' j'' :: int
  shows P ⊢ (0,s,stk) →* (i',s',stk') ⟹size(P) ≤ i' ⟹P' ⊢ (i' - size(P),s',stk') →* (i'',s'',stk'') ⟹
  j'' = size(P) + i''⟹ P @ P' ⊢ (0,s,stk) →* (j'',s'',stk'')
  by(metis star_trans[OF exec_appendR exec_appendL_if])
```

对于定理 ccomp_bigstep 的证明，首先在 IMP 大步操作语义规则上进行规则归纳，然后泛化 stk，可以产生七个证明子目标。针对每条语义规则，归纳证明过程如下。

Skip：Skip

证明子目标：ccomp SKIP ⊢ (0, s_, stk) →* (size (ccomp SKIP), s_, stk)

证明：由于空语句的执行并不改变 s，它的编译结果是空列表，因此使用 simp 证明方法即可得证。

Assign：Assign x a s

证明子目标：ccomp (x ::= a) ⊢ (0, s, stk) →* (size (ccomp (x ::= a)), s(x := aval a s), stk)。

证明：由 ccomp 的定义有 ccomp (x ::= a) = acomp a @ [STORE x]，因此有 size (ccomp (x ::= a) = size (acomp a) + 1。又由 acomp_correct 有 acomp a ⊢ (0, s, stk) = ⊢ (0, s, stk) →* (size (acomp a), s, aval a s # stk)。由 exec1I 有[STORE x] ⊢(0, s, aval a s # stk) →* (1, s(x:=aval a s), stk)　　--exec1I。因此，由 acomp_correct 有：

acomp a @ [STORE x] ⊢ (0, s, stk) →* (size (acomp a) + 1, s(x:=aval a s), stk)

因此，子目标得证。

Seq：Seq c_1 s_1 s_2 c_2 s_3

归纳假定：

IH1: ccomp c_1 ⊢ (0, s_1, ?stk) →* (size (ccomp c_1), s_2, ?stk)

IH2: ccomp c_2 ⊢ (0, s_2, ?stk) →* (size (ccomp c_2), s_3, ?stk

证明子目标：ccomp (c_1 ;; c_2) ⊢ (0, s_1, stk) →* (size (ccomp (c_1 ;; c_2)), s_3, stk)。

证明：由归纳假定 IH_1 和 IH_2 以及定理 exec_append_trans，可以完成子目标的证明。

IfTrue：IfTrue b s c_1 s' c_2

前提 H_1: bval b s。

前提 H_2: (c_1, s) ⇒ s'。

归纳假定:IH: ccomp c_1 ⊢ (0, s, ?stk) →* (size (ccomp c_1), s', ?stk)。

证明子目标：

ccomp (IF b THEN c_1 ELSE c_2) ⊢ (0, s, stk) →* (size (ccomp (IF b THEN c_1 ELSE c_2)), s', stk)

证明：由 ccomp 的定义有

1：ccomp (IF b THEN c_1 ELSE c_2) = bcomp b False (size (ccomp c_1) + 1) @ ccomp c_1 @ JMP (size (ccomp c_2) # (ccomp c_2)

由 H_1, bcomp_correct, 有

2：bcomp b False (size (ccomp c_1) + 1) ⊢ (0, s, stk) →* (size (bcomp b False (size (ccomp c_1) + 1)),s,stk)

由定理 exec1I，有

3：[JMP (size ?cc_2)] ⊢ (0, s', stk)→* ((size ?cc_2) + 1, s',stk)

联合 2，IH，利用定理 exec_append_trans，有

4：bcomp b False (size (ccomp c_1) + 1) @ ccomp c_1 ⊢ (0, s, stk) →* (size (bcomp b False (size (ccomp c_1) + size (ccomp c_1), t, stk)

联合 4，3，利用定理 exec_append_trans，有

5：bcomp b False (size (ccomp c_1) + 1) @ ccomp c_1@[JMP (size ?cc_2)] ⊢ (0, s, stk) →* size (bcomp b False (size (ccomp c_1) + size (ccomp c_1) + (size ?cc_2) + 1, s', stk')

由 5，利用定理 exec1_appendL，有

6：bcomp b False (size (ccomp c_1) + 1) @ ccomp c_1 ⊢ (0, s, stk) @ JMP (size (ccomp c_2) # (ccomp c_2)⊢ (0, s, stk) →* size (bcomp b False (size (ccomp c_1) + size (ccomp c_1) + (size ?cc_2) + 1, s', stk')

联合 1 和 6，子目标得证。

IfFalse：IfFalse b s c_2 s' c_1

前提 H_1: ¬bval b s。

前提 H_2: (c_2, s) ⇒ s'。

归纳假定 IH: ccomp c_2 ⊢ (0, s, ?stk) →* (size (ccomp c_2), s', ?stk)。

证明子目标：ccomp (IF b THEN c_1 ELSE c_2) ⊢ (0, s, stk) →* (size (ccomp (IF b THEN

c_1 ELSE c_2)), s', stk)。

证明：令?cc_1 = "ccomp c_1"， ?cc_2 = "ccomp c_2"，?cb = "bcomp b False (size ?cc_1 + 1)"，由 ccomp 的定义有

1：ccomp (IF b THEN c_1 ELSE c_2) = ?cb @?cc_1@ JMP (size (ccomp c_2)#?cc_2

由 H_1, bcomp_correct, 有

2：?cb⊢ (0, s, stk) →* (size (bcomp b False (size ?cc_1 + 1)),s,stk)

由 2，定理 exec_appendR，有

3：?cb⊢ (0, s, stk) @ ?cc_1→* (size (bcomp b False (size ?cc_1 + 1)),s,stk)

由 IH，定理 exec_appendL_if，有

4：[JMP (size (ccomp c_2))] @ ccomp c_2 ⊢ (1,s,stk) →* (1 + size (ccomp c_2), s', stk)

由 3，4，exec_append_trans，有

5：((?cb @ ?cc_1) @ ([JMP (size ?cc_2)]) @ ?cc_2)⊢ (0, s, stk) →*(size ?cb + size ?cc_1 + (size ?cc_2) + 1, s',stk)

由 1 和 5，子目标得证。

WhileTrue: WhileTrue b s_1 c s_2 s_3

前提 H_1: bval b s_1。

前提 H_2: (c, s_1) ⇒ s_2。

前提 H_3: (WHILE b DO c, s_2) ⇒ s_3。

归纳假定 IH_1：ccomp c ⊢ (0, s_1, ?stk) →* (size (ccomp c), s_2, ?stk)。

归纳假定 IH_2：ccomp (WHILE b DO c) ⊢ (0, s_2, ?stk) →* (size (ccomp (WHILE b DO c)), s_3, ?stk)。

证明子目标：ccomp (WHILE b DO c) ⊢ (0, s_1, stk) →* (size (ccomp (WHILE b DO c)), s_3, stk)

证明：令?cc = "ccomp c", ?cb = "bcomp b False (size ?cc + 1)", ?cw = "ccomp(WHILE b DO c)"，由 ccomp 的定义有

1：ccomp (WHILE b DO c) = ?cb @?cc@ [JMP (-(size ?cb + size ?cc + 1))]

由 H_1, bcomp_correct 有

2：?cb ⊢ (0, s_1, stk) →* (size ?cb,s_1,stk)

由 1、2、定理 exec_appendR，有

3：?cw ⊢ (0,s_1,stk) →* (size ?cb,s_1, stk)

由 IH_1、定理 exec_appendL_if，有

4：?cb @ ?cc ⊢ (size ?cb, s_1, stk) →* (size ?cb + size ?cc, s_2, stk)"

由 4、定理 exec_apppendR，有

5：?cw ⊢ (size ?cb, s_1, stk) →* (size ?cb + size ?cc, s_2, stk)"

由 exec1I、iexec 的定义，有

6：[JMP (-(size ?cb+size ?cc + 1))]⊢(size ?cb + size ?cc-size(?cb @ ?cc),s_2,stk) →*(1+(-(size ?cb + size ?cc + 1)), s_2, stk)

由 6、定理 exec_appendL_if，有

7：?cw ⊢(size (?cb @ ?cc), s_2, stk)→*(0, s_2, stk)

由 3、5、7、IH2、定理 star_trans，可知子目标得证。

WhileFalse: WhileFalse b s c

前提 H: ¬bval b s。

证明子目标：ccomp (WHILE b DO c) ⊢ (0, s, stk) →* (size (ccomp (WHILE b DO c)), s, stk)。

证明：令?cc = "ccomp c"，令?cb = "bcomp b False (size ?cc + 1)"

由 ccomp 的定义，有

1：ccomp (WHILE b DO c) = ?cb @?cc@ [JMP (-(size ?cb + size ?cc + 1))]

由 H，bcomp_correct, 有

2：?cb⊢ (0, s, stk) →* (size ?cb + (size ?cc + 1), s, stk)

由 2，定理 exec_appendR，有

3：?cb @ ?cc @[JMP (-(size ?cb + size ?cc + 1))] ⊢ (0, s, stk) →* (size ?cb + (size ?cc + 1), s, stk)

联合 1，3，子目标得证。

4.3 IMP 程序优化变换的正确性

4.3.1 等同和条件等同

本节讨论的优化变换作用在 IMP 程序上。优化变换的正确性可以表达为优化变换前后两条语句在大步操作语义执行下的等同，即

abbreviation equiv_c :: com ⇒ com ⇒ bool (infix ~ 50) **where**

c ~ c' ≡ (∀s t. (c,s) ⇒ t = (c',s) ⇒ t)

其中，c 和 c'为优化变换前后的两个 IMP 程序。

称满足 equiv_c 的两条语句 c 和 c'是语义等同的。将 equiv_c 表达的等同概念进一步扩展，可以定义为 equiv_up_to，即

type_synonym assn = state ⇒ bool

```
definition equiv_up_to :: assn ⇒ com ⇒ com ⇒ bool (_ ⊨ _ ~ _ [50,0,10] 50) where
  (P ⊨ c ~ c') = (∀s s'. P s ⟶ (c,s) ⇒ s' ⟷ (c',s) ⇒ s')
```

其中，P 为以大步操作语义状态为参数的谓词；equiv_up_to 为在条件 P 成立的条件；c 和 c'是等同的。

称满足 equiv_up_to 的两条语句 c 和 c'是条件等同的。类似地，定义布尔表达式的条件等同为 bequiv_up_to，即

```
definition bequiv_up_to :: assn ⇒ bexp ⇒ bexp ⇒ bool (_ ⊨ _ <~> _ [50,0,10] 50) where
  (P ⊨ b <~> b') = (∀s. P s ⟶ bval b s = bval b' s)
```

按照 equiv_c 和 equiv_up_to 的定义，如果 P 为恒真，那么它们是等价的，即

```
lemma equiv_up_to_True: ((λ_. True) ⊨ c ~ c') = (c ~ c')
```

等同和条件等同是自反、对称和传递的。此外，这两个语义等同关系也是一种同余关系。如果子语句是等同的，那么复合语句也是等同的。例如，equiv_c 在循环语句上的同余关系可以表示 c ~ c' ⟹ WHILE b DO c ~ WHILE b DO c'。equiv_up_to 在复合语句上的同余关系较为复杂，将在 4.3.2 节构造和证明。

4.3.2　常量折叠和传播

常量折叠和传播是两个非常普遍的编译优化技术。常量折叠在编译时计算常量表达式的值，常量传播判断一个变量是否具有常量值，如果是，则使用该常量值替换该变量。一个简单的常量折叠和传播的例子如图 4.2 所示。

常量折叠和传播前	常量折叠和传播后
x = 42 + 5;	x = 47;
y = x + 100;	y = 147;

图 4.2　一个简单的常量折叠和传播的例子

为了执行常量传播，需要获得“哪些变量具有常量值，以及它们的值”，称为变量环境 tab，即

```
type_synonym tab = vname ⇒ val option
```

因此，如果 tab x = None，那么表示变量 x 不具有常量值。

本节仅讨论算术表达式的常量折叠和传播。首先，定义算术表达式的常量折叠 afold，即

```
fun afold :: aexp ⟹ tab ⟹ aexp where
  afold (N n) _ = N n |
  afold (V x) t = (case t x of None ⇒ V x | Some k ⟹ N k) |
```

```
afold (Plus e1 e2) t = (case (afold e1 t, afold e2 t) of
                        (N n1, N n2) ⇒ N(n1+n2) |
                        (e1',e2') ⇒ Plus e1' e2')
```

因此，给定变量环境 t，当变量 x 具有常量值 k 时，V x 被优化为常量表达式 N k；当 Plus 的两个子表达式都是常量表达式时，优化为一个常量表达式。它的常量值是两个子常量表达式对应值的和。例如，afold (Plus (V "x") (N 5)) (Map.empty ("x":=Some 10))将优化为 N 15。

由于 afold 的定义使用变量环境，不能将它的正确性定理直接构造为 aval (afold a t) s = aval a s，需要将变量环境 t 与运行时状态 s 之间的一致性作为前提条件。approx 定义了这种一致性，即

```
definition approx t s ↔ (ALL x k. t x = Some k → s x = k)
```

它表达的是，对于所有变量 x，如果 x 在变量环境中的值是 k，那么该变量在语义状态中的值也是 k。

因此，算术表达式常量折叠的正确性定理可以构造为

```
theorem aval_afold[simp]:
  assumes "approx t s"
  shows "aval (afold a t) s = aval a s"
```

该定理在算术表达式的抽象语法上进行归纳，利用 auto 证明方法可以得证。

对于实现常量传播的递归函数 fold c t，其中 c 和 t 分别是语句和变量环境。考虑以下因素。

(1) 空语句 SKIP：不执行任何优化。

(2) 赋值语句 x ::= a：使用 afold 对 a 进行优化。

(3) 条件语句 IF b THEN c_1 ELSE c_2：对两个分支 c_1 和 c_2 分别在环境 t 下进行优化。

(4) 顺序语句 c_1;;c_2：首先在变量环境 t 下对语句 c_1 进行优化，c_1 可能更新变量环境 t 为 t'，然后在新的变量环境 t'下，对语句 c_2 进行优化。

(5) 循环语句 WHILE b DO c：对 c 进行优化。

因此，在完成 fold 的定义之前，需要先定义递归函数 defs，更新变量环境，即

```
primrec defs :: com ⇒ tab ⇒ tab where
  defs SKIP t = t |
  defs (x ::= a) t = (case afold a t of N k ⇒ t(x ↦ k) | _ ⇒ t(x:=None)) |
  defs (c1;;c2) t = (defs c2 o defs c1) t |
  defs (IF b THEN c1 ELSE c2) t = merge (defs c1 t) (defs c2 t) |
  defs (WHILE b DO c) t = t |` (-lvars c)
```

其中，merge、|`和 lvars 分别定义为

```
definition merge t1 t2 = (λm. if t1 m = t2 m then t1 m else None)
definition restrict_map :: ('a ⇀ 'b) ⇒ 'a set ⇒ ('a ⇀ 'b) (infixl |` 110) where
  m |` A = (λx. if x ∈ A then m x else None)
fun lvars :: com ⇒ vname set where
  lvars SKIP = {} |
  lvars (x::=e) = {x} |
  lvars (c1;;c2) = lvars c1 ∪ lvars c2 |
  lvars (IF b THEN c1 ELSE c2) = lvars c1 ∪ lvars c2 |
  lvars (WHILE b DO c) = lvars c
```

对于赋值语句，如果 afold a t 计算结果是常量值 N k，那么原变量环境 t 更新为 t(x↦k)；否则，变量环境中 x 的值是 None。对于顺序语句，首先在 t 环境下执行 c_1，变量环境 t 更新为 defs t，然后在该变量环境下，继续计算 c_2 导致的更新。对于条件语句，使用函数 merge 实现，当变量在两个分支的 defs 计算得到的新的变量环境中所映射的常量值相同时，更新变量环境。对于循环语句，不能保证循环体一定会被执行，因此首先由 lvars c 计算语句 c 中赋值语句中的左值变量的集合，然后取该集合的补集，得到非左值变量的集合。如果变量 x 是 c 中的非左值变量，那么变量环境不改变。如果 x 是左值变量，其值更新为 None。这是一种保守的优化。因此，常量折叠和传播函数 fold 的定义为

```
primrec fold where
  fold SKIP _ = SKIP   |
  fold (x ::= a) t = (x ::= (afold a t))   |
  fold (c1;;c2) t = (fold c1 t;; fold c2 (defs c1 t))   |
  fold (IF b THEN c1 ELSE c2) t = IF b THEN fold c1 t ELSE fold c2 t   |
  fold (WHILE b DO c) t = WHILE b DO fold c (t |` (-lvars c))
```

使用 fold 优化具有循环语句的 IMP 程序的一个例子如图 4.3 所示。

```
"x" ::= N 10;; "y" ::= N 20;;
WHILE (Less (V "x") (V "y")) DO
    ("z" ::= N 100;; "x"::= N 200);;
"m" ::= V "x";;
"n" ::= V "y";;
"t" ::= V "z"
```

(a) 常量折叠和传播前

```
"x" ::= N 10 ;; "y" ::= N 20 ;;
WHILE Less (V "x") (V "y") DO
("z" ::= N 100 ;; "x" ::= N 200) ;;
"m" ::= V "x" ;;
"n" ::= N 20 ;;
"t" ::= V "z"
```

(b) 常量折叠和传播后

图 4.3　fold 优化示例

在这个例子中，循环体内对变量 z 和 x 赋值，即使这两个值都是常量值，但是在静态编译环境下不能确定循环体是否一定被执行，因此赋值语句"m" ::= V "x"和"t" ::= V "z"保持不变，仅将"n" ::= V "y"优化为"n" ::= N 20。

最后，证明常量折叠和优化的正确性。按照 4.3.1 节定义的条件等同关系，陈述 approx_eq 为

lemma approx_eq: approx t ⊨ c ~ fold c t

为了证明定理 approx_eq，首先构造并证明辅助定理，即

lemma equiv_up_to_refl: P ⊨ c ~ c **by** (auto simp: equiv_up_to_def)
lemma assign_simp: (x ::= a,s) ⇒ s' ↔ (s' = s(x := aval a s))　**by** auto
theorem aval_afold: aval (afold a t) s = aval a s
lemma equiv_up_to_seq: P ⊨ c ~ c' ⟹ Q ⊨ d ~ d'
⟹ (⋀s s'. (c,s) ⇒ s' ⟹ P s ⟹ Q s') ⟹ P ⊨ (c;; d) ~ (c';; d')
lemma big_step_pres_approx: (c,s) ⇒ s' ⟹ approx t s ⟹ approx (defs c t) s'
lemma equiv_up_to_if_weak:
P ⊨ b <~> b' ⟹ P ⊨ c ~ c' ⟹ P ⊨ d ~ d' ⟹ P ⊨ IF b THEN c ELSE d ~ IF b' THEN c' ELSE d'
lemma bequiv_up_to_refl : P ⊨ b <~> b **by** (auto simp: bequiv_up_to_def)
lemma equiv_up_to_while_weak:
assumes b: P ⊨ b <~> b' **assumes** c: P ⊨ c ~ c' **assumes** I: ⋀s s'. (c, s) ⇒ s' ⟹ P s ⟹ P s'
shows P ⊨ WHILE b DO c ~ WHILE b' DO c'
lemma restrict_map_le [intro!, simp]: t |` S ⊆$_m$ t
lemma approx_map_le: approx t_2 s ⟹ t_1 ⊆$_m$ t_2 ⟹ approx t_1 s
lemma equiv_up_to_weaken: P ⊨ c ~ c' ⟹ (⋀s. P' s ⟹ P s) ⟹ P' ⊨ c ~ c'
lemma big_step_pres_approx_restrict: (c,s) ⇒ s' ⟹ approx (t |` (-lvars c)) s ⟹ approx (t |` (-lvars c)) s'

其中，equiv_up_to_seq、equiv_up_to_if_weak、equiv_up_to_while_weak 是条件等同在复合语句(顺序、条件和循环语句)上的同余关系，是分别用来证明顺序、条件和循环语句正确优化的主要辅助定理。

定理 approx_eq 的证明在 IMP 的抽象语法上进行归纳，并泛化变量环境 t。每个抽象语法结构的归纳证明过程为

Skip：Skip

证明子目标：approx t ⊨ SKIP ~fold SKIP t。

证明：由 fold SKIP t = SKIP，利用条件等同的自反属性 equiv_up_to_refl，该子目标可以

得证。

Assign：Assign x a

证明子目标：approx t ⊨ x ::= a ~ fold (x ::= a) t。

分析：由 fold 的定义得：fold (x ::= a) t = (x ::= (afold a t))。

联合 equiv_up_to 的定义，待证明子目标变为

∀s s'. approx t s ⟶ (x ::= a, s) ⇒ s' = (x ::= (afold a t),s) ⇒ s')

联合 assign_simp，待证明子目标变为

∀s s'. approx t s ⟶ (x ::= a, s) ⇒ s(x := aval a s)= (x ::= (afold a t),s) ⇒ s(x := aval (afold a t) s)

联合定理 aval_afold，待证明子目标变为

∀s s'. approx t s ⟶ (x ::= a, s) ⇒ s(x := aval a s)= (x ::= (afold a t),s) ⇒ s(x := aval a s)

因此，子目标得证。

If：If b c_1 c_2

归纳假定：IH_1: approx ?t ⊨ c_1 ~fold c_1 ?，IH_2: approx ?t ⊨ c_2 ~fold c_2 ?t。

证明子目标：approx t ⊨ IF b THEN c_1 ELSE c_2 ~fold (IF b THEN c_1 ELSE c_2) t。

证明：由 fold 的定义可得 fold (If b THEN c_1 ELSE c_2) t = (IF b THEN fold c_1 t ELSE fold c_2 t)。

因此，待证明子目标变为 approx t ⊨ (If b THEN c_1 ELSE c_2) ~(IF b THEN fold c_1 t ELSE fold c_2 t)。

由定理 equiv_up_to_seq 可知，为证明上述待证明子目标，需要满足明以下三个前提，即

approx t ⊨ b~b

approx t ⊨c_1 ~fold c_1 t

approx t ⊨c_2 ~fold c_2 t

由 bequiv_up_to_refl 可知前提 1 成立，由 IH_1 和 IH_2 可知前提 2 和 3 分别成立，因此子目标得证。

Seq：Seq c_1 s_1

归纳假定：IH_1: approx ?t ⊨ c_1 ~fold c_1 ?t，IH_2: approx ?t ⊨ c_2 ~fold c_2 ?t。

证明子目标：1. approx t ⊨ c_1 ;; c_2 ~fold (c_1 ;; c_2) t。

证明：由 fold 的定义可得 fold (c_1;;c_2) t = (fold c_1 t;; fold c_2 (defs c_1 t))。因此，待证明子目标变为 approx t ⊨ c_1 ;; c_2 ~ (fold c_1 t;; fold c_2 (defs c_1 t))。

由定理 equiv_up_to_if_weak 可知，为证明上述待证明子目标，需要满足以下三个前提，即

approx t ⊨ c_1~fold c_1 t

Q ⊨c2 ~fold c2 (defs c1 t)

∀s s'. (c1, s) ⇒ s' ⟹ approx t s ⊨Q s'

由 IH1 可知，前提 1 成立。

由 IH2 可知，approx (defs c1 t) ⊨ c2 ~fold c2 (defs c1 t)，其中 Q＝approx (defs c1 t)。

因此，需要证明前提 3 成立，即

∀s s'. (c1, s) ⇒ s' ⟹ approx t s ⊨ approx (defs c1 t) s'

由定理 big_step_pres_approx 可知，前提 3 成立。

因此，子目标得证。

While：While b c

归纳假定：IH : approx ?t ⊨ c ~fold c ?t。

证明子目标：approx t ⊨ WHILE b DO c ~fold (WHILE b DO c) t。

证明：由 IH 可得 x1：approx (t |` (-lvars c)) ⊨ c ~fold c (t |` (-lvars c))。

由 fold 的定义、x1、equiv_up_to_while_weak 和 big_step_pres_approx_restrict 可得

1：approx (t |` (-lvars c)) s ⊨ (WHILE b DO c) ~(WHILE b DO fold c (t |` (-lvars c))。

由定理 restrict_map_le 可得 t |` (-lvars c) ⊆m t。因此，由 approx_map_le 可得 approx t s ⟹ approx t |` (-lvars c) s。因此，由 1、equiv_up_to_weaken 和 approx_map_le 可得，子目标得证。

于是，由定理 approx_eq 可得

approx Map.empty ⊨ c ~ fold c Map.empty

由 approx 的定义可以证明

lemma approx_empty [simp]: approx Map.empty = (λ_. True)

因此，有

(λ_. True) ⊨ c ~ fold c Map.empty

联合定理 equiv_up_to_True，可得常量折叠和传播的正确性定理 constant_ folding_equiv，即

theorem constant_folding_equiv:
fold c Map.empty ~ c

4.3.3 改进的常量折叠和传播

本节扩展 4.3.2 节中的优化变换，增加对布尔表达式的优化，实现函数名为 fold'，证明 fold'的正确性。增加对布尔表达式的优化后，如果条件表达式是布尔常量表达式，那么删除不会执行的条件分支和循环体，如图 4.4 所示。

在图 4.4(a)中，由于布尔表达式 x<y 是布尔真的常量表达式，z=200 永远不会被执行，因此优化为 x=10; y = 20; z = 100。在图 4.4(b)中，由于布尔表达式 x<y 是布尔假的常量表达式，循环体 z=200 永远不会被执行，因此被取代为空语句 SKIP。

```
x = 10;
y = 20;
if x < y then
  z = 100;
else
  z = 200
```

```
x = 10;
y = 20;
z = 100;
```

```
x = 100;
y = 20;
while (x < y)
  z = 100;
```

```
x = 100;
y = 20;
SKIP;
```

(a) 改进的常量折叠和传播前　　(b) 改进的常量折叠和传播后

图 4.4　改进的常量折叠和传播示例

相关辅助函数和布尔表达式的优化函数 bfold 定义为

```
fun not :: bexp ⇒ bexp where
  not (Bc True) = Bc False |
  not (Bc False) = Bc True |
  not b = Not b
fun and :: bexp ⇒ bexp ⇒ bexp where
  and (Bc True) b = b |
  and b (Bc True) = b |
  and (Bc False) b = Bc False |
  and b (Bc False) = Bc False|
  and b1 b2 = And b1 b2
fun less :: aexp ⇒ aexp ⇒ bexp where
  less (N n1) (N n2) = Bc(n1 < n2) |
  less a1 a2 = Less a1 a2
fun bfold :: bexp ⇒ tab ⇒ bexp where
  bfold (Bc v) _ = Bc v |
  bfold (Not b) t = not(bfold b t) |
  bfold (And b1 b2) t = and (bfold b1 t) (bfold b2 t) |
  bfold (Less a1 a2)t = less (afold a1 t) (afold a2 t)
```

bfold 正确性定理为

```
theorem bval_bfold[simp]:
    assumes approx t s shows bval (bfold b t) s = bval b s
```

该定理在布尔表达式的抽象语法上进行归纳证明。

改进的常量折叠和传播函数 fold'定义为

```
primrec fold' where
fold' SKIP _ = SKIP |
fold' (x ::= a) t = (x ::= (afold a t)) |
fold' (c1;;c2) t = (fold' c1 t;; fold' c2 (defs c1 t)) |
fold' (IF b THEN c1 ELSE c2) t = (let b' = bfold b t   in
                                  case b' of Bc True ⇒ fold' c1 t |
                                             Bc False ⇒ fold' c2 t |
                                             _ ⇒ IF b THEN fold' c1 t ELSE fold' c2 t)
| fold' (WHILE b DO c) t = (let b' = bfold b t in
                            case b' of Bc False ⇒ SKIP|
                            _ ⇒ WHILE b DO fold' c (t |` (-lvars c)))
```

因此，按照 4.3.1 节定义的条件等同关系，陈述 approx_eq'为

```
lemma approx_eq': approx t ⊨ c ~ fold' c t
```

为了证明 approx_eq'，构建辅助定理为

```
lemma approx_eq': approx t ⊨ c ~ fold' c t
lemma equiv_up_to_if_strong1:
  (⋀s. P s ⟹ bval b s) ⟹ P ⊨ c ~ c' ⟹   P ⊨ IF b THEN c ELSE d ~ c'
lemma equiv_up_to_if_strong2:
  (⋀s. ⋀s. P s ⟹ ¬ bval b s) ⟹ P ⊨ d ~ d' ⟹   P ⊨ IF b THEN c ELSE d ~ d'
lemma bfold_bval1:
  assumes approx t s shows bfold b t = Bc True ⟹bval b s
lemm bfold_bval2:
  assumes approx t s shows bfold b t = Bc False ⟹¬bval b s
lemma while_unfold:
  (WHILE b DO c) ~ (IF b THEN c;; WHILE b DO c ELSE SKIP)
lemma equiv_up_to_while_strong:
  (⋀s. P s ⟹ ¬ bval b s) ⟹ P ⊨ WHILE b DO c ~ SKIP
```

与上一节构造的辅助定理相比，条件和循环语句需要满足更强的同余关系。利用这些辅助定理，在 IMP 的抽象语法上进行归纳，并泛化变量环境 t，approx_eq'

得证。运用与 4.3.2 节同样的方法，容易证明改进的常量折叠与传播的正确性定理 constant_folding_equiv'，即

theorem constant_folding_equiv': fold' c Map.empty ~ c

4.3.4　活性分析和消除冗余赋值语句

本节活性分析的目的是消除冗余赋值语句。例如，x = 0; y = 1; x = y，x 的两条赋值语句之间不存在读 x 的操作。因此，第一条对 x 的赋值语句是冗余的，该代码可以优化为 SKIP; y = 1; x = y。从语义上讲，如果变量 x 在 c 执行前的初始值会影响 c 执行后的状态，那么称 x 在 c 之前是活性变量。一个较弱但相对更易于检查的活性变量的定义是，如果变量 x 在 c 执行前的初始值在被覆盖之前，存在某个潜在的读 x 的语句执行，则称 x 在 c 之前是活性变量；所有变量在 c 之后都是活性变量。其中，潜在执行指对于条件和循环语句的执行，不考虑条件表达式的值，因此条件语句的两个分支都可能潜在执行；循环体可能执行，也可能不执行。如果 x 在 c 之前不是活性变量，则称它在 c 之前是死变量，

IMP 程序的活性变量分析可定义为递归函数 L，即

```
fun L :: com ⇒ vname set ⇒ vname set where
  L SKIP X = X |
  L (x ::= a) X = vars a ∪ (X - {x}) |
  L (c1;; c2) X = L c1 (L c2 X) |
  L (IF b THEN c1 ELSE c2) X = vars b ∪ L c1 X ∪ L c2 X |
  L (WHILE b DO c) X = vars b ∪ X ∪ L c X
```

递归定义使活性分析需要参数 X，代表执行 c 之后的活性变量集合。因此，给定执行 c 之后的活性变量集合 X，L c X 递归计算执行 c 之前的活性变量集合。

(1) 空语句不影响活变量集合。

(2) 赋值语句 x::= a。vars a 计算表达式 a 中出现的所有变量名集合，由于读取所有这些变量，因此它们在该赋值语句之前都是活性变量。由于变量 x 被写入，因此如果变量 x 不出现在表达式 a 中，那么 x 在该赋值语句之前不是活性变量。

(3) 顺序语句 c_1;; c_2。活性变量分析是一种后向分析，因此对 c_2 计算活性变量集合。该集合作为对 c_1 进行计算的参数。

(4) 条件语句 IF b THEN c_1 ELSE c_2。vars b 计算表达式 b 中出现的所有变量名集合。由于读取所有这些变量，因此它们在该条件语句之前都是活性变量；由于不分析 b，因此 c_1 和 c_2 都可能执行。对两个分支分别计算，得到的两个活性变量集合并集中的所有变量都是该条件语句之前的活性变量。

(5) 循环语句 WHILE b DO c。与条件语句的计算类似，b 中出现的所有变量在循环语句之前都是活性变量；循环体可能不执行，因此 X 在循环语句之前是活性变量；循环体可能执行一次，因此 L c X 是循环语句执行之前的活性变量。按照 L 的定义，循环语句之前的活性变量集合是这三个集合的并集。循环体可能执行多次，L 对于循环语句的计算是否正确呢？

显然，循环语句复杂化了活性分析。令ω = WHILE b DO c，循环语句活性分析控制流图如图 4.5 所示。按照 L 的定义，循环退出时的活性变量是 X，那么当循环条件为真时，每次执行 c 之后的活性变量集合都是 L ω X，因此每次执行 c 之前的活性变量集合是 L c (L ω X)。b 是表达式，它的每次计算没有赋值操作，不改变活性变量集合。因此，L ω X 和 L c (L ω X)满足 L c (L ω X) ⊆ L ω X。这个子集关系需要在证明活性变量分析的正确性之前予以证明。此外，按照 L ω X 的定义，vars b 和 X 均是 L ω X 的子集。这三个子集关系是循环语句活性分析正确性需要满足的限制条件。

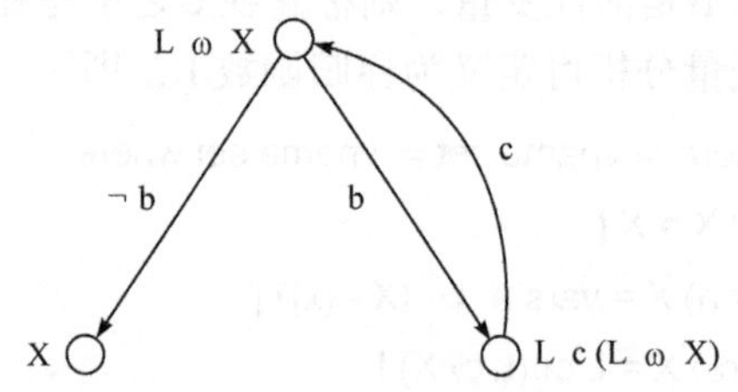

图 4.5　循环语句活性分析控制流图

为了证明活性变量分析 L 的正确性，需要两个辅助函数 kill 和 gen，即

```
fun kill :: com ⇒ vname set where
  kill SKIP = {} |
  kill (x ::= a) = {x} |
  kill (c1;; c2) = kill c1 ∪ kill c2 |
  kill (IF b THEN c1 ELSE c2) = kill c1 ∩ kill c2 |
  kill (WHILE b DO c) = {}
fun gen :: com ⇒ vname set where
  gen SKIP = {} |
  gen (x ::= a) = vars a |
  gen (c1;; c2) = gen c1 ∪ (gen c2 - kill c1) |
  gen (IF b THEN c1 ELSE c2) = vars b ∪ gen c1 ∪ gen c2 |
  gen (WHILE b DO c) = vars b ∪ gen c
```

其中，kill 函数计算语句 c 中被赋值的变量的集合；gen 函数计算语句 c 中在被写

之前可能被读的变量的集合。

L 与 kill 和 gen 的等价性可以陈述为定理 L_gen_kill，即

lemma L_gen_kill: L c X = gen c ∪ (X - kill c)

对该定理在 c 的抽象语法上进行归纳，并泛化 X 可证。

利用 L_gen_kill，使用 auto 证明方法可以证明循环语句活性分析正确性需要满足的子集关系，即

lemma L_While_pfp: L c (L (WHILE b DO c) X) ⊆ L (WHILE b DO c) X

为了证明活性分析 L 的正确性，首先定义 eq_on，即

```
abbreviation
  eq_on :: ('a ⇒ 'b) ⇒ ('a ⇒ 'b) ⇒ 'a set ⇒ bool ((_ =/ _/ on _) [50,0,50] 50) where
  f = g on X == ∀ x ∈ X. f x = g x
```

因此，L 相对于大步操作语义的正确性定理 L_correct 可陈述为

```
theorem L_correct:
  (c,s) ⇒ s' ⟹ s = t on L c X ⟹ ∃ t'. (c,t) ⇒ t' & s' = t' on X
```

即如果语句 c 在初始状态 s 下执行，到达状态 s'，执行 c 之前的状态 s 中每个活性变量的值与状态 t 中的值相等，那么存在状态 t'，使 c 在初始状态 t 下执行，到达状态 t'，并且执行 c 后的状态 s'中每个活性变量的值与状态 t'中的值相等。语句 c 执行后的状态只依赖执行 c 之前的活性变量，因此活性分析 L 的计算是正确的。

L_correct 的证明在 c 的大步操作语义规则上进行归纳，并泛化 X 和 t。在 WhileTrue 语义规则上证明时，使用辅助定理 L_While_pfp。

接下来，使用 L 进行优化，优化函数 bury c X 的定义为

```
fun bury :: com ⇒ vname set ⇒ com where
  bury SKIP X = SKIP |
  bury (x ::= a) X = (if x ∈ X then x ::= a else SKIP) |
  bury (c1;; c2) X = (bury c1 (L c2 X);; bury c2 X) |
  bury (IF b THEN c1 ELSE c2) X = IF b THEN bury c1 X ELSE bury c2 X |
  bury (WHILE b DO c) X = WHILE b DO bury c (L (WHILE b DO c) X)
```

其中，参数 X 是执行 c 之后的活性变量集合；bury 递归消除冗余赋值语句(空语句无优化)；对于赋值语句，如果被赋值的变量不是赋值语句执行后的活变量，那么该赋值语句优化为空语句；顺序、条件和循环等复合语句的优化通过子语句的计算递归优化。

因此，如果执行语句 c 后的活性变量集合是 X，bury c X 将赋值死变量的语句优化为空语句。例如，令 c = (x = 0; y = 1; x = y)，那么 bury c {"x", "y", "z"}的执

行过程为

```
  bury ("x" ::= N 0;; "y" ::= N 1;; "x" ::= V "y") { "x", "y", "z"}
= bury ("x" ::= N 0) (L ("y" ::= N 1;; "x" ::= V "y") { "x", "y", "z"});;
  bury ("y" ::= N 1;; "x" ::= V "y") { "x", "y", "z"}
= bury ("x" ::= N 0) (L ("y" ::= N 1;; "x" ::= V "y") { "x", "y", "z"});;
  bury ("y" ::= N 1) (L "x" ::= V "y" { "x", "y", "z"});;
  bury "x" ::= V "y" { "x", "y", "z"}
= bury ("x" ::= N 0) (L "y" ::= N 1 (L "x' ::= V "y" { "x", "y", "z"}));;
  bury ("y" ::= N 1) { "y", "z"};;
  "x" ::= V "y"
= bury ("x" ::= N 0) (L "y" ::= N 1 {"y", "z"});;
  "y" ::= N 1;;
  "x" ::= V "y"
= bury ("x" ::= N 0) {"z"};;
  "y" ::= N 1;;
  "x" ::= V "y"
= SKIP;; "y" ::= N 1;; "x" ::= V "y"
```

使用 eq_on 的定义，优化函数 bury 的正确性构造为定理 bury_correct，即

theorem bury_correct:

(c,s) ⇒ s' ⟹ s = t on L c X ⟹ ∃ t'. (bury c X,t) ⇒ t' & s' = t' on X

bury_correct 表达 bury 优化变换前后的语义等同。如果 c 的执行由状态 s 转换到 s', 执行 c 之前的状态 s 中每个活性变量的值与状态 t 中的值相等，那么存在状态 t', 使优化后程序 bury c X 的执行由状态 t 转换到 t', 并且执行 c 后的状态 s' 中每个活性变量的值与状态 t'中的值相等。

与证明 L 的正确性类似，bury 的证明在 c 的大步操作语义规则上归纳，并泛化 X 和 t。在 WhileTrue 语义规则上证明时，使用辅助定理 L_While_pfp。

应用定理 bury_correct[of c s s' UNIV]，可以证明定理 final_bury_correct，即

corollary final_bury_correct: (c,s) ⇒ s' ⟹ (bury c UNIV,s) ⇒ s'

此外，还可以进一步证明 bury_correct 的逆 bury_correct2，即

theorem bury_correct2:

(bury c X,s) ⇒ s' ⟹ s = t on L c X ⟹ ∃ t'. (c,t) ⇒ t' & s' = t' on X

同样，应用 bury_correct2[of c UNIV]，可以得到定理 final_bury_correct2，即

corollary final_bury_correct2: (bury c UNIV,s) ⇒ s' ⟹ (c,s) ⇒ s'

4.3.5 改进的活性分析

给定 c 为 y = 10; x = y; x = 0; y = 1，使用 bury 函数完成冗余赋值语句删除，c 变换为 y =10; SKIP; x = 0; y = 1。可以看出，第一条对 y 的赋值语句也是冗余的。虽然对 y 的两次赋值 y = 10 和 y = 1 之间存在读 y，即 x = y，但是读 y 的值却赋给了死变量 x。因此，x = y 是一条冗余语句。c 应该优化为 SKIP; SKIP; x = 0; y = 1。

为了达到这个目标，需要修改活性分析函数对赋值语句的计算，即当被赋值的变量不是执行赋值语句后的活性变量时，活性变量集合不变化；否则，计算赋值语句之前的活性变量，即

$$L\ (x ::= a)\ X = (\text{if } x \in X \text{ then vars } a \cup (X - \{x\}) \text{ else } X)$$

因此，当优化执行下述语句时，即

```
bury ("y" :: = N 10) (L ("x"= V "y") {});;
SKIP;;
"x" = N 0;;
"y" = N 1
```

按照新的定义，继续优化为

```
bury ("y" :: = N 10) {};;
SKIP;;
"x" = N 0;;
"y" = N 1
```

而不是

```
bury ("y" :: = N 10) {"y"};;
SKIP;;
"x" = N 0;;
"y" = N 1
```

因此，c 将优化为

```
SKIP;;
SKIP;;
"x" = N 0;;
"y" = N 1
```

这个新的定义对于 L_gen_kill：$L\ c\ x = \text{gen}\ c \cup (X - \text{kill}\ c)$并不成立，因此不能证明 $L\ c\ (L\ \omega\ X) \subseteq L\ \omega\ X$。显然，还需要修改活性分析函数对循环语句的计算。4.3.4 节讨论了三个子集关系必须成立，即 $\text{vars}\ b \subseteq L\ \omega\ X$、$X \subseteq L\ \omega\ X$ 和 $L\ c\ (L\ \omega\ X) \subseteq L\ \omega\ X$，其中$\omega$ = WHILE b DO c。这三个子集关系等价于 $\text{vars}\ b \cup X \cup L\ c\ (L\ \omega\ X) \subseteq L\ \omega\ X$。因此，$L\ \omega\ X$ 应该是某个集合 Y，使 $\text{vars}\ b \cup X \cup L\ c\ Y \subseteq Y$。

出于优化的目的，需要满足这个条件的最小集合，因此可以采用 Isabelle/HOL 库 While_Combinator 中的 lfp 函数获得这个最小集合，即

```
L (WHILE b DO c) X = lfp(λY. vars b ∪ X ∪ L c Y)
```

综上所述，新的活性分析函数 L 定义为

```
fun L :: com ⇒ vname set ⇒ vname set where
L SKIP X = X  |
L (x ::= a) X = (if x ∈ X then vars a ∪ (X - {x}) else X)  |
L (c₁;; c₂) X = L c₁ (L c₂ X)  |
L (IF b THEN c₁ ELSE c₂) X = vars b ∪ L c₁ X ∪ L c₂ X  |
L (WHILE b DO c) X = lfp(λY. vars b ∪ X ∪ L c Y)
```

由于循环语句的活性变量计算使用 lfp 函数，为了证明 L 满足三个子集关系，需要证明 L c 的单调性 L_mono，即

```
lemma L_mono: mono (L c)
```

L_mono 的证明在 c 抽象语法上进行，对于循环语句，可以使用 Isabelle/HOL 库中的定理 lfp_mono。因此，可以证明以下两个定理，即

```
lemma mono_union_L: mono (λY. X ∪ L c Y)
lemma L_While_unfold: L (WHILE b DO c) X = vars b ∪ X ∪ L c (L (WHILE b DO c) X)
```

因此，三个子集关系性质定理都可以得证，即

```
lemma L_While_pfp: L c (L (WHILE b DO c) X) ⊆ L (WHILE b DO c) X
lemma L_While_vars: vars b ⊆ L (WHILE b DO c) X
lemma L_While_X: X ⊆ L (WHILE b DO c) X
```

由于 L 的正确性证明仅依赖这三个性质，这个改进的活性分析的正确性定理和证明与 4.3.4 节相同。优化函数 bury 的定义和正确性证明也与 4.3.4 节相同。

本节讨论的活性分析与 4.3.4 节的活性相比，虽然准确性更高，但是活性分析在循环分析时需要迭代计算最小不动点，因此不再是简单遍历程序一遍的 gen/kill 分析。此外，本节定义的 L 不能直接执行。通过证明以下定理，可以获得 L 的可执行性，即

```
lemma L_subset_vars: L c X ⊆ rvars c ∪ X
lemma L_While: fixes b c X
  assumes finite X defines f == λY. vars b ∪ X ∪ L c Y
  shows L (WHILE b DO c) X = while (λY. f Y ≠ Y) f {} (is _ = ?r )
lemma L_While_let: finite X ⟹ L (WHILE b DO c) X =
  (let f = (λY. vars b ∪ X ∪ L c Y) in while (λY. f Y ≠ Y) f {})
```

```
lemma L_While_set: L (WHILE b DO c) (set xs) =
  (let f = (λY. vars b ∪ set xs ∪ L c Y) in while (λY. f Y ≠ Y) f {})
```

4.4　基于寄存器传输语言优化变换的正确性

本节讨论的优化变换作用在寄存器传输语言上。这里讨论的寄存器是伪寄存器，每个函数体可以拥有无穷多伪寄存器。寄存器传输语言程序的函数体定义为控制流图，因此首先讨论控制流图程序的生成，并证明它的正确性；然后讨论基于寄存器传输语言的常量传播和公共子表达式消除优化变换的正确性。

4.4.1　构建控制流图

首先，源语言 CminorSel 的表达式 expr 和语句 stmt 的定义分别为

```
Inductive expr : Type :=
  | Evar : ident -> expr
  | Eop : operation -> exprlist -> expr
  | Eload : memory_chunk -> addressing -> exprlist -> expr
  | Econdition : condexpr -> expr -> expr -> expr
  | Elet : expr -> expr -> expr
  | Eletvar : nat -> expr
with condexpr : Type :=
  | CEtrue: condexpr   | CEfalse: condexpr
  | CEcond: condition -> exprlist -> condexpr
  | CEcondition : condexpr -> condexpr -> condexpr -> condexpr
with exprlist : Type :=
  | Enil: exprlist   | Econs: expr -> exprlist -> exprlist.
Inductive stmt : Type :=
  | Sskip: stmt
  | Sassign : ident -> expr -> stmt
  | Sstore : memory_chunk -> addressing -> exprlist -> expr -> stmt
  | Scall : option ident -> signature -> expr -> exprlist -> stmt
  | Stailcall: signature -> expr -> exprlist -> stmt
  | Sseq: stmt -> stmt -> stmt
  | Sifthenelse: condexpr -> stmt -> stmt -> stmt
  | Sloop: stmt -> stmt
  | Sblock: stmt -> stmt
```

```
| Sexit: nat -> stmt
| Sswitch: expr -> list (int * nat) -> nat -> stmt
| Sreturn: option expr -> stmt
| Slabel: label -> stmt -> stmt
| Sgoto: label -> stmt.
```

其中，Sloop stmt 为无限循环，可以使用 Sblock/Sexit 退出循环，包含 Sexit 的最内层 Sblock 块编号为 1，语句 Sexit *n* 跳出到第 *n*+1 个 Sblock 块的末尾。

常量表达式使用 Eop 构造器，它的表达式列表为空，例如 Eop (Ointconst 10)[] 代表常量 10。

CminorSel 函数定义为

```
Record function : Type := mkfunction {
  fn_sig: signature;
  fn_params: list ident;
  fn_vars: list ident;
  fn_stackspace: Z;
  fn_body: stmt
}.
```

其中，fn_sig 为函数签名；fn_params 为函数形参列表；fn_vars 为本地变量列表；fn_stackspace 为活动记录字节数；fn_body 是函数体，它是一条可能非常复杂的语句。

例如，如果一个 C 语言函数 f 的定义是 void f(int n){i = 0; s = 0; for (; i < n; i++){ s = s + i}}，那么 f 函数体对应的语句 st 为

```
Sseq
  Sassign s (Eop (Ointconst 0) []);
  Sseq
    Sassign i (Eop (Ointconst 0) []);
    Sblock
      (Sloop
        (Sifthenelse (CEcond Cge [Evar i, Evar n])
                    Sexit(0)
                    Sseq
                     (Sassign s (Eop Oadd [Evar s, Evar i]))
                     (Sassign i (Eop Oadd [Evar i, (Eop (Ointconst 0) [])]))))
```

寄存器传输语言的抽象机器指令作用于伪寄存器。函数体是控制流图。寄存器传输语言抽象指令定义为 instruction，即

```
Inductive instruction: Type :=
  | Inop: node -> instruction
  | Iop: operation -> list reg -> reg -> node -> instruction
  | Iload: memory_chunk -> addressing -> list reg -> reg -> node -> instruction
  | Istore: memory_chunk -> addressing -> list reg -> reg -> node -> instruction
  | Icall: signature -> reg + ident -> list reg -> reg -> node -> instruction
  | Itailcall: signature -> reg + ident -> list reg -> instruction
  | Icond: condition -> list reg -> node -> node -> instruction
  | Ireturn: option reg -> instruction
```

除 Itailcall 和 Ireturn 指令外，其余每条指令包括一个或两个额外参数，代表该条指令的所有可能后继指令。因此，寄存器传输语言不再具有诸如 Sseq、Sifthenelse 和 Sblock 等结构化的控制语句。这些结构化的控制信息记录在每条抽象指令的后继指令参数中，因此寄存器传输语言函数体能够代表程序的控制流图。

控制流图由 code 定义，结点到抽象指令的映射为

```
Definition code: Type := PTree.t instruction
```

因此，寄存器传输语言函数的定义为

```
Record function: Type := mkfunction {
  fn_sig: signature;
  fn_params: list reg;
  fn_stacksize: Z;
  fn_code: code;
  fn_entrypoint: node
}.
```

与源程序相比，寄存器传输语言函数不再具有本地变量列表。本地变量经过编译预处理过程静态分配到寄存器，函数体是控制流图，增加入口结点 fn_entrypoint。因此，源函数 f 对应的寄存器传输语言函数体及其控制流图如图 4.6 所示。

图中 $r_i \leftarrow v(i=1,2,\cdots,9)$表示将 v 放到寄存器 i 中，$r_i \leftarrow r_j$ 表示将寄存器 j 中的值放到寄存器 r_i 中，$r_i < r_j$ 表示寄存器 i 中的值小于寄存器 j 中的值，$r_i \leftarrow r_j + r_k$ 表示将寄存器 j 中的值和寄存器 k 中的值的和放到寄存器 i。

控制流图是结点号到指令的映射。它的构建始于一个空映射，然后逐步添加相应的抽象指令到该映射中。随着该过程的进行，一些相关数据需要记录并更新。

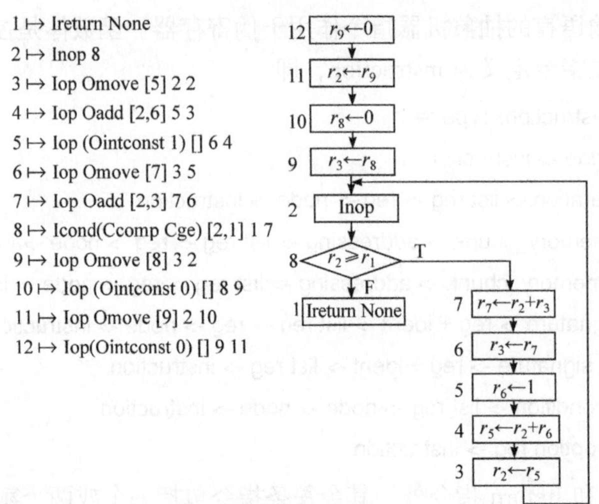

图 4.6　源函数 f 对应的寄存器传输语言函数体及其控制流图

这些信息称为编译时状态。编译时的状态定义为一个三元组(r, l, g)，其中 r 代表下一个可用的寄存器号，l 代表下一个可用的控制流图结点号，g 是当前控制流图。初始编译时状态是(1, 1, PTree.empty)。下面使用 empty 代表空映射，将 a 映射到 b，更新映射 f 记为 f(a↦b)，多个更新以逗号分隔。

在翻译语句之前，先进行如下预处理。

(1) 处理标签语句 Slabel。扫描函数体内所有标签语句。每个标签语句存放在一个映射关系中，将标签映射到结点号，下一个可用的结点号+1。

(2) 寄存器从 1 开始，递增分配给函数体内包括形参在内的所有局部变量，形成的映射称为寄存器状态。分配完毕后，设下一个可用的寄存器号为 r，因此编译时状态更新为(r, 1, empty)。

(3) 添加返回 Ireturn 指令到 g 中，即 1 ↦Ireturn None 或 1 ↦Ireturn r，编译时状态更新为(r+1, 2, empty(1 ↦Ireturn None/Ireturn r))。

(4) nret = r, rret 为 None 或者 Some r。

例如，f 函数经过预处理之后(假定该函数无形参，无返回值)，寄存器的使用状况如下。

寄存器 1 用于形参 n，寄存器 2 和 3 分别用于本地变量 i 和 s，寄存器 4 预留用于存放可能的返回值，因此下一个可用的寄存器号是 5。结点号 1 映射到返回指令，因此下一个可用的结点号为 2。经过预处理，编译时状态改变为(5, 2, empty(1 ↦Ireturn None))。

递归函数 transl_stmt 实现语句的翻译，它的类型为

```
Fixpoint transl_stmt (map: mapping) (s: stmt) (nd: node)
```

```
(nexits: list node) (ngoto: labelmap) (nret: node) (rret: option reg) {struct s} : mon node
```

其中，map 为变量到寄存器的映射；s 为源语言语句；nd 为下一个可用的结点号；nexits 为 Sblock 块语句对应的结点列表，初始为空；ngoto 为 Slabel 标签语句对应的映射；nret 为返回指令的结点号；rret 为返回指令中的寄存器号或无返回值。

赋值、顺序、条件、循环和块语句的翻译如下，即

```
Sassign v b => do rt <- alloc_reg map b;    do no <- store_var map rt v nd;
     transl_expr map b rt no
Sseq s1 s2 => do ns <- transl_stmt map s2 nd nexits ngoto nret rret;
     transl_stmt map s1 ns nexits ngoto nret rret
Sifthenelse a strue sfalse =>
     do nfalse <- transl_stmt map c2 nd nexits ngoto nret rret;
     do ntrue <- transl_stmt map c1    nd nexits ngoto nret rret;
     transl_condition map a ntrue nfalse
Sloop sbody => do n1 <- reserve_instr;
     do n2 <- transl_stmt map sbody n1 nexits ngoto nret rret;
     do xx <- update_instr n1 (Inop n2);
     ret n1
Sblock sbody => transl_stmt map sbody nd (nd :: nexits) ngoto nret rret
```

其中，翻译表达式 transl_expr 的定义为

```
Fixpoint transl_expr (map: mapping) (a: expr) (rd: reg) (nd: node) {struct a}: mon node :=
  match a with
  | Evar v = do r <- find_var map v; add_move r rd nd
  | Eop op al =>
       do rl <- alloc_regs map al;
       do no <- add_instr (Iop op rl rd nd);
       transl_exprlist map al rl no
  end
with transl_condition (map: mapping) (a: condexpr) (ntrue nfalse: node) {struct a}: mon node :=
  match a with
  | CEtrue => ret ntrue
  | CEfalse => ret nfalse
  | CEcond cond bl =>
       do rl <- alloc_regs map bl;
       do nt <- add_instr (Icond cond rl ntrue nfalse);
       transl_exprlist map bl rl nt
```

```
with transl_exprlist (map: mapping) (al: exprlist) (rl: list reg) (nd: node) {struct al} : mon node :=
  match al, rl with
  | Enil, nil => ret nd
  | Econs b bs, r :: rs => do no <- transl_exprlist map bs rs nd; transl_expr map b r no
  | _, _ => error (Errors.msg "RTLgen.transl_exprlist")
  end.
```

在编译时，状态(5, 2, empty(1↦Ireturn None))下编译语句 st，将得到图 4.6 中的程序，其中结点 12 是入口结点。在这个编译过程中，编译时状态的变化为

(5, 2, empty(1 ↦ Ireturn None))

(5, 3, empty(1 ↦ Ireturn None, 2 ↦ None))

(6, 4, empty(1 ↦ Ireturn None, 2 ↦ None, 3 ↦ Iop Omove [5] 2 2))

(7, 5, empty(1 ↦ Ireturn None, 2 ↦ None, 3 ↦ Iop Omove [5] 2 2, 4 ↦ Iop Oadd [2,6] 5 3))

(7, 6, empty(1 ↦ Ireturn None, 2 ↦ None, 3 ↦ Iop Omove [5] 2 2, 4 ↦ Iop Oadd [2,6] 5 3),
5 ↦ Iop (Ointconst 1) [] 6 4))

(8, 7, empty(1 ↦ Ireturn None, 2 ↦ None, 3 ↦ Iop Omove [5] 2 2, 4 ↦ Iop Oadd [2,6] 5 3),
5 ↦ Iop (Ointconst 1) [] 6 4, 6 ↦ Iop Omove [7] 3 5))

(8, 8, empty(1 ↦ Ireturn None, 2 ↦ None, 3 ↦ Iop Omove [5] 2 2, 4 ↦ Iop Oadd [2,6] 5 3),
5 ↦ Iop (Ointconst 1) [] 6 4), 6 ↦ Iop Omove [7] 3 5, 7 ↦ Iop Oadd [2,3] 7 6))

(8, 9, empty(1 ↦ Ireturn None, 2 ↦ None, 3 ↦ Iop Omove [5] 2 2, 4 ↦ Iop Oadd [2,6] 5 3),
5 ↦ Iop (Ointconst 1) [] 6 4), 6 ↦ Iop Omove [7] 3 5, 7 ↦ Iop Oadd [2,3] 7 6, 8 ↦
Icond (Ccomp Cge) [2,1] 1 7))

(8, 9, empty(1 ↦ Ireturn None, 2 ↦ Inop 8, 3 ↦ Iop Omove [5] 2 2, 4 ↦ Iop Oadd [2,6] 5 3),
5 ↦ Iop (Ointconst 1) [] 6 4), 6 ↦ Iop Omove [7] 3 5, 7 ↦ Iop Oadd [2,3] 7 6, 8 ↦
Icond (Ccomp Cge) [2,1] 1 7))

(9,10, empty(1 ↦ Ireturn None, 2 ↦ Inop 8, 3 ↦ Iop Omove [5] 2 2, 4 ↦ Iop Oadd [2,6] 5 3),
5 ↦ Iop (Ointconst 1) [] 6 4), 6 ↦ Iop Omove [7] 3 5, 7 ↦ Iop Oadd [2,3] 7 6, 8 ↦
Icond (Ccomp Cge) [2,1] 1 7, 9 ↦ Iop Omove [8] 3 2))

(9,11, empty(1 ↦ Ireturn None, 2 ↦ Inop 8, 3 ↦ Iop Omove [5] 2 2, 4 ↦ Iop Oadd [2,6] 5 3),
5 ↦ Iop (Ointconst 1) [] 6 4), 6 ↦ Iop Omove [7] 3 5, 7 ↦ Iop Oadd [2,3] 7 6, 8 ↦
Icond (Ccomp Cge) [2,1] 1 7, 9 ↦ Iop Omove [8] 3 2, 10 ↦ Iop (Ointconst 0) [] 8 9))

(10,12, empty(1 ↦ Ireturn None, 2 ↦ Inop 8, 3 ↦ Iop Omove [5] 2 2, 4 ↦ Iop Oadd [2,6] 5 3),
5 ↦ Iop(Ointconst 1) [] 6 4), 6 ↦ Iop Omove [7] 3 5, 7 ↦ Iop Oadd [2,3] 7 6,
8 ↦ Icond (Ccomp Cge) [2,1] 1 7, 9 ↦ Iop Omove [8] 3 2, 10 ↦ Iop (Ointconst 0)
[] 8 9, 11 ↦ Iop Omove [9] 2 10))

(10,13, empty(1 ↦ Ireturn None, 2 ↦ Inop 8, 3 ↦ Iop Omove [5] 2 2, 4 ↦ Iop Oadd [2,6] 5 3),
5 ↦ Iop (Ointconst 1) [] 6 4), 6 ↦ Iop Omove [7] 3 5, 7 ↦ Iop Oadd [2,3] 7 6, 8 ↦
Icond (Ccomp Cge) [2,1] 1 7, 9 ↦ Iop Omove [8] 3 2,

10 ↦ Iop (Ointconst 0) [] 8 9, 11 ↦ Iop Omove [9] 2 10, 12 ↦ Iop (Ointconst 0) [] 9 11))

综上所述，翻译 CminorSel 函数的定义是 transl_function，即

```
Definition transl_fun (f: CminorSel.function) (ngoto: labelmap): mon (node * list reg) :=
  do (rparams, map1) <- add_vars init_mapping f.(CminorSel.fn_params);
  do (rvars, map2) <- add_vars map1 f.(CminorSel.fn_vars);
  do rret <- new_reg;
  let orret := ret_reg f.(CminorSel.fn_sig) rret in
  do nret <- add_instr (Ireturn orret);
  do nentry <- transl_stmt map2 f.(CminorSel.fn_body) nret nil ngoto nret orret;
  ret (nentry, rparams).

Definition transl_function (f: CminorSel.function) : Errors.res RTL.function :=
  let (ngoto, s0) := reserve_labels f.(fn_body) (PTree.empty node, init_state) in
  match transl_fun f ngoto s0 with
  | Error msg => Errors.Error msg
  | OK (nentry, rparams) s i =>
      Errors.OK (RTL.mkfunction
                    f.(CminorSel.fn_sig)
                    rparams
                    f.(CminorSel.fn_stackspace)
                    s.(st_code)
                    nentry)
  end.
```

下面证明生成控制流图的正确性，即证明源 CminorSel 程序变换到寄存器传输语言程序的语义等同。源程序的状态定义为 state，即

```
Inductive cont: Type :=
  | Kstop: cont
  | Kseq: stmt -> cont -> cont
  | Kblock: cont -> cont
  | Kcall: option ident -> function -> val -> env -> cont -> cont.

Inductive state: Type :=
    | State: forall (f: function) (s: stmt) (k: cont) (sp: val) (e: env) (m: mem), state
    | Callstate: forall (f: fundef) (args: list val) (k: cont) (m: mem), state
    | Returnstate: forall (v: val) (k: cont) (m: mem), state.
```

其中，(k:cont)用来记录当前状态下的下一步执行。

除了局部变量的值和内存地址中的值，状态还包括正在执行的函数 f、正在执行的语句 s、s 执行完成后的下一步执行是 k，以及栈空间大小 sp。

源程序单步执行的小步操作语义是执行前状态、轨迹和执行后状态之间的变迁关系。其中，顺序、函数调用和循环语句的单步执行分别为

```
step_skip_seq: forall f s k sp e m,
    step (State f Sskip (Kseq s k) sp e m) E0 (State f s k sp e m)
step_assign: forall f id a k sp e m v, eval_expr sp e m nil a v ->
    step (State f (Sassign id a) k sp e m) E0 (State f Sskip k sp (PTree.set id v e) m)
step_seq: forall f s1 s2 k sp e m,
    step (State f (Sseq s1 s2) k sp e m) E0 (State f s1 (Kseq s2 k) sp e m)
step_loop: forall f s k sp e m,
    step (State f (Sloop s) k sp e m) E0 (State f s (Kseq (Sloop s) k) sp e m)
```

因此，对于空语句的执行，如果空语句完成执行后，其后续是 Kseq s k，那么小步执行 Sskip 后的状态将是执行 s，其后续是 k。对于赋值语句 Sassign id a，如果表达式 a 计算到值 v，完成 Sassign id a 的执行，其后续是 k，那么小步执行 Sassign id a 后，状态将是执行空语句 Sskip，它的后续仍然是 k。对于顺序语句 Sseq s1 s2，如果完成 Sseq s1 s2 的执行，其后续是 k，那么小步执行 Sseq s1 s2 后，状态将是执行 s1，其后续将是 Kseq s2 k。对于循环语句 Sloop s，如果完成 Sloop s 的执行，其后续是 k，那么小步执行 Sloop s 后，状态将是执行函数体 s，然后继续执行循环，因此它的后续是 Kseq (Sloop s) k。

相应地，寄存器传输语言程序的状态也分为三种，即 State、Callstate 和 Returnstate，即

```
Inductive stackframe : Type :=
  | Stackframe: forall (res: reg) (c: code) (sp: val) (pc: node) (rs: regset), stackframe.

Inductive state : Type :=
  | State: forall (stack: list stackframe) (c: code) (sp: val) (pc: node) (rs: regset) (m: mem),
    state
  | Callstate: forall (stack: list stackframe) (f: fundef) (args: list val) (m: mem), state
  | Returnstate: forall (stack: list stackframe) (v: val) (m: mem), state.
```

stackframe 是栈帧状态。除了寄存器中的值和内存地址中的值，状态还包括当前正在执行的函数 c、正在执行的语句 pc、s 执行完成后的下一步执行是 k，以及栈空间的大小 sp。

寄存器传输语言程序单步执行也是执行前状态、轨迹和执行后状态之间的变迁关系。例如，条件指令的单步执行为

```
exec_Icond_true: forall s c sp pc rs m cond args ifso ifnot,
      c!pc = Some(Icond cond args ifso ifnot) ->eval_condition cond rs##args = Some true ->
      step (State s c sp pc rs m)
        E0 (State s c sp ifso rs m)
exec_Icond_false: forall s c sp pc rs m cond args ifso ifnot,
      c!pc = Some(Icond cond args ifso ifnot) -> eval_condition cond rs##args = Some false ->
      step (State s c sp pc rs m)
        E0 (State s c sp ifnot rs m)
```

由源程序变换到寄存器传输语言的语义保持是 star 模拟关系。自赋值语句 x = x 和退出语句 exit(n)不会翻译到任何寄存器传输语言指令。两个变量之间的赋值语句 a = b 翻译为一个节点到寄存器传输语言指令的映射。例如，2↦Iop Omove[2] 1 1。a = 20 翻译为两个节点到寄存器传输语言指令的映射。例如，2↦Iop Omove[2] 1 1 和 1↦Iop (Ointconst 20)[] 2 2。因此，为了证明语义保持定理，需要定义作用在源程序状态上的度量 lt_state，即

```
Fixpoint size_stmt (s: stmt) : nat := match s with
  | Sskip => 0
  | Sseq s1 s2 => (size_stmt s1 + size_stmt s2 + 1)
  | Sifthenelse e s1 s2 => (size_stmt s1 + size_stmt s2 + 1)
  | Sloop s1 => (size_stmt s1 + 1)
  | Sblock s1 => (size_stmt s1 + 1)
  | Sexit n => 0
  | Slabel lbl s1 => (size_stmt s1 + 1)
  | _ => 1   end.

Fixpoint size_cont (k: cont) : nat := match k with
  | Kseq s k1 => (size_stmt s + size_cont k1 + 1)
  | Kblock k1 => (size_cont k1 + 1)
  | _ => 0%nat   end.

Definition measure_state (S: CminorSel.state) := match S with
  | CminorSel.State _ s k _ _ _ => existS (fun (x: nat) => nat)
          (size_stmt s + size_cont k)
          (size_stmt s)
  | _ => existS (fun (x: nat) => nat) 0 0
  end.

Definition lt_state (S1 S2: CminorSel.state) :=
  lexprod nat (fun (x: nat) => nat)
          lt (fun (x: nat) => lt)
```

```
(measure_state S1) (measure_state S2).
```

语义状态之间的模 match_states 定义为

```
Inductive match_states: CminorSel.state -> RTL.state -> Prop :=
 | match_state: forall f s k sp e m cs c ns rs map ncont nexits ngoto nret rret
      (MWF: map_wf map)
      (TS: tr_stmt c map s ns ncont nexits ngoto nret rret)
      (TF: tr_funbody c map f ngoto nret rret)
      (TK: tr_cont c map k ncont nexits ngoto nret rret cs)
      (ME: match_env map e nil rs),
    match_states (CminorSel.State f s k sp e m) (RTL.State cs c sp ns rs m)
 | match_callstate: forall f args k m cs tf (TF: transl_fundef f = OK tf) (MS: match_stacks k cs),
    match_states (CminorSel.Callstate f args k m) (RTL.Callstate cs tf args m)
 | match_returnstate: forall v k m cs (MS: match_stacks k cs),
  match_states (CminorSel.Returnstate v k m) (RTL.Returnstate cs v m).
```

match_states 以归纳方式对源 CminorSel 程序和寄存器传输语言程序状态的三种类别(正常状态、调用状态和返回状态)定义模拟关系。

按照 star 模拟的假定条件，构造的一个主要定理是 transl_step_correct，即

```
Theorem transl_step_correct:
  forall S1 t S2, CminorSel.step ge S1 t S2 ->
  forall R1, match_states S1 R1 ->
  exists R2,
  (plus RTL.step tge R1 t R2 ∨ (star RTL.step tge R1 t R2 ∧ lt_state S2 S1))
  ∧ match_states S2 R2.
```

初始状态和终止状态的前向模拟为

```
Lemma transl_initial_states:
  forall S, CminorSel.initial_state prog S ->
  exists R, RTL.initial_state tprog R ∧ match_states S R.

Lemma transl_final_states:
  forall S R r,
  match_states S R -> CminorSel.final_state S r -> RTL.final_state R r.
```

使用 transl_step_correct、transl_initial_states、transl_final_states、CminorSel 和寄存器传输语言的安全程序的前向模拟定理，源语言到寄存器传输语言的语义保持主定理 transf_program_correct 能够得证，即

```
Theorem transf_program_correct: forall (beh: program_behavior), not_wrong beh ->
  CminorSel.exec_program prog beh -> RTL.exec_program tprog beh.
```

4.4.2 节和 4.4.3 节的正确性证明都遵循上述安全程序前向模拟的证明模式。

4.4.2　常量传播

常量传播实现为一种简单的 Kildall 数据流分析。在每个程序点，数据流分析器分析伪寄存器中存储的值 approx。approx 值域包括未知值(Unknown)、已知整型值 n(I n)、已知浮点值 f(F f)、已知地址值(S id off)、无值(Novalue)等。approx 的半格结构定义为 Approx，其大小关系(ge x y)和最小上确界运算(lub _ _)分别定义为

```
ge Unknown x                    lub x x = x
ge x Novalue                    lub Novalue x = x
ge x y = (x = y)                lub x Novalue = x
                                lub _ _ = Unknown
```

数据流传递函数定义为

```
Definition transfer (f: function) (pc: node) (before: D.t) := match f.(fn_code)!pc with | None => before
  | Some i => match i with
      | Inop s =>before
      | Iop op args res s => let a := eval_static_operation op (approx_regs before args) in
        D.set res a before
      | Iload chunk addr args dst s =>D.set dst Unknown before
      | Istore chunk addr args src s =>before
      | Icall sig ros args res s => D.set res Unknown before
      | Itailcall sig ros args =>before
      | Icond cond args ifso ifnot => before
      | Ireturn optarg =>before end end.
```

其中，D 为 LPMap Approx，代表伪寄存器到其分析值的映射。

该数据流传递函数表达的是，对于 Iop op args res s 指令，如果每个参数寄存器 args 的值都是已知值，那么目的寄存器 res 的值设置为在参数寄存器上执行 op 操作的结果值；对于 Iload 指令和 Icall 指令，目的寄存器设置为未知值；其余指令不改变分析值。

定义半格结构和数据流传递函数后，常量传播分析定义为

```
Module DS := Dataflow_Solver(D)(NodeSetForward).
Definition analyze (f: RTL.function): PMap.t D.t :=
  match DS.fixpoint (successors f) (transfer f) ((f.(fn_entrypoint), D.top) :: nil) with
  | None => PMap.init D.top
  | Some res => res
  end.
```

其中，Dataflow_Solver 为作用在半格结构上的通用前向数据流分析器；常量传播

分析使用 D 和代表结点集的 NodeSetForward 实例化为 DS。

初始分析时，入口结点的每个伪寄存器值为 Unknown，其他结点的每个寄存器值为 Novalue。初始结点集包括所有结点。对于指令 Iop op args res s，如果参数寄存器 args 是已知值，则按照 op 进行运算，运算结果值赋给目的寄存器 res。该值传播给所有后继结点，与后继结点寄存器 res 的原值进行 lub 运算。如果改变原值，则更新，并将后继结点添加到结点集中。数据流分析完成后，结点集合为空，返回每个程序结点寄存器的分析结果值。如果数据流分析失败，则设置所有结点的每个寄存器的值为最大值 Unknown，不进行优化变换。

最后，利用数据流分析结果 approxs 进行常量传播代码变换，可以由 transf_instr、transf_code 和 transf_function 完成，即

```
Definition transf_instr (app: D.t) (instr: instruction) :=
  match instr with
  | Iop op args res s => match eval_static_operation op (approx_regs app args) with
      | I n => Iop (Ointconst n) nil res s
      | F n => Iop (Ofloatconst n) nil res s
      | S symb ofs => Iop (Oaddrsymbol symb ofs) nil res s
      | _ => let (op', args') := op_strength_reduction (approx_reg app) op args in
          Iop op' args' res s end
  | Iload chunk addr args dst s => let (addr', args') := addr_strength_reduction (approx_reg
    app) addr args in
      Iload chunk addr' args' dst s
  | Istore chunk addr args src s =>let (addr', args') := addr_strength_reduction (approx_reg
    app) addr args in
      Istore chunk addr' args' src s
  | Icall sig ros args res s => Icall sig (transf_ros app ros) args res s
  | Itailcall sig ros args => Itailcall sig (transf_ros app ros) args
  | Icond cond args s1 s2 =>
      match eval_static_condition cond (approx_regs app args) with
      | Some b => if b then Inop s1 else Inop s2
      | None => let (cond', args') := cond_strength_reduction (approx_reg app) cond args in
          Icond cond' args' s1 s2 end
  | _ => instr end.

Definition transf_code (approxs: PMap.t D.t) (instrs: code) : code :=
  PTree.map (fun pc instr => transf_instr approxs!!pc instr) instrs.
```

```
Definition transf_function (f: function) : function :=
  let approxs := analyze f in
  mkfunction f.(fn_sig) f.(fn_params) f.(fn_stacksize) (transf_code approxs f.(fn_code))
  f.(fn_entrypoint).
```

因此，一个主要的优化变换是，对于 Iop op args res s 指令，如果 op args 的静态分析值是常量值 I n，则将该指令变换为常量装载指令，即 Iop (Ointconst n) nil res s。

例如，给定入口结点是 7 的寄存器传输语言程序的函数体，即

```
7 ↦ Iop (Ointconst 20) [] 6 6
6 ↦ Iop Omove [6] 1 5
5 ↦ Iop Omove [1] 2 4
4 ↦ Iop (Ointconst 3) [] 5 3
3 ↦ Iop Oadd [2,5] 4 2
2 ↦ Iop Omove [4] 2 1
1 ↦ Ireturn none
```

在数据流分析之前，每个结点寄存器的初始值如图 4.7 所示。其中，U 为 Unknown 的简写；N 为 Novalue 的简写。

	r1	r2	r3	r4	r5	r6
7	U	U	U	U	U	U
6	N	N	N	N	N	N
5	N	N	N	N	N	N
4	N	N	N	N	N	N
3	N	N	N	N	N	N
2	N	N	N	N	N	N
1	N	N	N	N	N	N

图 4.7　每个结点寄存器的初始值

数据流分析完成后，每个结点寄存器的值如图 4.8 所示。

	r1	r2	r3	r4	r5	r6
7	U	U	U	U	U	U
6	U	U	U	U	U	I 20
5	I 20	U	U	U	U	I 20
4	I 20	I 20	U	U	U	I 20
3	I 20	I 20	U	U	I 3	I 20
2	I 20	I 20	U	I 23	I 3	I 20
1	I 20	I 23	U	I 23	I 3	I 20

图 4.8　每个结点寄存器的值

常量传播数据流分析过程如图 4.9 所示。

7 ↦Iop(Ointconst 20) nil 6 6

	r1	r2	r3	r4	r5	r6
7	U	U	U	U	U	U
6	N	N	N	N	N	lub(I 20)N=I 20
5	N	N	N	N	N	N
4	N	N	N	N	N	N
3	N	N	N	N	N	N
2	N	N	N	N	N	N
1	N	N	N	N	N	N

6 ↦Iop Omove [6] 1 5

	r1	r2	r3	r4	r5	r6
7	U	U	U	U	U	U
6	N	N	N	N	N	I 20
5	lub(I 20)N=I 20	N	N	N	N	I 20
4	N	N	N	N	N	N
3	N	N	N	N	N	N
2	N	N	N	N	N	N
1	N	N	N	N	N	N

5 ↦Iop Omove [1] 2 4

	r1	r2	r3	r4	r5	r6
7	U	U	U	U	U	U
6	N	N	N	N	N	I 20
5	I 20	N	N	N	N	I 20
4	I 20	lub(I 20)N=I 20	N	N	N	I 20
3	N	N	N	N	N	N
2	N	N	N	N	N	N
1	N	N	N	N	N	N

4 ↦Iop(Ointconst 3) nil 5 3

	r1	r2	r3	r4	r5	r6
7	U	U	U	U	U	U
6	N	N	N	N	N	I 20
5	I 20	N	N	N	N	I 20
4	I 20	I 20	N	N	N	I 20
3	I 20	I 20	N	N	lub(I 3)N=I 3	I 20
2	N	N	N	N	N	N
1	N	N	N	N	N	N

3 ↦Iop(Oadd [2,5] 4 2

	r1	r2	r3	r4	r5	r6
7	U	U	U	U	U	U
6	N	N	N	N	N	I 20
5	I 20	N	N	N	N	I 20
4	I 20	I 20	N	N	N	I 20
3	I 20	I 20	N	N	I 3	I 20
2	I 20	I 20	N	lub(I 23)N=I 23	I 3	I 20
1	N	N	N	N	N	N

2 ↦Iop Omove [4] 2 1

	r1	r2	r3	r4	r5	r6
7	U	U	U	U	U	U
6	N	N	N	N	N	I 20
5	I 20	N	N	N	N	I 20
4	I 20	I 20	N	N	N	I 20
3	I 20	I 20	N	N	I 3	I 20
2	I 20	I 20	N	I 23	I 3	I 20
1	I 20	lub(I 23)N=I 23	N	I 23	I 3	I 20

图 4.9　常量传播数据流分析过程

利用数据流分析的结果，上述寄存器传输语言程序的函数体将优化变换为

7 ↦Iop (Ointconst 20) [] 6 6
6 ↦Iop (Ointconst 20) [] 1 5
5 ↦Iop (Ointconst 20) [] 2 4
4 ↦Iop (Ointconst 3) [] 5 3
3 ↦Iop (Ointconst 23) [] 4 2
2 ↦Iop (Ointconst 23) [] 2 1

```
1 ↦Ireturn none
```

与原寄存器传输语言程序相比，结点 6 的源操作数是寄存器 6。通过数据流分析可知，在结点 6 时的已知为常量值 I 20。因此，这条寄存器间的数据传送指令 Iop Omove[6] 1 5 变换为常量装载指令 Iop (Ointconst 20) nil 1 5。同理，结点 5 和结点 2 也执行了优化变换。结点 3 的源操作数是寄存器 2 和 5。它们的值分别是I 20和I 3，因此执行20和3的加运算。原指令变换为常量装载指令 Iop (Ointconst 23) nil 4 2。

为了证明常量传播优化变换前后的语义保持，首先定义静态数据流分析结果和动态语义之间的一致性，即

```
Definition regs_match_approx (a: D.t) (rs: regset) : Prop :=
  forall r, val_match_approx ge (D.get r a) rs#r.

Definition val_match_approx (a: approx) (v: val) : Prop :=
  match a with
  | Unknown => True
  | I p => v = Vint p
  | F p => v = Vfloat p
  | S symb ofs => exists b, Genv.find_symbol ge symb = Some b /\ v = Vptr b ofs
  | _ => False
  end.
```

然后，构造静态数据流分析的正确性定义 analyze_correct_1，即

```
Lemma analyze_correct_1:
  forall f pc rs pc' i,
  f.(fn_code)!pc = Some i ->
  In pc' (successors_instr i) ->
  regs_match_approx (transfer f pc (analyze f)!!pc) rs ->
  regs_match_approx (analyze f)!!pc' rs.
```

analyze_correct_1 表示对于程序中的某个结点 pc 对应的指令 i，如果结点 pc 处的静态分析结果值与寄存器的值是一致的，那么对所有 i 的后继指令 pc'，其静态分析结果值与寄存器的值也是一致的。由于每个寄存器分配是递增的，数据流分析的单调性容易得证，从而能够证明 analyze_correct_1。

证明入口结点处的静态分析结果值与动态语义值也是一致的，即

```
Lemma analyze_correct_entry:
    forall f rs, regs_match_approx (analyze f)!!(f.(fn_entrypoint)) rs.
```

最后，按照语义保持定理构造代码变换前后的状态等同，由常量传播优化变

换的语义保持是 lock-step 模拟关系。按照安全程序前向模拟的证明模式，构造如下定理，即

```
Lemma transf_step_correct: forall s1 t s2,
  step ge s1 t s2 -> forall s1' (MS: match_states s1 s1'),
  exists s2', step tge s1' t s2' /\ match_states s2 s2'.
Lemma transf_initial_states: forall st1,
  initial_state prog st1 -> exists st2, initial_state tprog st2 /\ match_states st1 st2.
Lemma transf_final_states: forall st1 st2 r,
  match_states st1 st2 -> final_state st1 r -> final_state st2 r.
Theorem transf_program_correct: forall (beh: program_behavior),
  not_wrong beh -> exec_program prog beh -> exec_program tprog beh.
```

利用常量传播的静态分析的正确性定理 analyze_correct_1 和 analyze_correct_entry，对应变换前的每条指令，语义保持得证。

4.4.3　公共子表达式消除

消除公共子表达式的数据流分析使用值编号算法。记 φ 是伪寄存器到值编号的映射，值编号从 1 开始递增；η 是一系列形如“值编号 = 运算表达式”的等式，运算表达式为算术表达式 Op op V_ns 或装载内存值表达式 Load chunk addr V_ns；V_n 是下一个可用值的编号。对于指令 Iop op[rs] r_d n 源寄存器 rs 中的每个寄存器 r，在 φ 中查找是否存在相应的值编号，如果有，则使用该值编号；否则，添加 r↦V_n 到 φ，将 op[rs]变换为 op[V_ns]，下一个可用的值编号+1。如果 η 中所有等式的右边都不包括 op[V_ns]，则添加等式 V_n' = op[V_ns]到 η 中，V_n'是当前可用的值编号，并更新 η，将 r_d 映射到 V_n：r_d↦v_n'，下一可用的值编号+1。

因此，首先定义值编号 numbering。其分量 num_reg 和 num_eqs 分别描述 φ 和 η，num_next 描述下一个可用的值编号，即

```
Record numbering : Type := mknumbering {
  num_next: valnum;
  num_eqs: list (valnum * rhs);
  num_reg: PTree.t valnum
}.
```

numbering 的大小关系定义为可满足关系的蕴含，即给定 n_1 和 n_2 是两个 numbering，如果无论何时 n_2 是可满足的，n_1 也是可满足的，那么 $n_1 \geqslant n_2$。numbering 的可满足性相对于伪寄存器环境(genv)和内存状态(mem)定义为

```
Definition equation_holds (valuation: valnum -> val) (ge: genv) (sp: val) (m: mem)
```

```
    (vres: valnum) (rh: rhs) : Prop := match rh with
    | Op op vl =>eval_operation ge sp op (List.map valuation vl) = Some (valuation vres)
    | Load chunk addr vl => exists a,
      eval_addressing ge sp addr (List.map valuation vl) = Some a /\
      loadv chunk m a = Some (valuation vres)
  end.
Definition numbering_holds (valuation: valnum -> val) (ge: genv) (sp: val) (rs: regset) (m: mem)
    (n: numbering) : Prop :=
    (forall vn rh, In (vn, rh) n.(num_eqs) -> equation_holds valuation ge sp m vn rh) /\
    (forall r vn, PTree.get r n.(num_reg) = Some vn -> rs#r = valuation vn).
Definition numbering_satisfiable (ge: genv) (sp: val) (rs: regset) (m: mem) (n: numbering) : Prop :=
    exists valuation, numbering_holds valuation ge sp rs m n.
```

因此，可以定义最大 numbering 为 empty_numbering。它的等式列表为空，伪寄存器到值编号的映射是空映射，第一个可用的值编号是 1。

数据流分析器计算每个程序点的 numbering。其传递函数定义为

```
Definition transfer (f: function) (pc: node) (before: numbering) :=
  match f.(fn_code)!pc with
  | None => before
  | Some i =>
      match i with
      | Inop s => before
      | Iop op args res s =>add_op before res op args
      | Iload chunk addr args dst s =>add_load before dst chunk addr args
      | Istore chunk addr args src s => kill_loads before
      | Icall sig ros args res s =>empty_numbering
      | Itailcall sig ros args => empty_numbering
      | Icond cond args ifso ifnot => before
      | Ireturn optarg => before
      end
  end.
```

该传递函数表达的是，设伪寄存器是 r，如果 Iop op args res s 代表一条 move 指令，则 args 是长度为 1 的伪寄存器列表。对于 move 指令，如果在原 numbering 的 φ 中不存在 r 对应的值编号，则更新 numbering，即添加“r 映射到当前可用值编号 n”到 φ 中，添加“res 映射到 n+1”到 φ 中，下一可用的值编号变为 n+2；

否则，如果在原 numbering 的φ中存在 r 对应的值编号 m，那么仅添加“res 映射到 m”到φ中，下一可用的值编号+1。如果 Iop op args res s 是非 move 指令，首先对 args 中的每个寄存器 r'，可能在原 numbering 的φ中存在对应的值编号，也可能不存在。如果不存在，则添加“r'映射到当前可用值编号”到φ中，设所有这些值编号形成的列表为 vs。然后，在 numbering 的η中查找是否存在右值为(Op opvs)的等式。如果其对应的值编号为 n'，则添加“dest 映射到 n'”到φ中；否则，令当前可用的值编号是 n''，添加形如 n'' =(Op op vs)的等式到η中，添加“res 映射到 n''”到φ中，下一可用的值编号+1。Iload 指令具有类似的计算。对于 Istore 指令，数据流传递函数将删除 numbering 中相应的与装载内存相关的等式。Inop、Icond 和 Ireturn 指令不改变 numbering。Icall 和 Itailcall 指令的传递函数清空 numbering。

因此，公共子表达式的数据流分析可定义为

```
Module Solver := BBlock_solver(Numbering)
Definition analyze (f: RTL.function): PMap.t numbering :=
  match Solver.fixpoint (successors f) (transfer f) f.(fn_entrypoint) with
  | None => PMap.init empty_numbering
  | Some res => res
  end.
```

数据流求解器 BBlock_solver 不同于 4.4.2 节的 Dataflow_solver。由于两个 numbering 的最小上界难以有效计算，BBlock_solver 并不作用在具有最小上界运算的半格结构上，而是作用在任何具有最大元素的有序类型上。BBlock_solver 的初始结点集包括入口结点和具有多个前驱的结点。公共子表达式消除的数据流分析使用 numbering 将 BBlock_solver 实例化为 Solver。初始分析始时，所有结点的 numbering 都设置为 empty_numbering。数据流传递函数计算的结果值赋值到仅具有一个前驱的后继结点的 numbering。该后继结点被添加到结点集中。因此，所有具有多个前驱的结点的 numbering 在分析过程中保持 empty_numbering 不变。相比 Dataflow_solver 产生最优解，BBlock_solver 产生的是次优解。数据流分析完成后，结点集为空，返回每个程序结点的 numbering。如果数据流分析失败，则设置所有结点的 numbering 为 empty_numbering，即不进行优化变换。

最后，利用数据流分析结果进行代码变换 transf_instr，即

```
Definition transf_instr (n: numbering) (instr: instruction) :=
  match instr with
  | Iop op args res s => if is_trivial_op op then instr else
       match find_op n op args with
```

```
          | None => instr
          | Some r => Iop Omove (r :: nil) res s
          end
    | Iload chunk addr args dst s => match find_load n chunk addr args with
          | None => instr
          | Some r => Iop Omove (r :: nil) dst s
          end
    | _ => instr
    end.
```

使用 transf_instr 完成函数的变换，即

```
Definition transf_code (approxs: PMap.t numbering) (instrs: code) : code :=
  PTree.map (fun pc instr => transf_instr approxs!!pc instr) instrs.

Definition transf_function (f: function) : function :=
  let approxs := analyze f in
  mkfunction f.(fn_sig) f.(fn_params) f.(fn_stacksize) (transf_code approxs f.(fn_code)) f.(fn_
  entrypoint).
```

因此，对于简单 Iop 指令，如 Iop (Ointconst 3)[]或 Iop Omove 指令等，不进行优化变换。对于非简单的 Iop op args res s 指令，如果 op args 对应的算术表达式是当前 numbering 中某个等式的右值，值编号所对应的寄存器是 r，那么该指令变换为寄存器传送指令，即 Iop Omove[r] res s。Iload 具有类似的变换。

例如，给定入口结点是 7 的寄存器传输语言程序的函数体，进行公共子表达式消除的优化变换，即

```
7 ↦Iop (Ointconst 3) nil 8 6
6 ↦Iop Oadd [1,8] 7 5
5 ↦Iop Omove [7] 2 4
4 ↦Iop (Ointconst 3) nil 6 3
3 ↦Iop Oadd [1,6] 5 2
2 ↦Iop Omove [5] 3 1
1 ↦Ireturn none
```

数据流分析完成后，每个结点执行前的 numbering 如表 4.1 所示。

表 4.1　每个结点执行前的 numbering

	φ	η
7		
6	(8 ↦ 1)	1= (Ointconst 3) []
5	(8 ↦ 1, 1 ↦ 2, 7 ↦ 3)	1= (Ointconst 3) [], 3 = Oadd [2,1]
4	(8 ↦ 1, 1 ↦ 2, 7 ↦ 3, 2 ↦ 4)	1= (Ointconst 3) [], 3 = Oadd [2, 1], 4 = Omove [3]
3	(8 ↦ 1, 1 ↦ 2, 7 ↦ 3, 2 ↦ 4, 6 ↦ 1)	1= (Ointconst 3) [], 3 = Oadd [2, 1], 4 = Omove [3]
2	(8 ↦ 1, 1 ↦ 2, 7 ↦ 3, 2 ↦ 4, 6 ↦ 1, 5 ↦ 3)	1= (Ointconst 3) [], 3 = Oadd [2, 1], 4 = Omove [3]
1	(8 ↦ 1, 1 ↦ 2, 7 ↦ 3, 2 ↦ 4, 6 ↦ 1, 5 ↦ 3, 3 ↦ 4)	1= (Ointconst 3) [], 3 = Oadd [2, 1], 4 = Omove [3]

因此，上述寄存器传输语言程序变换后的代码为

```
7 ↦Iop (Ointconst 3) nil 8 6
6 ↦Iop Oadd [1,8] 7 5
5 ↦Iop Omove [7] 2 4
4 ↦Iop (Ointconst 3) nil 6 3
3 ↦Iop Omove[7] 5 2
2 ↦Iop Omove [5] 3 1
1 ↦Ireturn none
```

与原寄存器传输语言程序相比，对于结点 3，Oadd [1,6]对应的 rhs 是 Oadd [2,1]，Oadd [2,1]对应的值编号是 3，而值编号 3 对应的寄存器是 7，因此 Iop Oadd [1,6] 5 2 变换为寄存器传送指令 Iop Omove[7] 5 2。

numbering_satisfiable 刻画静态数据流分析结果和动态语义之间的一致性，利用可满足性关系的定义，因此该静态分析的正确性可陈述为

```
Theorem analysis_correct_1: forall ge sp rs m f pc pc' i,
  f.(fn_code)!pc = Some i ->
  In pc' (successors_instr i) ->
  numbering_satisfiable ge sp rs m (transfer f pc (analyze f)!!pc) ->
  numbering_satisfiable ge sp rs m (analyze f)!!pc'.
```

接下来，证明入口结点的可满足性定理，即

```
Theorem analysis_correct_entry: forall ge sp rs m f,
  numbering_satisfiable ge sp rs m (analyze f)!!(f.(fn_entrypoint)).
```

最后，按照语义保持定理构造代码变换前后的状态等同，公共子表达式优化变换的语义保持是 lock-step 模拟关系。按照安全程序前向模拟的证明模式，构造如下定理，即

```
Lemma transf_step_correct: forall s1 t s2,
  step ge s1 t s2 -> forall s1' (MS: match_states s1 s1'),
  exists s2', step tge s1' t s2' /\ match_states s2 s2'.
Lemma transf_initial_states: forall st1,
  initial_state prog st1 -> exists st2, initial_state tprog st2 /\ match_states st1 st2.
Lemma transf_final_states: forall st1 st2 r,
  match_states st1 st2 -> final_state st1 r -> final_state st2 r.
Theorem transf_program_correct: forall (beh: program_behavior),
  not_wrong beh -> exec_program prog beh -> exec_program tprog beh.
```

利用公共子表达式静态分析的正确性定理 analysis_correct_1 和 analysis_correct_entry，单步语义保持、初始状态和终止状态的语义等同三个定理都可以得证，进而证明 transf_program_correct。

4.5 本章小结

本章介绍编译器验证领域的关键方法和技术，以实例讲解的形式验证编译器的开发和实现。首先介绍简单算术表达式编译器，然后扩展到简单命令式语言 IMP 编译器，以及 IMP 程序常量折叠和常量传播、活性分析和消除冗余赋值语句，最后阐述基于寄存器传输语言的常量传播和公共子表达式消除优化变换。

IMP 编译器和优化变换的正确性验证使用的是证明助手 Isabelle/HOL。基于寄存器传输语言的优化变换的正确性验证使用的是证明助手 Coq。Isabelle/HOL 实现的是简单类型化的 λ 演算，其逻辑是经典的高阶逻辑。Coq 基于非简单类型理论，其逻辑是 CIC，因此虽然示例代码具有一定的相似性，但是它们在定义和证明机制上存在明显的不同。

证明助手的使用和掌握比较困难。如何充分合理地利用证明助手的表述力和证明能力，解决编译器验证的实际问题，仍然是一项非常具有挑战性的研究工作。

参考文献

[1] Leroy X. A formally verified compiler back-end. Journal of Automated Reasoning, 2009, 43(4): 363-446.

[2] Nipkow T, Klein G. Concrete Semantics. Berlin: Springer, 2021.

第 5 章　总结和展望

5.1　总　　结

机械化的定理证明历经了 60 多年，正稳步向前发展。19 世纪末现代逻辑的创立和发展，以及 20 世纪 40 年代计算机的出现，使机器证明定理的实现具有现实可能性[1]。20 世纪五六十年代，机械化定理证明围绕计算机如何高度自动化地完成证明而展开。自动定理的证明最初旨在证明数学定理。计算机不仅能够确认数学证明和复杂工程系统的正确性，还能检查计算机程序是否符合它们的规范[2]。交互式定理证明在 20 世纪 60 年代开始呈现，人们认识到许多其他问题，如程序属性、专家系统、集成电路设计相关的许多问题等，都可以表示为定理，并由自动定理证明工具解决[3]。对于程序的机械化验证而言，交互式方式比完全自动化更为适用，这促进了许多研究从完全自动化转换到交互式方式[4]。验证的 C 编译器 CompCert，以及操作系统微内核 seL4 在工业界的成功应用也充分说明，这是一个有意义、可行的建构可信软硬件系统的方式[5]。许多有关数据结构和算法的渐近分析、深度学习算法，以及文件比较算法等正在被机器验证[6-9]。

可以说，这些成果的取得来之不易，是无数哲学家、数学家、逻辑学家和计算机科学家智慧的结晶。20 世纪上半叶对数学基础的严格辩论，使形式系统的表述能力和形式证明系统的推理能力得到系统而深入的探索。20 世纪下半叶，机械化的定理证明技术在计算机上实现了数理逻辑的严格推理，并提供了人工完全不可比拟的检查证明的能力。尽管这条研究道路曲折漫长，但纵观整个过程，它一直保持着生机和活力。机械化的定理证明具有高可靠性、可执行性、共享性。它以数理逻辑和类型论的经典研究成果为基础，由计算机自动或半自动地完成并检查证明。这种机械性证明的可靠性远胜人类的手工证明。除了提供可靠的证明结果，大多证明助手都能够生成可执行代码，获得原型工具，通过运行测例，确认(validate)定义的形式规范的合法性。具有类似逻辑基础的不同证明助手之间能够共享证明结果，如 Isabelle/HOL、HOL4、HOL Light 等。这种共享性可以避免重复研究，推进机械化定理证明技术在工业界的应用。因此，有理由乐观地估计，机械化的定理证明将不再由少数人所掌握和推崇，而是广泛成为数学研究、计算机软硬件系统设计开发的一部分。特别是，在安全攸关的软硬件设计和开发中，确保严格的正确性。国内相关研究也在进行中，除了本书前几章已经引用的文献外，还包括文献[10]～[15]等。

与传统软件开发相比，研究者需要掌握函数式编程和逻辑推理，甚至理解工具本身的开发和实现，以及掌握编程语言的相关理论，才可能弄清楚研究的问题是什么、需要定义和证明什么、如何陈述定理、需要哪些辅助定理，以及如何进行证明等。这些与逻辑、数学领域的发展和变迁相关，也因不同的证明助手而不同。因此，本书阐述与机械化定理证明紧密相关的原理和技术，主流或具有持续影响力的技术；分析比较各类主流证明助手的设计特点，重点分析 Isabelle/HOL 通用证明助手的开发和实现；讨论当前两个具有影响力的验证编译器的开发和实现，即使用 Isabelle/HOL 开发的 Jinja 编译器和 Coq 开发的 CompCert 编译器；以实例讲解的形式详述验证编译器的开发和实现，始于简单算术表达式编译器，然后扩展到简单命令式语言 IMP 编译器，以及 IMP 程序常量折叠和常量传播、活性分析和消除冗余赋值语句，基于寄存器传输语言的常量传播和公共子表达式消除优化变换。

5.2 展　　望

5.2.1 编程语言的设计和实现

编程语言的规范庞大，许多表达式和语句的意思相互交错，导致语义的复杂性。除了形式文法外，语义多以自然语言描述。一方面，规范本身可能不准确，甚至存在错误。另一方面，自然语言的模糊性导致编译器编写人员在实现某些语言特点时可能与规范不符，甚至错误。这远远不能达到高可信、安全攸关软件系统的要求。目前，几乎所有的命令式语言都没有提供形式化定义的官方语义规范。Bogdana 等[16]使用 k 工具，在 2015 年形式化了相当完整的 Java 语义规范。

2015 年，Google、Microsoft、Apple 和 Mozilla 共同发布了适用于 Web 的编译目标语言 WebAssembly。WebAssembly 在设计之初就将形式化技术应用于它的开发和实现[17]。Watt[18]使用 Isabelle/HOL 进一步开发并检查了它的形式规范，实现了一个验证的可执行解释器和类型检查器。

不同于 JVM 语言(JVM language，JVML)或通用中间语言(common intermediate language，CIL)，WebAssembly 语言的控制结构具有 loop、if、block 等这些类似高级编程语言的结构化指令，即

```
instr ::= ...
  | nop
```

```
| unreachable
| block resulttype instr* end
| loop resulttype instr* end
| if resulttype instr* else instr* end
| br labelidx
| br_if labelidx
| br_table vec(labelidx) labelidx
| return
| call funcidx
| call_indirect typeidx
```

在 WebAssembly 的设计中，每个结构化指令具有一个隐式标签，最内层结构化指令的标签序号为 0，标签序号依次向外递增。分支指令 br labelidx 和 br_if labelidx 分别代表无条件跳转和条件跳转，其中 labelidx 是标签序号，是分支到达的目标，因此分支只可能向外到达相关的结构化指令。如果分支到一个 if 或 block 的标签序号，那么程序的执行将跳转到匹配的 end；如果分支到一个 loop 的标签序号，那么程序的执行将跳转到 loop。这种控制结构不同于 JVML 或 CIL 的设计。WebAssembly 的结构化控制流使编译变得相对快速和简单，在刻画循环是可归约的前提下，许多正确性性质也相对易于证明。

与编程语言相关的重要理论和算法，尤其是程序控制流的相关研究，在 20 世纪 50 年代到 70 年代得到长足的发展。许多成果或思想体现在当前众多编程语言中，并持续影响编程语言的设计和实现。证明良好设计的、可靠的编程语言书写的程序满足性质相对容易，这对于开发高可信软件非常重要。因此，如果能够对它们进行机械化证明，对于理解编程语言的设计和实现，以及从事编译器开发的相关研究将是非常有意义的。

一门图灵完全的编程语言需要支持顺序、选择和无限循环。第一门高级编程语言 Fortran 的控制流类似于机器级代码，即每条 Fortran 语句都具有一个标签，条件跳转语句 if…goto…可以实现选择和无限循环。由于 goto 语句可以跳转到程序任何位置，这种任意控制流风格的跳转会降低程序的可读性和可维护性，增加证明程序正确的困难性。于是，一门编程语言是否能够完成同样的计算，它是否是图灵完全的，其控制流是任意的还是具有一定的限制，这些问题引起许多研究者的兴趣。这基本就是结构化编程思想的产生背景。许多研究者对编程语言的设计和实现，以及流程图的性质进行了分析[19-22]。例如，Boehm-Jacopini 定理表明，goto 语句对于编程语言是不必要的。1968 年，Dijkstra[23]倡导结构化的程序设计方法。例如，在图 5.1 中，$\Pi(a, b)$，$\Delta(\alpha, a, b)$和 $\Omega(\alpha, a)$三种基本流图分别对应顺序、条件和 While-do 循环三种结构。流图 Σ 可以分解为由这三种基本流图组成的流图，见虚线标识的不规则框。

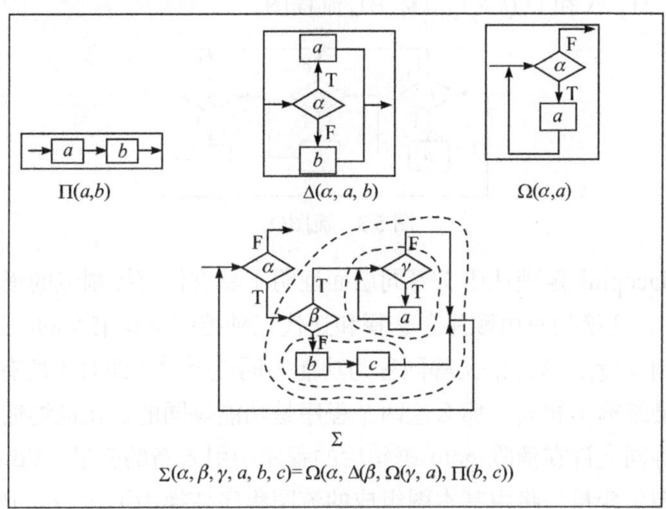

图 5.1　三种基本流图和流图Σ的分解

并非每一个程序流图都可以分解为基本流图。Boehm 和 Jacopini 给出了范化方法，能够将任意控制流图变换为语义等同的，由基本流图组成的流图，并通过引入新的变量进行证明。两对简单的流图变换如图 5.2 所示，其中 $\Lambda(\alpha, a)$代表无 else 分支的选择，Φ 是 Repeat-until/Do-while 循环。可以看出，变换后的流图可以分解为三种基本流图。这两对简单的流图可以从直观上看出它们在语义层上分别与原图是等同的。三种基本流图 Π、Δ 和 Ω 常称为 D-流程图。D-流程图、Λ 和Φ，以及多分支选择结构一起可以视为 D-流程图的扩展。

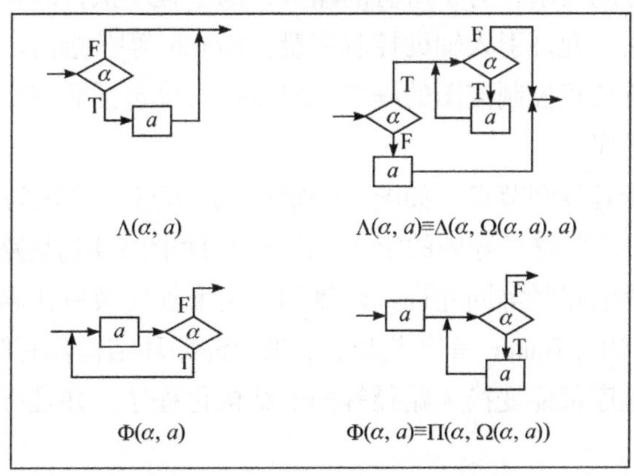

图 5.2　两对简单的流图变换

Boehm 和 Jacopini 讨论了基本流图 $\Omega(\alpha, a)$的泛化，因此 $\Omega(\alpha, a)$是一类流图 Ω_1，Ω_2，…，Ω_n 中的 Ω_1。$\Omega_k(k\geqslant 1)$这类流图内部具有 k–1 个出口。例如，对于流图 Ω_3(图 5.3)，当 k>1 时，需要引入辅助控制变量，才能分解为语义等同的由基本流图组成的流图。Π、Δ 和 $\Omega_k(k\geqslant 1)$也称 BJ_n 流程图。

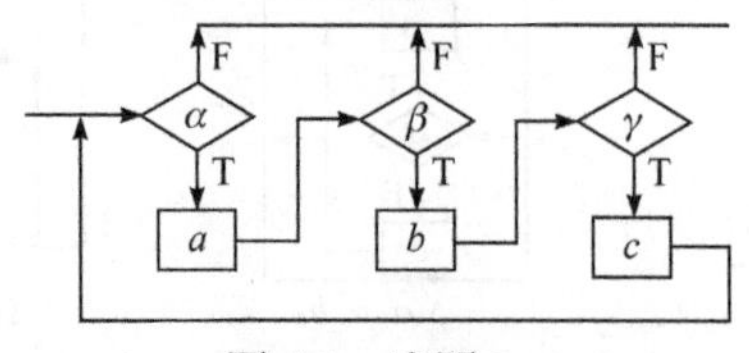

图 5.3　流图Ω_3

Boehm-Jacopini 定理从语义等同层面证明了具有任意控制流的程序都能够消除 goto 语句，变换为只由顺序、选择和迭代三种控制结构书写的程序(可能需要引入辅助控制变量)。这种语义等同称为功能等同性[24, 25]，即对于所有输入，如果两个程序的最终输出相同，那么这两个程序是功能等同的。在最终输出相同的条件下，功能等同允许在消除 goto 语句后的程序中引入新的变量。Edward 等[26]通过引入新的布尔变量，将由基本图组成的流图程序变换为不含 goto 语句的 While 程序，证明 While 程序与原流程图程序的最终输出是相同的。Edward 等指出有些流程图程序不得不引入新的变量达到相同的目的。

功能等同性是一种较弱的语义等同。一种强于功能性等同的概念称为路径等同。设 $P = (x_1, x_2,\cdots, x_k)$是程序流图中的一条路径，记程序流图中的每个节点具有一个标签 label(x_i)，定义 Labels(P)是对应这条路径的标签序列，即 Labels(P) = (label(x_1), label(x_2),⋯,label(x_k))。两个流图 G_1 和 G_2 是路径等同的，当且仅当 G_1 中的每条路径 P_1，在 G_2 中存在一条路径 P_2，使 Labels(P_1) =Labels(P_2)，反之亦然。因此，这种路径等同要求，对于所有的输入，两个程序执行的条件判断和语句序列都是相同的。它不允许引入辅助控制变量。Knuth 等[27]指出，在路径等同要求下，存在一些具有任意控制流图的程序可以变换为仅包括顺序、选择和支持单层退出的循环结构程序。

节点分裂意味着复制节点。如图 5.4 所示，将节点 C 复制为 C'，由于相同节点具有相同标签，按照路径等同的定义，图 5.4(a)和图 5.4(b)是路径等同的。这种通过节点分裂获得的路径等同允许代码复制，会增加变换后代码的长度。在路径等同的进一步研究中，Baker 等[28]指出，如果允许循环结构具有跨多层退出语句，那么任意流图的程序都能变换为路径等同的结构化程序，并且可能不需要引入额外变量。

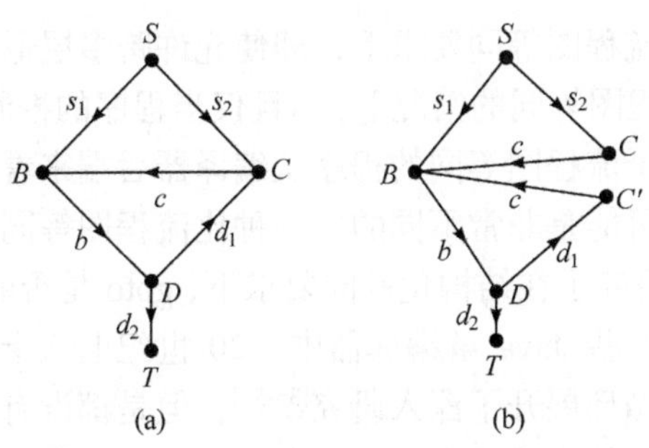

图 5.4　节点分裂示例

Boehm 等从综合的角度，始于初始给定的基本流图，将任意控制流图程序变换为弱语义等同的、由基本流图组成的程序。这种对程序控制流结构的关注也体现在程序分析研究领域。出于编译优化的目的，大量程序分析的研究围绕识别自然循环而展开，常采取计算支配关系或支配者的方法。Allen[29]于 1970 年给出支配关系的数据流等式，并通过划分控制流图为 intervals 收集支配信息，直至整个控制流图归约为一个 interval，然后通过逆向归约过程对支配信息进行传播。非可归约的控制流图可能需要通过节点分裂技术转化为可归约图，进一步增加编程复杂度。1972 年，Allen 等[30]提出可以使用迭代方法求解该等式。采用迭代的 Kildall 算法进行求解具有概念上的简洁性，但是它的直接实现具有时间复杂度 $O(n^2)$。如果控制流图是可归约的，通过仅存储每个节点的直接支配节点，这种简洁的迭代算法在实际中的运行速度快于许多现代编译器使用的 Lengauer-Tarjan 算法[31]。Zhao 等[32]使用 Coq 定义并证明一个迭代计算支配树算法的正确性。此外，考虑在 Coq 中直接编码实现 Lengauer-Tarjan 算法的困难性，Blazy 等[33]使用外部 OCaml 编码计算支配树，在 Coq 中实现了一个快速的检查器。

如上所述，循环结构的分析与流图可归约性问题密切相关。Hecht 等[34]回顾了 interval analysis 方法，提出两个相对简单的变换规则 T_1 和 T_2，并定义了流图的 collapsibility，证明可归约性和 collapsibility 的等同。结合循环分析计算支配树的概念，可归约性可以理解为一个流图 G 是可归约的，当且仅当 G 中的每个循环 C 都存在一个入口节点。该入口节点支配循环 C 中的其他节点。循环 C 的入口结点是 C 中的某个结点 y。图 G 中存在某条边(x, y)，x 不是 C 中的结点，或者循环的入口结点为图 G 的起始结点。支配关系定义为，如果从图 G 开始，结点到 n 的所有路径都包括 m，那么结点 m 支配结点 n。因此，如果一个流图的所有循环是都具有一个入口，那么该流图是可归约的。

可归约性和结构化编程倡导的消除不必要的 goto 语句与程序控制流图变换的研究密切相关。一种比路径等同更强的等同是流程图等同。流程图等同是指两个程序的条件判断和执行的语句具有一对一的对应关系(死代码不计算在内)。它不允许代码复制。在流程图等同要求下，即使允许跨多层退出循环也不足以消除所有 goto 语句。在流程图等同的情况下，当且仅当程序的控制流图是可归约，goto 语句才能被删除。两个流程图等同的程序从编译器后端来看是相同的，但是两个程序代码的组织结构可能是非常不同的。一种比流程图等同更强的等同概念是结构化等同。Lyle 深入研究了在结构化等同要求下，goto 是否能够完全消除的问题。他提出的算法应用在一些 Java 解编译器中。20 世纪七八十年代，许多研究者针对控制结构，特别是循环展开了深入研究[35-39]，但是都没有进行机器证明。

从第一门编程语言的出现至今，已经存在众多编程语言和编译器。编程语言的设计需要平衡易用性和可靠性。大多数命令式编程语言的设计更强调易用性，依赖充分的程序测试保证软件的可靠性。对于高可信软件而言，即使充分的测试也只是尽可能地发现错误，达不到全覆盖。这正是机械化定理证明擅长的地方。它利用归纳定义的方式对程序规范进行编码，包括各种归纳数据类型、递归函数和归纳谓词等，将需要满足的性质陈述为待证明定理，并采用结构化归纳或规则归纳等技术进行证明。但是，交互式证明助手的表述力仍然有限，许多编译器优化涉及的复杂算法[40-46]难以有效实现。函数式实现会增加编码的困难性，机械化证明算法的正确性也更为困难。

验证的编译器必须转换为二进制代码才能在目标平台上运行。Kumar 等[47]使用 HOL4 开发了一个 SML 语言子集的验证编译器 CakeML，目标平台是 x86-64，运用这个验证的编译器可以实现自举。当前的一些研究围绕 CakeML 项目展开[48, 49]。

5.2.2 并发程序的机械化证明

并发程序的验证一直是具有挑战性的难题，而机械化证明的研究成果更为少见。Lin[50]实现了通用交互式进程代数验证工具 PAM，进一步扩充实现了能处理消息传送进程的验证工具 VPAM[51]。蒋炎岩等[52]针对并发程序动态分析的访存依赖获取技术，提出包含 4 个评价指标(即时性、准确性、高效性和简化性)、两种方法(在线追踪和离线合成)和两类应用(轨迹分析和并发控制)的综述框架。

随着共享内存多核处理器的广泛应用，编写高性能且可靠的并发程序变得尤为重要。然而，程序的并发执行可能会非确定性地产生非预期的运行结果。程序测试的非确定性使错误的检测、重现和修复均相当困难，并且代价昂贵。非预期性的运行结果会给程序执行带来巨大隐患。因此，并发程序的安全性备受瞩目，它已经成为共享内存并发编程语言日益紧迫的问题。

为了写出安全的并发程序，程序员必须准确理解并发程序的行为。为程序员提供足够强的内存可见性，同时允许尽可能多的编译器和处理器优化，JMM 对合法行为进行了规范，C/C++11 标准也对并发访问下共享内存的行为进行了约束[53, 54]。尽管编程语言规范和标准的制定者为设计内存模型付诸了大量努力，但是始终没有令人满意的结果。编程语言的内存模型不是完全严格定义的，其模糊性和复杂性使程序在并发执行下的行为仍然不可完全预期。致力于程序并发执行下的安全问题，人们开始机器验证内存模型的研究工作。

Aspinall 等[55]使用 Isabelle/HOL 形式化定义了 JMM 的并发语义，证明 JMM 的 DRF 保证，即无数据竞争的程序(正确同步的程序)具有交错语义(顺序一致性)。同年，Huisman 等[56]使用 Coq 证明了 JMM 的 DRF 保证。Batty 等[57]使用 Isabelle/HOL 形式化定义了 C++11 的并发语义，证明并发原语在 x86 上的实现相对于 x86-TSO 模型是正确的，并利用 Isabelle/HOL 的代码生成机制开发了 CPPMEM。之后，他们也证明了编译到 Power 和 ARM 汇编的正确性[58]。在编程语言并发语义领域的进一步研究过程中，Batty 等[59]使用 HOL4 证明了 C++11 内存模型的 DRF 保证，并讨论了值凭空出现问题。

顺序一致性较强，会限制编译优化，不能充分利用多核并发处理器的性能。因此，需要比顺序一致性更为松散的内存模型[60]，对非正确同步的程序进行规范，在保证其行为合法的同时，允许尽可能多的优化。

对于非正确同步的程序，C++11 未对其行为进行规范；JMM 通过因果条件要求对非正确同步程序的合法行为进行定义，允许比交错语义更多的行为。JMM 允许许多常用的硬件或编译优化，这正是 JMM 的设计目标，也是造成 JMM 复杂的主要原因。事实上，设计一个不干扰编译优化变换的内存模型相当具有挑战性。Cenciarelli 等[61]指出，JMM 相对于常用优化变换并不可靠。Ševčík 等[62,63]针对常用程序变换在 JMM 中的合法性问题进行了专门研究，进一步证明对于正确同步的程序，公共子表达式消除和重定序程序变换不会给程序执行引入新的行为，因此相对于 DRF 保证是可靠的。对于所有(包括具有数据竞争的)程序，这些变换不会产生凭空出现的值。Ševčík 对凭空出现值的定义较弱，无法确保 Java 规范要求的类型安全和安全体系架构保证。

Liang 等[64]提出验证并发程序变换的一般方法，首次将并发程序逻辑中的依赖-保证条件引入传统的程序模拟关系中。另外，Liang 等[65]也针对公平调度下并发程序的验证提出一个新的程序逻辑，可以验证线性和 progress 性质，以及经典并发算法的无饥饿和无死锁性质。Zhang 等[66]使用 replay 机制，提出一个操作的内存模型，禁止凭空出现值的行为。

禁止值凭空出现的研究大多都是以例子为驱动的，分析具体程序的特定行为。虽然 JMM 不允许任何值凭空出现，但是并没有给出一个准确的形式定义。C++11 标准仅陈述值不能凭空出现。针对这个问题，Boehm 等[67]给出了限制条件，但是在禁止凭空出现值的同时也禁止缓冲载入。Pichon 等[68]新定义了一个机器可执行的并发语义，支持 C/C++编程范式，允许常用优化，解决与未定义行为相关的许多问题，并禁止值凭空出现问题，但是没有证明。Kang 等[69]提出一个能够解释

C++11 并发模型大多数特点的可实现并发模型，展示了不会产生不好的(bad)凭空出现的值，提供 DRF 保证，定义具有数据竞争程序的语义，并使用 Coq 对其中的一些结果进行机器验证。

大多编程语言的内存模型和它的顺序语义通常都是分开描述的，很容易掩饰语言特点与内存模型之间的复杂交互而导致的许多细节问题。与 JMM 公理化规则的后验定义方式不同，Jagadeesan 等[70]采取一种操作语义方式定义内存模型。操作语义规则对允许的重定序和推测进行显式编码。但是，这些重定序和推测无法与 JMM 相提并论，其语义规则也较少刻画真实编程语言的特点。此外，这些操作语义方式定义的内存模型都没有进行机器检测。

Lochbihler[71]将 JMM 规范与运行时操作语义联合在一起分析，能够更为准确地刻画并发行为，并对 JMM 进行澄清和修正。通过在 Isabelle/HOL 中定义双模拟和延迟双模拟，Lochbihler 基于 Jinja 线程的小步操作语义形式化 JMM，证明 JMM 允许交错语义产生的所有执行，以及 JMM 的类型安全，同时分析了值凭空出现的问题等。

Java 语言和 JVM 规范用 12 步的复杂过程对类初始化进行描述。类的初始化可能触发超类的初始化，多个线程可能同时初始化一个类或者递归地请求类初始化而引发死锁，因此必须谨慎地处理它们之间的同步。Liu 等[72]处理了类初始化和多线程，旨在创建一个 KVM(kernel-based virtual machine)模拟器进行字节码程序的测试，并未证明类型安全和进行有关安全体系架构保证的研究。类型安全是 Java 语言致力的目标之一，但是死锁违背类型安全需要满足的 progress 性质使该定理的证明复杂化了。

另一个类初始化问题与优化有关。按照 Java 标准，当 JVM 能够确定类初始化已经完成时，可以通过省略一些加锁/解锁来优化初始化过程，但是移除这些不必要的同步后，JMM 类型安全和安全体系架构的保证能否保持仍然存疑。

Nakata 等[73]专注研究类的初始化问题，从信息流安全角度出发，设计了一个非常抽象的 Java 语言子集，通过 type-and-effect 系统证明非干扰性，但是他们没有考虑支持并发的语言结构，所有形式化都是手工完成的。这种将类型安全结合信息流控制技术证明无干扰性的研究属于基于语言的安全研究领域。这项研究在二十多年的发展过程中形成三种不同的分支，即内联的参照监视器、类型安全的编程语言和出具证明的编译。

保障类型安全是实施这种基于语言安全的一种有效和实际手段。Volpano 等设计了一个简单的过程式语言的类型系统。类型可靠性定理证明在良类型的程序中，机密数据不会干扰非机密数据。随后，他们扩展了这个类型系统以支持多线程，证明非机密数据的终值独立于机密数据的初值。Jif 是支持信息流分析的类型安全的语言，称为安全类型的语言。但是，Jif 缺少并发应用需要的语言特点。

FlowCaml 语言也有类似的机制。不同于基于类型可靠性的信息流安全技术，Hammer 等提出基于程序依赖图的信息流安全技术。Mantel 等比较了这两种独立开发的基于语言的信息流安全技术，指出这两种分析方法的准确性不相上下。

推理程序的并发执行非常容易出错。检验通过自动遍历系统模型的有穷状态空间来检验系统的语义模型与其性质规约之间的满足关系，并且在证伪时给出反例，对于并发系统的验证有一定的优势[74]。Simmon 等[75, 76]使用证明助手 Isabelle/HOL，开发了机器验证的时间自动机原型。并发程序的机械化证明是很有意义，但是面临巨大挑战的研究领域。

5.2.3　面向对象语言的编译器验证

面向对象语言的封装、继承、多态等语言特性增加了编译器验证的难度。Jinja 编译器将类 Java 语言翻译到 JVM，通过两遍编译完成，支持成员变量访问和赋值、成员方法调用、方法覆盖、动态绑定等，并实现一个证明正确的字节码验证器。Batty 等研究了 C++并发编译的问题，他们将 C++11 编译到 Power。Norbert[77] 以 Jinja 编译器为基础，研究可访问性与继承、方法覆盖、动态绑定之间的交互，澄清了 Java 语言规范中的模糊部分，分析了静态可访问性的运行时效果，并进行了证明。Jiang 等进一步研究了 Java 安全性机制的问题。

Jinja 编译器的单继承性可以在一定程度上简化查找机制。Jinja 没有考虑字节码到本地二进制码的正确翻译，因此没有考虑对象布局的优化问题。对象布局算法既要保证低层代码可以正确地实现动态绑定、类型造型、成员访问和赋值等的复杂语义，又要尽可能地节约内存。Java 语言虽然不具有 C++重复继承和共享继承导致的语义复杂性，但是证明对象布局优化算法产生的低层代码可以正确地实现动态绑定、类型造型、成员访问和赋值等操作语义，仍然是一个较大挑战。

支持多继承的面向对象语言进一步增加了形式化定义的难度，使编译正确性证明更为困难。针对 C++非虚继承和虚继承、非虚方法和虚方法的复杂语义，Jonathan 等[78]提出子对象模型。Wasserrab 等[79]使用 Isabelle/HOL，基于 Jonathan 的子对象演算形式化 C++的对象模型。在他们的形式化中，一个子对象是形如(C, Cs)的二元组，C 是“整个”对象的类型，Cs 是由类名组成的列表 $C_1, C_2,\cdots, C_n$，C_1 和 C_n 之间是传递继承关系。给定一个类 C，它的子对象归纳定义如下。

(1) (C,[C])是代表整个 C 对象的子对象。

(2) 若(C, Cs@[X])是 C 的一个子对象，X 共享继承 Y，则(C, Y)是 C 的一个子对象。

(3) 若(C, Cs@[X])是 C 的一个子对象，X 重复继承 Y，则(C, Cs@[X,Y])是 C 的一个子对象。

例如，在图 5.5(a)中，类 Bottom 继承 Left 和 Right，类 Left 和类 Right 分别

继承类 Top，因此 Bottom 的子对象是(Bottom,[Bottom])、(Bottom,[Bottom, Left])、(Bottom,[Bottom, Right])、(Bottom,[Bottom, Left, Top])和(Bottom,[Bottom, Right, Top])。在图 5.5(b)中，由于类 Left 和类 Right 分别虚继承类 Top，Bottom 的子对象变为(Bottom,[Bottom])、(Bottom,[Bottom, Left])、(Bottom,[Bottom, Right])和(Bottom,[Top])。

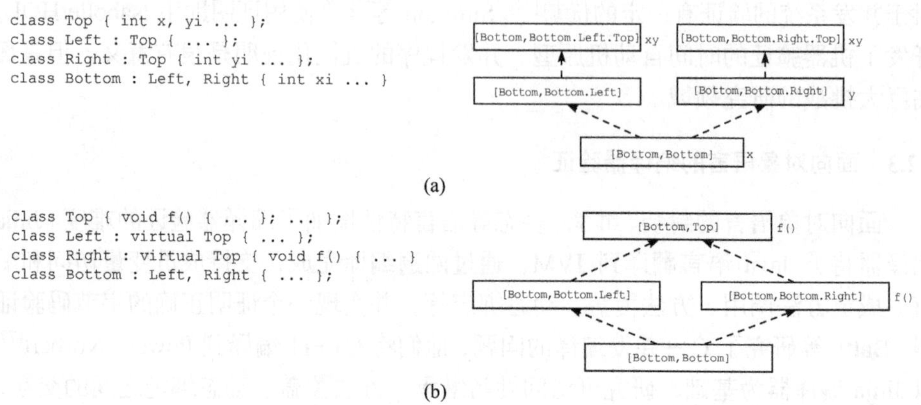

图 5.5　共享继承和重复继承下的子对象示例

利用该子对象的形式化，Wasserrab 等研究 C++多继承下的方法调用、成员访问和造型等操作语义，证明了类型安全，无需建立虚函数表等传统编译器所需的数据结构。

Ramananandro 等[80]扩展 Wasserrab 等定义的语义，形式化了 C++对象布局机制，包括空基类优化和尾填充优化等节省空间的技术。为了证明对象布局算法产生的低层机器操作正确地实现了 C++对象操作的语义，他们识别并证明对象布局优化算法必须满足的许多正确性条件，从而证明对象布局编译变换前后的语义保持。Ramananandro 等也开发了 C++对象构造和解构的操作语义，并报告 C++03 和 C++11 标准中存在的不一致问题。这些研究还有待进一步完善，以集成到 CompCert 验证编译器中。

许多研究致力于减少对象占据的空间开销，以及时间复杂度。这些算法大多复杂，通常难以将这些算法与复杂的语义规范相关联，从语义保持角度证明这些算法的正确性。

5.2.4　更加强大的证明助手的开发

当前的证明助手还不够完善，缺少更强大自动证明能力[81]，更方便友好的用户交互，更多机器验证的数学、数据结构和算法渐近分析，以及更多的不同证明助手之间的共享[82]。Alemi 等[83]首次将递归神经网络运用到交互式定理证明问题上。Gauthier 等[84, 85]正在研究联合机器学习和自动推理的技术，较大地提升了 HOL4 的证明搜索效率。Wenzel 等[86-88]研究了充分利用多核处理器进行并行证明的问题。此外，机械化定理证明的开发成本较高，同时使用和掌握比较困难，这些问题的解决方案尚需进一步探讨。

参考文献

[1] 吴文俊. 数学机械化. 北京: 科学出版社, 2003.

[2] McCarthy J. Computer programs for checking mathematical proofs//Proceedings of the American Mathematical Society's Symposium on Recursive Function Theory, New York, 1961: 219-227.

[3] Wos L, Pereira F, Hong R, et al. An overview of automated reasoning and related fields. Journal of Automated Reasoning, 1985, 1(1): 5-48.

[4] Marić F. A survey of interactive theorem proving. https://www.researchgate.net/publication/282115235_A_Survey_of_Interactive_Theorem_Proving[2020-12-20].

[5] Paulson L C. Computational logic: its origins and applications. Journal of Computing Research Repository, 2017, 474:872.

[6] Nipkow T, Brinkop H. Amortized complexity verified. Journal of Automated Reasoning, 2019, 62(3): 367-391.

[7] Eberl M, Haslbeck M W, Nipkow T. Verified analysis of random binary tree structures//Proceedings of the 9th International Conference on Interactive Theorem Proving, Oxford, 2018: 196-214.

[8] Bentkamp A, Blanchette J C, Klakow D. A formal proof of the expressiveness of deep learning//Proceedings of the 8th International Conference on Interactive Theorem Proving, Brasília, 2017: 46-64.

[9] 宋丽华, 王海涛, 季晓君, 等. 文件比较算法 fcomp 在 Isabelle/HOL 中的验证. 软件学报, 2017, 28(2): 203-215.

[10] 王金双, 杨华兵, 张兴元, 等. 电梯控制系统在 Isabelle/HOL 中的活动性证明. 计算机工程与应用, 2008, 44(27): 216-218.

[11] 游珍, 薛锦云. 基于 Isabelle 定理证明器算法程序的形式化验证. 计算机工程与科学, 2009, (10): 89-93.

[12] 吴春寒, 张兴元, 贺汛. 正则表达式与有穷自动机等价性在 Isabelle/HOL 中的形式化. 解放军理工大学学报(自然科学版), 2010, (4): 403-407.

[13] 何炎祥, 吴伟, 陈勇, 等. 基于 SMT 求解器的路径敏感程序验证. 软件学报, 2012, 23(10): 2655-2664.

[14] 江南, 何炎祥, 张晓瞳. Java 安全性机制的形式分析与证明. 计算机科学与探索, 2016, 10(11): 1501-1511.

[15] 江南, 李清安, 汪吕蒙, 等. 机械化定理证明研究综述. 软件学报, 2020, 31(1): 82-112.

[16] Bogdana D, Grigore R. K-Java a complete semantics of Java//Proceedings of the 42nd Symposium on Principles of Programming Languages, Mumbai, 2015: 445-456.

[17] Andreas H, Andreas R, Derek L S, et al. Bringing the web up to speed with web assembly.

Communications of the ACM, 2018, 61(12): 107-115.

[18] Watt C. Mechanising and verifying the webassembly specification//Proceedings of the 7th ACM SIGPLAN International Conference on Certified Programs and Proofs, California, 2018: 53-65.

[19] Prosser R T. Applications of boolean matrices to the analysis of flow diagrams//Proceedings of the Eastern Joint Computer Conference, New York, 1959: 133-138.

[20] Böhm C G J. Flow diagrams, Turing machines, and languages with only two formation rules. Communications of the ACM, 1966, 9(5): 366-371.

[21] Cooper D C. Computer programs and graph transformations. Pittsburgh: Computer Science Department, Carnegie Mellon University, 1966.

[22] Landin P J. The next 700 programming languages. Communications of the ACM, 1966, 9(3): 157-166.

[23] Dijkstra E W. Go to statement considered harmful. Communications of the ACM, 1968, 11(3): 147-148.

[24] Legard H F, Marcotty M. A genealogy of control structures. Communications of the ACM, 1975, 18(11): 629-639.

[25] Ramshaw L. Eliminating go to's while preserving program structure. Journal of the ACM, 1988, 35(4): 893-920.

[26] Edward A, Zohar M. The translation of 'goto' programs to 'while' programs. Technical Report STAN-CS-71-188, Computer Science Department, Stanford University, 1971.

[27] Knuth D E, Floyd R W. Notes on avoiding go to statements. Information Processing Letters, 1971, 1: 23-31.

[28] Baker B S, Kosaraju S R. A comparison of multilevel break and next statements. Journal of the ACM, 1979, 26(3): 555-566.

[29] Allen F E. Control flow analysis. SIGPLAN Notices, 1970, 5: 1-19.

[30] Allen F E, Cocke J. Graph-theoretic constructs for program flow analysis. Technical Report RC 3923 (17789), IBM Thomas J. Watson Research Center, 1972.

[31] Cooper K D, Harvey T J, Kennedy K. Iterative data-flow analysis, revisited. Houston：Rice University, 2004.

[32] Zhao J, Zdancewic S. Mechanized verification of computing dominators for formalizing compilers//The 2nd International Conference on Certified Programs and Proofs, Kyoto, 2012：27-42.

[33] Blazy S, Delphine D, David P. Validating dominator trees for a fast, verified dominance test//Proceedings of the 6th International Conference on Interactive Theorem Proving, Nanjing, 2015: 84-99.

[34] Hecht M S, Ullman J D. Flow graph reducibility. SIAM Journal on Computing, 1972, (2): 188-202.

[35] Hecht M S, Ullman J D. Analysis of a simple algorithm for global flow problems//Proceedings of the 1st Symposium on Principles of Programming Languages, Massachusetts,1973: 207-217.

[36] Peterson W W, Kasami T, Tokura N. On the capabilities of while, repeat, and exit statements. Communications of the ACM, 1973, 16(8): 503-512.

[37] Knuth D E. Structured programming with go to statements. Journal of ACM Computing Surveys, 1974, 6(4): 261-301.

[38] Tarjan R. Finding dominators in directed graphs. SIAM Journal on Computing, 1974, 3(1): 62-89.

[39] Kam J B, Ullman J D. Global data flow analysis and iterative algorithms. Journal of the ACM, 1976, 23(1): 158-171.

[40] Allen F E. Program optimization. Annual Review in Automatic Programming, 1969, 5: 239-307.

[41] Cocke J, Miller R E. Some analysis techniques for optimizing computer programs//Proceedings the 2nd International Conference of System Sciences, Hawaii, 1969: 143-146.

[42] Cocke J, Schwartz J T. Programming languages and their compilers: preliminary notes. New York: New York University, 1970.

[43] Cocke J. Global common subexpression elimination. SIGPLAN Notices, 1970, 5(7): 20-24.

[44] Aho A V, Ullman J D. Principles of Compiler Design. New York: Addison-Wesley, 1977.

[45] Hecht M S. Flow Analysis of Computer Programs. New York: Elsevier, 1977.

[46] Williams M H. Generating structured flow diagrams: The nature of unstructuredness. Computer Journal, 1977, 1: 45-50.

[47] Kumar R, Myreen M O, Norrish M, et al. CakeML: A verified implementation of ML// Proceedings of the 41st Symposium on Principles of Programming Languages, California, 2014: 179-191.

[48] Tan Y K, Myreen M O, Kumar R, et al. A new verified compiler backend for CakeML// Proceedings of 21st International Conference on Functional Programming, Nara, 2016: 60-73.

[49] Hupel L, Nipkow T. A verified compiler from Isabelle/HOL to CakeML//Proceedings of the 27th European Symposium on Programming, Thessaloniki, 2018: 999-1026.

[50] Lin H. PAM: A process algebra manipulator. Formal Methods in System Design, 1991, 7(3): 243-259.

[51] Lin H. A verification tool for value-passing process algebras. IFIP Transactions C-16: Protocol Specification, Testing and Verification, 1993: 79-92.

[52] 蒋炎岩, 许畅, 马晓星, 等. 获取访存依赖: 并发程序动态分析基础技术综述. 软件学报, 2017, 28(4): 747-763.

[53] Boehm H J, Adve S V. Foundations of the C++ concurrency memory model//Proceedings of the 29th Conference on Programming Language Design and Implementation, Tucson, 2008: 68-78.

[54] Batty M, Donaldson A F, Wickerson J. Overhauling SC atomics in C11 and OpenCL// Proceedings of 43rd Symposium on Principles of Programming Languages, Florida, 2016: 634-648.

[55] Aspinall D, Ševčík J. Formalising Java's Data Race Free Guarantee. Berlin：Springer, 2007.

[56] Huisman M, Petri G. The Java memory model: a formal explanation//Proceedings of Verification and Analysis of Multi-threaded Java-like Programs, Lisbon, 2007: 81-96.

[57] Batty M, Owens S, Sarkar S, et al. Mathematizing C++ concurrency//Proceedings of the 38th Symposium on Principles of Programming Languages, Texas, 2011: 55-66.

[58] Batty M, Memarian K, Owens S, et al. Clarifying and compiling C++ concurrency: from C++11

to power//Proceedings of the 39th Symposium on Principles of Programming Languages, Philadelphia, 2012: 509-520.

[59] Batty M, Memarian K, Nienhuis K, et al. The problem of programming language concurrency semantics//Proceedings of the 24th European Symposium on Programming Languages and Systems, London, 2015: 283-307.

[60] Wickerson J, Batty M, Sorensen T, et al. Automatically comparing memory consistency models//Proceedings of the 44th Symposium on Principles of Programming Languages, Paris, 2017: 190-204.

[61] Cenciarelli P, Knapp A, Sibilio E. The Java memory model: operationally,denotationally, axiomatically//Proceedings of European Symposium on Programming, Braga, 2007: 331-346.

[62] Ševčík J, Aspinall D. On validity of program transformations in the JMM//Proceedings of the 22nd European Conference on Object-Oriented Programming, Paphos, 2008: 27-51.

[63] Ševčík J. Safe optimizations for shared-memory concurrent programs//Proceedings of the 3nd Conference on Programming Language Design and Implementation, San Jose, 2011: 306-316.

[64] Liang H, Feng X, Fu M. Rely-guarantee-based simulation for compositional verification of concurrent program transformations. ACM Transactions on Programming Languages and Systems, 2014, 36(1): 1-55.

[65] Liang H, Feng X. A program logic for concurrent objects under fair scheduling//Proceedings of the 43rd Symposium on Principles on Programming Languages, Florida, 2016: 385-399.

[66] Zhang Y, Feng X. An operational approach to happens-before memory model//Proceedings of 7th International Symposium on Theoretical Aspects of Software Engineering, Birmingham, 2013: 121-128.

[67] Boehm H J, Demsky B. Outlawing ghosts: avoiding out-of-thin-air results//The Workshop on Memory Systems Performance & Correctness, Edinburgh, 2014: 1-6.

[68] Pichon P J, Sewell P. A concurrency semantics for relaxed atomics that permits optimisation and avoids thin-air executions//Proceedings of the 43rd Symposium on Principles of Programming Languages, Florida, 2016: 622-633.

[69] Kang J, Hur C K, Lahav O, et al. A promising semantics for relaxed-memory concurrency//Proceedings of the 44th Symposium on Principles of Programming Languages, Paris, 2017: 175-189.

[70] Jagadeesan R, Pitcher C, Riely J. Generative operational semantics for relaxed memory models//Proceedings of the 19th European Symposium on Programming, Paphos, 2010: 307-326.

[71] Lochbihler A. Making the Java memory model safe. ACM Transactions on Programming Languages and Systems, 2013, 35(4): 1-65.

[72] Liu H, Moore J S. Executable JVM Model for Analytical Reasoning: A Study. New York: Elsevier, 2003.

[73] Nakata K, Sabelfeld A. Securing class initialization//Proceedings of the 11th IFIP Trust Management, Morioka, 2010: 48-62.

[74] 王戟, 詹乃军, 冯新宇, 等. 形式化方法概貌. 软件学报, 2019, (1): 33-61.

[75] Simmon W. Formalized timed automata//Proceedings of the 7th International Conference on

Interactive Theorem Proving, Nancy, 2016: 425-440.

[76] Simmon W, Lammich P. Verified model checking of timed automata//Proceedings of the 24th International Conference on Tools and Algorithms for the construction and Analysis of Systems, Thessaloniki, 2018: 61-78.

[77] Norbert S. Analysing the Java package access concepts in Isabelle/HOL. Concurrency and Computation: Practice and Experience, 2004, 16(7): 689-706.

[78] Jonathan G. Rossie J, Daniel P F. An algebraic semantics of subobjects//Proceedings of OOPSLA, Austin, 1995: 187-199.

[79] Wasserrab D, Nipkow T. An operational semantics and type safety proof for multiple inheritance in C++// Proceedings of OOPSLA, Portland, 2006: 345-362.

[80] Ramananandro T, Reis G D, Leroy X. A mechanized semantics for C++ object construction and destruction with applications to resource management. ACM SIGPLAN Notes, 2012, 47(1): 521-532.

[81] 张恒若, 付明. 基于 Z3 的 Coq 自动证明策略的设计和实现. 软件学报, 2017, 28(4): 819-826.

[82] McLaughlin S. An interpretation of Isabelle/HOL in HOL light//Proceedings of the 3rd International Joint Conference on Automated Reasoning, Seattle, 2006: 192-204.

[83] Alemi A A, Chollet F, Eén N, et al. Deep math-deep sequence models for premise selection// Proceedings of the 30th Conference on Neural Information Processing System, Barcelona, 2016: 2235-2243.

[84] Gauthier T, Kaliszyk C, Urban J. TacticToe: learning to reason with HOL4 tactics//Proceedings of the 21st International Conference on Logic for Programming, Artificial Intelligence and Reasoning, Botswana, 2017: 125-143.

[85] Loos S, Gauthier T, Szegedy C, et al. Deep network guided proof search. Journal of Computing Research Repository, 2017, 46: 85-105.

[86] Wenzel M. Parallel proof checking in Isabelle/Isar//Proceedings of ACM SIGSAM Workshop on Programming Languages for Mechanized Mathematics Systems, Munich, 2009: 11.

[87] Rager L D, Wenzel M, Kaufmann M. A parallelized theorem prover for a logic with parallel execution//Proceedings of the 4th International Conference on Interactive Theorem Proving, Rennes, 2013: 435-450.

[88] Wenzel M. Shared-memory multiprocessing for interactive theorem proving//Proceedings of the 4th International Conference on Interactive Theorem Proving, Rennes, 2013: 418-434.